ENGENHARIA DE PRODUÇÃO APLICADA AO AGRONEGÓCIO

Blucher

João Gilberto Mendes dos Reis
Pedro Luiz de Oliveira Costa Neto
Organizadores

ENGENHARIA DE PRODUÇÃO APLICADA AO AGRONEGÓCIO

Engenharia de produção aplicada ao agronegócio

Editora Edgard Blücher Ltda.

Imagem da capa: iStockphoto

Blucher

Rua Pedroso Alvarenga, 1245, 4° andar
04531-934 – São Paulo – SP – Brasil
Tel.: 55 11 3078-5366
contato@blucher.com.br
www.blucher.com.br

Segundo Novo Acordo Ortográfico, conforme 5. ed. do *Vocabulário Ortográfico da Língua Portuguesa*, Academia Brasileira de Letras, março de 2009.

Dados Internacionais de Catalogação na Publicação (CIP)
Angélica Ilacqua CRB-8/7057

Engenharia de produção aplicada ao agronegócio / João Gilberto Mendes dos Reis e Pedro Luiz de Oliveira Costa Neto (organizadores) – São Paulo : Blucher, 2018.
312 p.

Bibliografia
ISBN 978-85-212-1262-1

1. Engenharia de produção 2. Agroindústria - Brasil 3. Agroindústria - Controle de produção 4. Agroindústria – Controle de qualidade 5. Administração da produção I. Título.

17-1644 CDD 630.0685

Índice para catálogo sistemático:
1. Administração da produção na agroindústria

PREFÁCIO

Com sua enorme extensão territorial, o Brasil tem no agronegócio um dos mais importantes pilares de sua economia. Mormente em tempos de crise, essa atividade, necessária para suprir as necessidades de inúmeras nações, tem sido também um destacado sustentáculo para a balança comercial do país.

Entretanto, o agronegócio não se resume simplesmente a plantar e colher vegetais, ou a criar e vender animais e seus subprodutos. Há todo um processo em rede subjacente a essas atividades, que culmina com a entrega do produto final nos pontos de consumo, venda ou exportação. Toda uma cadeia de suprimentos está envolvida nessas atividades, com suas complexidades e dificuldades a serem resolvidas.

Problemas como obtenção e aquisição de insumos, geração de produtos mediante plantio ou criação animal, conservação em boas condições dos elementos vivos, captação dos produtos na fonte, armazenamento e transporte, valorização e comercialização estão diretamente envolvidos nesse universo.

Trata-se, pois, de um formidável processo de produção, com inúmeras facetas e situações que precisam ser identificadas, analisadas, estudadas e compreendidas para terem suas dificuldades resolvidas com eficiência e eficácia. Está aí, portanto, um grande problema de Engenharia de Produção com aplicação específica nas condições de desenvolvimento do agronegócio com todas as suas peculiaridades.

A engenharia de produção praticamente nasceu no século XX, com os *insights* e trabalhos de Frederick Winslow Taylor e Jules Henri Fayol. Durante muitas décadas, seus princípios e suas ferramentas se desenvolveram e foram utilizados nas atividades industriais. Mais tarde, percebeu-se a sua importância também para as atividades de serviços e, mais recentemente, para o agronegócio. Assim, noções de planejamento, organização, direção, controle, qualidade, produtividade, engenharia econômica, logística, marketing e muitas outras, típicas do arsenal de recursos da engenharia de produção, passaram a ser largamente utilizadas nos serviços e também no agronegócio.

Esse fato não poderia deixar de ser percebido num país como o Brasil, sob pena de reduzir a sua competitividade nesse campo de atividades. Não é por outra razão que os cursos de Ciências Agrárias e Engenharias com foco na gestão e desenvolvimento da produção agropecuária têm proliferado em número crescente no país, a fim de atender à demanda por profissionais qualificados capazes de dar a sua contribuição para o sucesso dos investimentos no agronegócio. No entanto, não basta que haja somente profissionais conhecedores dos aspectos específicos desse setor, como questões agriculturais, a química dos agentes fertilizantes, as épocas propícias para o plantio e a colheita, a variedade das espécies, aspectos veterinários, inseminação artificial, alimentação animal e outras questões certamente necessárias para o sucesso do empreendimento. Os aspectos ligados à existência da rede de suprimentos, ao armazenamento, à logística, ao planejamento e controle da produção e aos demais pontos de acervo de conhecimentos da engenharia de produção não podem ser negligenciados.

Nosso agronegócio tem graves restrições por causa de grandes lacunas nesses aspectos. O reconhecimento tardio de sua importância tem muito a ver com essas deficiências. As universidades e as faculdades que formam profissionais para a área estão rapidamente se conscientizando desse problema e procurando prover os seus egressos com essas ferramentas de trabalho.

Apesar disso, poucos textos voltados ao exame da intersecção entre o agronegócio e a engenharia de produção estão disponíveis. Essa constatação, unida ao fato de que os Programas de Pós-Graduação da Universidade Paulista e da Universidade Federal da Grande Dourados têm a preocupação com essa integração, levou à ideia de preparação deste livro, que conta com o esforço de diversos docentes e pesquisadores, inclusive de algumas outras instituições, visando sanar essa lacuna.

Os coordenadores e autores desta obra esperam, dessa maneira, trazer uma colaboração efetiva a todos os interessados na problemática do agronegócio no Brasil, em universidades, empresas, institutos de pesquisa, órgãos de governo e outras instituições voltadas à otimização dos resultados desse importante setor da nossa atividade econômica.

Pedro Luiz de Oliveira Costa Neto

CONTEÚDO

CAPÍTULO 1
INTRODUÇÃO AO AGRONEGÓCIO

Irenilza de Alencar Nääs

O Brasil tem 388 milhões de hectares de terras agricultáveis férteis e de alta produtividade, dos quais 90 milhões ainda não foram explorados, além de clima diversificado, chuvas regulares, energia solar abundante e quase 13% de toda a água doce disponível no planeta. Esses fatores, associados, fazem o país ter vocação natural para a agropecuária e os negócios relacionados a suas cadeias produtivas. O agronegócio é hoje a principal atividade da economia brasileira e responde por um em cada três reais gerados no país.

Como reflexo da crise internacional de 2008, houve uma queda drástica do Produto Interno Bruto (PIB) do país, como se pode verificar na Figura 1.1.

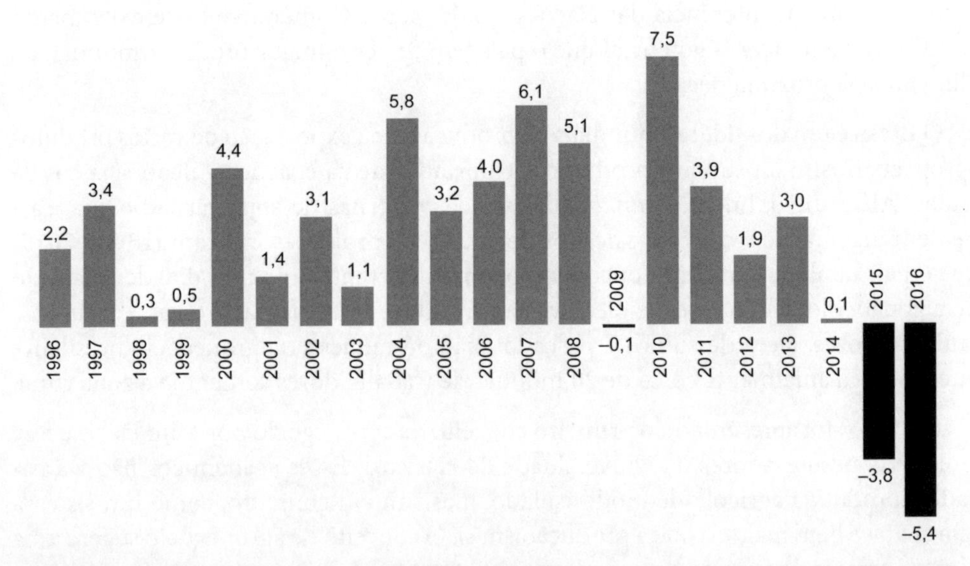

Figura 1.1 – Variação do Produto Interno Bruto (PIB) brasileiro, em relação ao ano anterior (%), de 1996 a 2016 (previsão).
Fonte: IBGE (2015).

Entretanto, o PIB do agronegócio seguiu tendo grande importância para a economia brasileira. Em 2014, o setor registrou um aumento de cerca de 4%, em relação a 2013, alcançando 21% do total do PIB, divididos, em valores aproximados, em insumos agropecuários (12%), produção agropecuária (29%), agroindústria (28%) e distribuição (31%) (Figura 1.2).

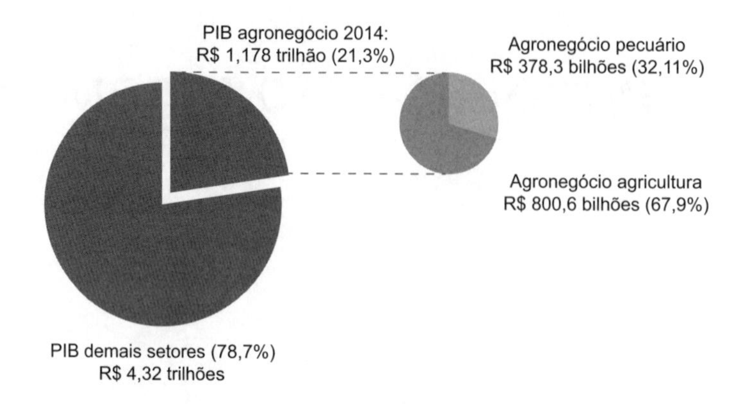

Fonte: CNA (2016).

Figura 1.2 – Produto Interno Bruto (PIB) do agronegócio em 2014 e dos demais setores.

Poucos países tiveram um crescimento tão expressivo no comércio internacional do agronegócio quanto o Brasil desde que se desenvolveram tecnologias apropriadas de produção agrícola para climas tropicais e subtropicais. Em 1993, as exportações do setor eram de US$ 15,94 bilhões, com um superávit de US$ 11,7 bilhões. Em dez anos, o país dobrou o faturamento com as vendas externas de produtos agropecuários e teve um crescimento superior a 100% no saldo comercial (IBGE, 2014). Esses resultados levaram a Conferência das Nações Unidas sobre Comércio e Desenvolvimento (UNCTAD) a indicar o potencial que o país tem de ser o maior produtor mundial de alimentos na próxima década.

O Brasil é um dos líderes mundiais na produção e na exportação de vários produtos agropecuários. É o primeiro produtor e exportador de café, açúcar, álcool e sucos de frutas. Além disso, lidera o *ranking* das vendas externas de soja, carne bovina, carne de frango, tabaco, couro e calçados de couro. As projeções indicam (IBGE, 2015) que o país também será, em pouco tempo, um importante polo mundial de produção de algodão, biocombustíveis e óleos vegetais. Milho, arroz, frutas frescas, cacau, castanhas e nozes, além de suínos e pescados, são destaques no agronegócio brasileiro, que emprega atualmente cerca de 20 milhões de trabalhadores somente na zona rural.

Em 1957, foi apresentado o primeiro conceito de agronegócio por John Davis e Ray Goldberg, pesquisadores da Universidade de Harvard. Esses acadêmicos não viam a cadeia produtiva agrícola de modo isolado, mas sim em conjunto, como um sistema que envolve bem mais do que a produção em si. O conceito de agronegócio sugere uma visão sistêmica do funcionamento das atividades relacionadas à agropecuária. O agronegócio é composto por vários sistemas agroindustriais associados aos principais bens produzidos, como cereais, frutas, carne, flores, entre outros. Esses sistemas agroindustriais incluem todas as fases, desde a produção de insumos até o consumidor final.

Esse modo de ver a agricultura, não como um setor isolado, mas como um sistema, é compartilhado por alguns autores (CASTRO, 2001; BATALHA; SILVA, 2007; SAAB et al., 2009), que compreendem o agronegócio como um sistema composto por cadeias produtivas dotadas de componentes, interligando-as a outros sistemas. Um conjunto de operações que envolve, além da produção, o processamento, o armazenamento, a distribuição e a comercialização dos produtos que foram produzidos no setor agropecuário, até que cheguem ao consumidor final. Dessa maneira, o agronegócio é um sistema maior, que engloba vários outros pequenos e médios sistemas interligados entre si. As empresas de primeira modificação são as responsáveis pelos primeiros processos de transformação da matéria-prima agropecuária, a qual pode, então, ser fornecida diretamente à comercialização ou, ainda, servir como insumo para as indústrias de segunda e terceira transformações. São estas últimas que gerarão produtos mais elaborados e com maior valor agregado.

O agronegócio se tornou o setor-chave para que o Brasil pudesse se incluir no comércio mundial. Apesar das grandes vantagens encontradas no agronegócio brasileiro e das suas boas perspectivas futuras, este encontra muitos problemas e desafios a serem superados, que dependem, essencialmente, de investimentos tanto públicos como privados, bem como de mudanças nas políticas econômicas internas. Entretanto, o agronegócio brasileiro é persistente e, apesar de obstáculos de infraestrutura, sua participação no mercado internacional é crescente. Isso implica dizer que as nossas vantagens, como terras abundantes, potencial de produção, climas favoráveis, imensa disponibilidade de água doce e energia renovável e nossa capacidade empresarial, vêm estrategicamente suplantando os problemas, fazendo do agronegócio o maior negócio do país (CNA, 2016).

Os níveis tecnológicos alcançados pela agricultura brasileira nas duas últimas décadas podem ser mensurados por meio do aumento da produtividade no campo. Isso explica, por exemplo, o fato de o Brasil ter dobrado a produção de grãos, em relação à colheita obtida no início da década de 1980, com a mesma área plantada. Esse desempenho no campo só foi possível graças à utilização de tecnologia desenvolvida pelos sistemas de pesquisa brasileiros, incluindo o uso adequado de insumos de qualidade (sementes, fertilizantes e agrotóxicos) disponíveis para o setor (GUANZIROLI, 2006). A melhoria da competitividade da agricultura e pecuária do Brasil, sobretudo nos últimos dez anos, e o próprio empenho do governo e da iniciativa privada em estimular e divulgar o produto agrícola brasileiro no exterior têm proporcionado um aumento das exportações do agronegócio. Com o advento da agricultura e zootecnia de precisão, novas tecnologias de desenvolvimento agrícola sustentável vêm sendo estudadas no meio acadêmico e aplicadas nas grandes produções de cereais e carne (HIRAKURI; LAZZAROTTO, 2011).

O conceito de sistema agroindustrial tem como característica a noção de conjunto, em que os insumos, a produção agropecuária, as indústrias de alimentos e o sistema de distribuição estão correlacionados entre si (BATALHA; SILVA, 2007). Portanto, não é possível analisar de maneira compartimentada cada agente, devendo ser uma análise conjunta dos agentes que compõem o sistema. Os sistemas agroindustriais são caracterizados por um conjunto de relações que envolvem o meio de produção no sistema produtivo, tanto dentro da fazenda, como após a porteira; ou o sistema produtivo *per se*, tendo como principal foco os macrossegmentos rural, industrial e de distribuição (Figura 1.3).

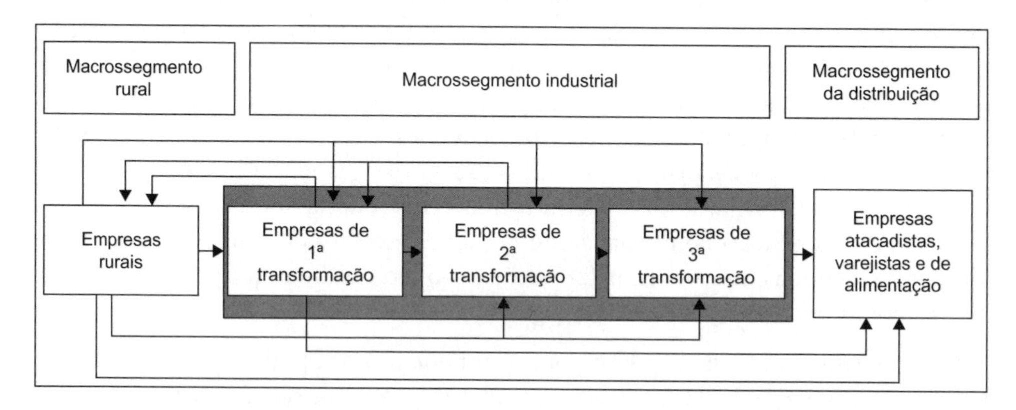

Figura 1.3 – Esquema do sistema agroindustrial com os subsistemas e os fluxos de suprimentos.
Fonte: Batalha e Silva (2007).

O macrossegmento rural é composto pelas empresas rurais que realizam a produção animal ou vegetal. Em seguida, tem-se o macrossegmento industrial, que pode ser dividido em empresas de primeira, segunda e até terceira transformação. Para Zylbersztajn e Neves (2000), o sistema agroindustrial é visto como um conjunto de relações contratuais entre empresas e agentes que contribuem em cada elo da cadeia. O objetivo final é competir pelo consumidor de determinado produto. Os agentes que compõem o sistema agroindustrial, de maneira bem resumida, são o consumidor, o varejo do alimento, o atacado, a agroindústria e a produção primária.

A evolução do agronegócio brasileiro promoveu o benefício da concentração agroindustrial a jusante e a montante da produção agropecuária, fator preponderante para a competitividade global e os investimentos de qualidade para acesso aos mercados internacionais. Entretanto, em termos de cadeia produtiva, existe o desafio de compatibilizar esses benefícios com os ganhos dos produtores distribuídos por todo o território nacional e com diferentes graus de tecnologia de produção.

É importante que efetivamente se dissemine o conceito de cadeia produtiva, constituída de elos com diferentes características. Desse modo, agrega-se o pequeno agricultor, o qual, sem capital financeiro e humano para acompanhar a evolução tecnológica do agronegócio em escala mundial, pode ser o elo mais fraco da cadeia. A consolidação do agronegócio brasileiro passa por esse conceito e também por outro, não menos importante, que é o da sustentabilidade da produção agrícola.

O desenvolvimento do agronegócio brasileiro deu-se a partir da consolidação territorial da produção agrícola, que ocupou, a partir dos anos 1970, o cerrado brasileiro e, a seguir, avançou para o Norte e o Nordeste do país. O modelo empresarial pressupõe escala maior, o uso intensivo de capital (máquinas e equipamentos) e tecnologia. A escala e a tecnologia elevadas são condições básicas para a sobrevivência na economia globalizada. Após a fase de apoio governamental irrestrito ao agronegócio, o setor foi forçado a buscar alta eficiência, como modo de competir num mercado internacional no qual os concorrentes são protegidos por subsídios (por exemplo, nos Estados Unidos) ou ainda por instrumentos que inibem o acesso aos seus mercados (por exemplo, na União Europeia).

O estudo das cadeias do agronegócio brasileiro é de grande importância para o entendimento do setor e, certamente, traria maiores esclarecimentos a estratégias que auxiliariam o desenvolvimento sustentável dessas atividades.

BIBLIOGRAFIA

BATALHA, M. O.; SILVA, A. L. Gerenciamento de sistemas agroindustriais. In: BATALHA, M. O. (Ed.). *Gestão agroindustrial.* 3. ed. São Paulo: Atlas, 2007. p. 1-64.

CASTRO, A. M. G. Prospecção de cadeias produtivas e gestão da informação. *Transinformação*, v. 13, n. 2, p. 55-72, jul.-set. 2001.

CNA - CONFEDERAÇÃO NACIONAL DA AGRICULTURA. *Agronegócio*. Disponível em: <http://www.faculdadecna.com.br/agronegocio#.V5bHDPkrLIU>. Acesso em: 22 jul. 2016.

GUANZIROLI, C. E. *Agronegócio no Brasil:* perspectivas e limitações. Economia. Universidade Federal Fluminense, 2006. (Texto para discussão n. 186). Disponível em: <http://www.uff.br/econ/download/tds/UFF_TD186.pdf. Acesso em: 4 jul. 2016.

HIRAKURI, M. H.; LAZZAROTTO, J. J. *Evolução e perspectivas de desempenho econômico associadas com a produção de soja nos contextos mundial e brasileiro.* Série Documentos-319. Embrapa Soja, 2011.

IBGE - INSTITUTO BRASILEIRO DE GEOGRAFIA E ESTATÍSTICA. *Contas trimestrais.* 2015. Disponível em: <http://ftp.ibge.gov.br/Contas_Nacionais/Contas_Nacionais_Trimestrais/Fasciculo_Indicadores_IBGE/pib-vol-val_201502caderno.pdf>. Acesso em: 22 jul. 2016.

______. Sistema IBGE de recuperação automática - SIDRA. *Banco de dados pecuária.* 2014. Disponível em: <http://www.sidra.ibge.gov.br/bda/tabela/protabl.asp?c=1094&z=t&o=1&i=P>. Acesso em: 10 jul. 2016.

MEURER, A. P. S.; SOUZA, E. L. C. Tendências e oportunidades de investimento no mercado do agronegócio brasileiro. *Anais... VII EPCT.* Ética na Pesquisa Científica. Disponível em: <http://www.fecilcam.br/nupem/anais_vii_epct/PDF/CIENCIAS_SOCIAIS_APLICADAS/ADM/05_507_angelicapatriciasommermeurerartigocompleto-2.pdf>. Acesso em: 20 jul. 2016.

SAAB, M. S. B. L.; NEVES, M. F.; CLÁUDIO, L. G. O desafio da coordenação e seus impactos sobre a competitividade de cadeias e sistemas agroindustriais. *Revista Brasileira de Zootecnia*, v. 38, p. 412-422, 2009 (supl. especial).

ZYLBERSTAJN, D.; NEVES, M. F. *Economia e gestão dos negócios agroalimentares:* Indústria de alimentos, indústria de insumos, produção agropecuária, distribuição I. São Paulo: Pioneira, 2000.

CAPÍTULO 2
CADEIA PRODUTIVA DA SOJA

Rodrigo Carlo Toloi
Oduvaldo Vendrametto
João Gilberto Mendes dos Reis

2.1 INTRODUÇÃO

O Brasil é um grande produtor mundial de *commodities* agrícolas. Entre os principais tipos de *commodities*, os grãos têm relevante papel na economia do país, que atua principalmente na produção de café, milho e soja.

As exportações do complexo da soja, por exemplo, que envolvem o grão, o farelo e o óleo, no período de 2012 a 2016, cresceram 24%, na ordem de 52 milhões de toneladas, saindo de 168,1 milhões de toneladas na safra 2012/13 para 220,6 milhões de toneladas na safra 2015/16. Esses dados mostram que essa cadeia produtiva tem se tornado uma das mais relevantes para o agronegócio brasileiro.

Neste capítulo, estuda-se mais detalhadamente essa importante cadeia produtiva brasileira e apresentam-se questões e ideias que podem ser utilizadas para comparação em outras cadeias produtivas de grãos.

2.2 HISTÓRIA MUNDIAL DA SOJA

A mais antiga referência sobre a soja seria atribuída ao imperador chinês Shen-nung, também conhecido como Imperador Yan ou, ainda, Imperador dos Cinco Grãos (arroz, trigo, cevada, milheto e soja) (CÂMARA, 1998; SOJA, 2007).

Lendário imperador chinês e herói cultural da mitologia chinesa, Shen-nung foi um imperador que, se acredita, deve ter vivido há cerca de 5 mil anos. Seu nome significa, literalmente, o "fazendeiro divino". Considerado o pai da agricultura chinesa, Shen-nung é tido como responsável por ter ensinado aos antigos a prática da agricultura, mostrando como cultivar grãos para evitar matar animais (SOJA, 2007).

Em 1640, a soja foi para a França, só recebendo valor em 1855, quando foi reconhecida pela Sociedade de Alimentação. Na Grã-Bretanha, a soja foi introduzida, em 1790, porém somente em 1930 passou a ser cultivada. A discrepância temporal registrada entre a introdução e o cultivo efetivo da lavoura deu-se em função do baixo retorno lucrativo que a soja produzia naquele país, sendo considerada uma lavoura de pouco retorno financeiro (LIMA, 2009). Já nos Estados Unidos, relata-se que foi descrita a presença da soja no estado da Pensilvânia em 1804. Todavia, somente em 1880 despertou o interesse dos norte-americanos (BONATO; BONATO, 1987). Em 1954, diante do excedente da produção agrícola, os Estados Unidos foram obrigados a criar mecanismos para estimular o comércio desses excedentes, que chegavam a elevados níveis de estoque, e ainda desses intensificar as relações com outros países amigos (WWF, 2014).

No Brasil, a primeira referência à soja data de 1882, com a realização de alguns experimentos na Bahia. A partir de então, diversos outros estudos ocorreram pelo Brasil. Em 1899, a soja foi cultivada pela primeira vez na Estação Agropecuária de Campinas (BONATO; BONATO, 1987). Em 1941, a soja apareceu pela primeira vez nas estatísticas oficiais do Rio Grande do Sul, mesmo ano em que outro fato de fundamental importância para a implantação definitiva da soja se deu também no Rio Grande do Sul: a construção da primeira fábrica de processamento de soja (BONATO; BONATO, 1987).

Depois de assegurar o mercado mundial da soja, no fim dos anos 1960, as autoridades americanas limitaram o preço de apoio – elemento regulador da produção americana – e acabaram fazendo com que a American Soybean Association (ASA), que congrega os produtos oriundos da soja, propusesse cautela na expansão da área plantada com o grão (WWF, 2014). Estava montada, assim, a supremacia norte-americana na produção da soja. Graças à sua política de custos baixos, ao final do segundo biênio dos anos 1970, os Estados Unidos tinham o controle de 60% da produção mundial de farelo, dominando perto de 90% das exportações dos grãos (BONATO; BONATO, 1987).

A consequência dessa ação foi uma retração no ritmo de expansão da área plantada e da oferta. A demanda e a oferta tiveram níveis de ajustamento comprometidos no mercado mundial de soja e derivados. Os países dependentes do complexo da soja tornaram-se vulneráveis diante de tais flutuações.

Para proteger sua economia, evitando o desabastecimento da indústria de processamento de soja e, consequentemente, garantindo o abastecimento e o consumo interno dos produtos do complexo da soja, os Estados Unidos decretaram, em 1973, o embargo provisório sobre as exportações. Em virtude disso e temendo uma crise pior, os europeus e os japoneses, sem opções, começaram a importar a soja e seus derivados de outros países que a cultivavam. Uma nova política de mercado para o complexo da soja começava a ser moldada a partir dessas aberturas econômicas (LIMA, 2009).

A partir desse momento, os Estados Unidos, ainda um grande produtor de soja, passaram a estimular a expansão dos concorrentes. No Brasil, isso se deu ainda nos anos 1970, em razão do estímulo norte-americano, do crescente interesse da indústria de óleo e da demanda do mercado internacional.

2.3 TENDÊNCIA MUNDIAL DA SOJA

As exportações do complexo da soja têm crescido nas últimas safras, como pode ser visto na Figura 2.1.

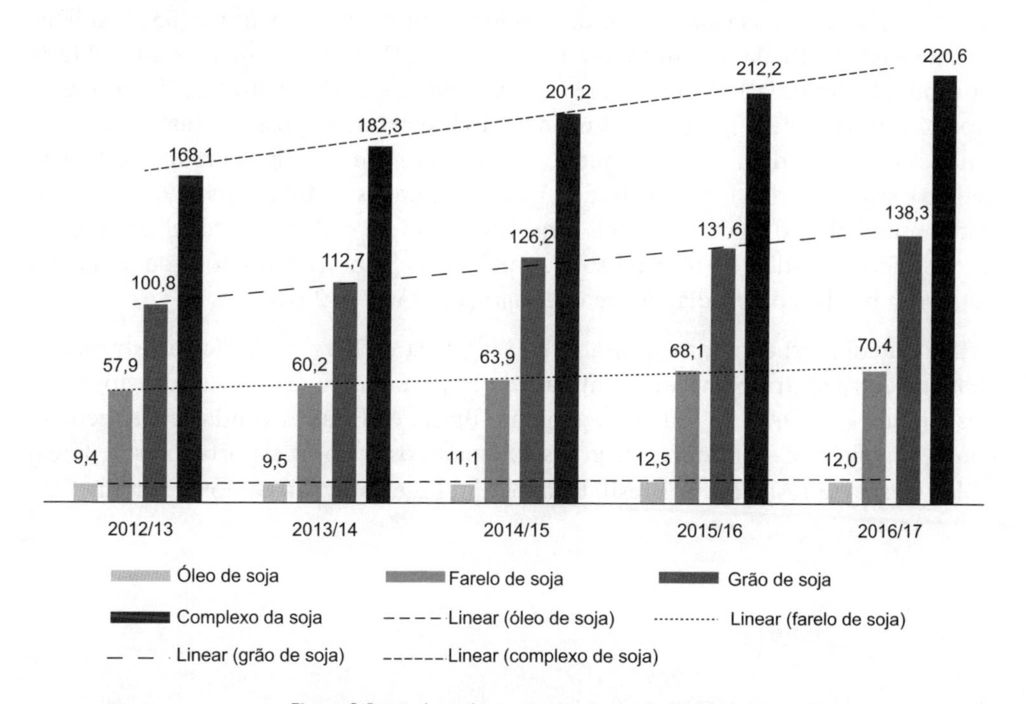

Fonte: USDA/FAS (2016).

Figura 2.1 – Evolução das exportações do complexo da soja.

Como pode-se observar na Figura 2.1, o crescimento do complexo da soja foi puxado especialmente pelas exportações de grãos, pois apresentou crescimento de 37,5 milhões de toneladas, contra 12,5 milhões do farelo e 2,6 milhões de toneladas do óleo. As exportações de óleo de soja tiveram seu crescimento estagnado nas safras 2012/13 e 2013/14, e houve uma redução de 500 mil toneladas nas exportações na comparação da safra de 2015/16 com a de 2016/17. O fraco crescimento nas exportações de produtos processados do complexo da soja pode ser explicado pela instalação de processadoras nos principais importadores de grãos, como é o caso da China.

O aumento da demanda mundial da soja deve-se, em especial, ao fato de que a soja está sendo utilizada na alimentação animal, principalmente de aves, bovinos e suínos, por apresentar alto teor proteico. Outro fator que em parte explica os resultados registrados de expansão da produção, das exportações e da demanda da soja decorre, principalmente, de mudanças nos hábitos de consumo da população de países em desenvolvimento. As tendências mundiais na oferta e na demanda da soja são apresentadas a seguir.

Com 83,2% da produção mundial de soja na safra 2015/16, Estados Unidos (34,2%), Brasil (30,9%) e Argentina (18,1%) agem em conjunto para, inicialmente, abrir novos mercados e expandir o consumo do complexo da soja. Quanto à produção de farelo de soja, na safra 2015/16, nota-se que sua produção está concentrada em: China (64,7 milhões de toneladas, o que equivale a 30,0% da produção mundial), Estados Unidos (40,4 milhões de toneladas, 18,8% da produção mundial), Argentina (35,3 milhões de toneladas, 16,4% da produção mundial) e Brasil (31,5 milhões de toneladas, 14,6% da produção mundial) (USDA, 2016). Novamente os quatro países se destacam na produção de óleo de soja, com a China ocupando a primeira posição e extraindo 14,6 milhões toneladas do produto (o que representa 28,1% da produção mundial de óleo de soja), seguida pelos Estados Unidos, com 9,9 milhões de toneladas (19,1% da produção mundial de óleo de soja), pela Argentina, com 8,7 milhões de toneladas (16,8% da produção mundial de óleo de soja), e pelo Brasil, com 7,8 milhões de toneladas (14,9% da produção mundial de óleo de soja) (USDA/FAS, 2016).

No que diz respeito aos exportadores, a agência de Serviço Agrícola Estrangeiro (Foreign Agricultural Service), mantida pelo Departamento de Agricultura dos Estados Unidos - USDA/FAS (2016) -, aponta o Brasil, os Estados Unidos e a Argentina como os maiores exportadores de grãos, enquanto os maiores exportadores de farelo e óleo de soja são Argentina, Brasil, Estados Unidos e Paraguai, conforme Figura 2.2.

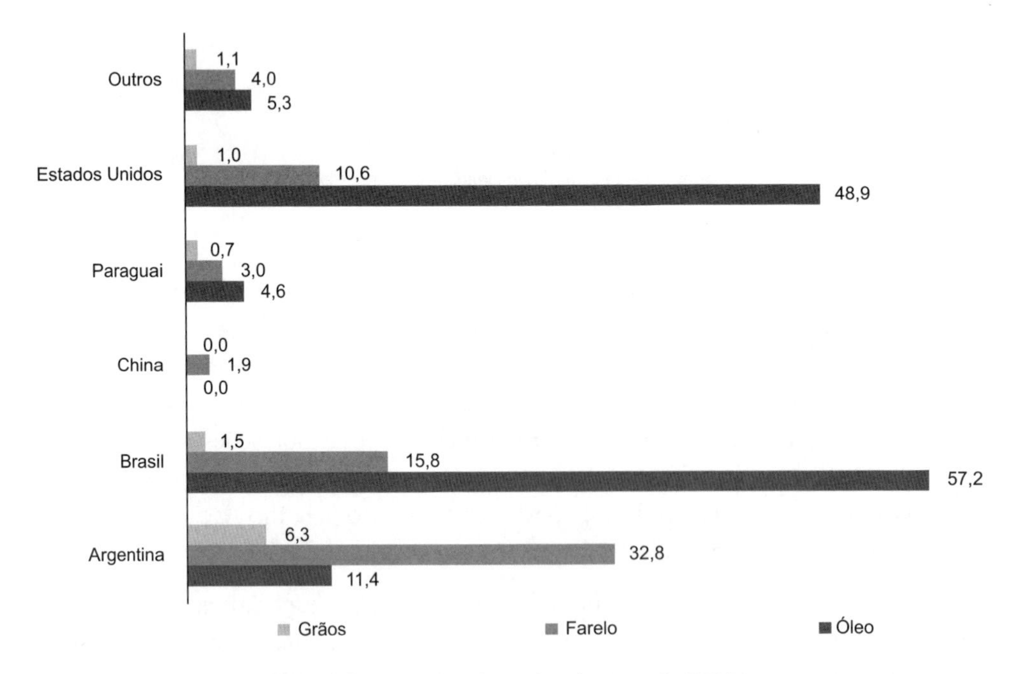

Figura 2.2 – Exportadores do complexo da soja – safra 2015/16.

Fonte: USDA/FAS (2016).

Uma análise do complexo da soja (grãos, farelo e óleo) revela que a Argentina lidera a exportação dos produtos com maior valor agregado, com 32,8 milhões de toneladas de farelo e 6,3 milhões de toneladas de óleo, pois possui a segunda maior capacidade industrial de processamento do mundo, atrás apenas da China (USDA/FAS, 2016). O Brasil lidera as exportações de produtos de baixo valor agregado, com 57,2 milhões de toneladas, seguido pelos Estados Unidos, com 48,9 milhões de toneladas, e pela Argentina, com 11,4 milhões de toneladas (USDA/FAS, 2016).

Diante de todo o potencial que o complexo da soja representa no comércio internacional, a ASA elaborou uma proposta para que os países criem ações conjuntas contra barreiras comerciais. O acordo tem como base a expectativa do crescimento da demanda pelo complexo da soja. Se os governos implantarem o acordo, as exportações brasileiras de óleo de soja ficarão livres do imposto de 6,4% na União Europeia e de 19,1% nos Estados Unidos, além de obter a harmonização tarifária com a Argentina, concorrente de atuação nos mesmos mercados, que, por sua vez, deverá eliminar o imposto de 3,5% sobre a exportação de grãos de soja e, também, as tarifas das importações sobre o complexo da soja. Entretanto, na contramão das ações conjuntas contra barreiras comerciais, a Índia espera poder implantar uma tarifa de 35% sobre a importação de óleo de soja (LIMA, 2009).

Além da redução das barreiras comerciais, mercados como Taiwan, Coreia do Sul, Coreia do Norte, Líbia, Japão, China, Indonésia, Uganda, Nigéria e Tailândia são considerados muito promissores no que concerne à abertura de novos mercados. Em 2015, o consumo *per capita* nesses mercados foi expressivo, como mostra a Figura 2.3. A população mundial, atualmente estimada em 7,52 bilhões de habitantes, tem consumido, anualmente, 130,92 quilos de soja por habitante (FAO, 2013).

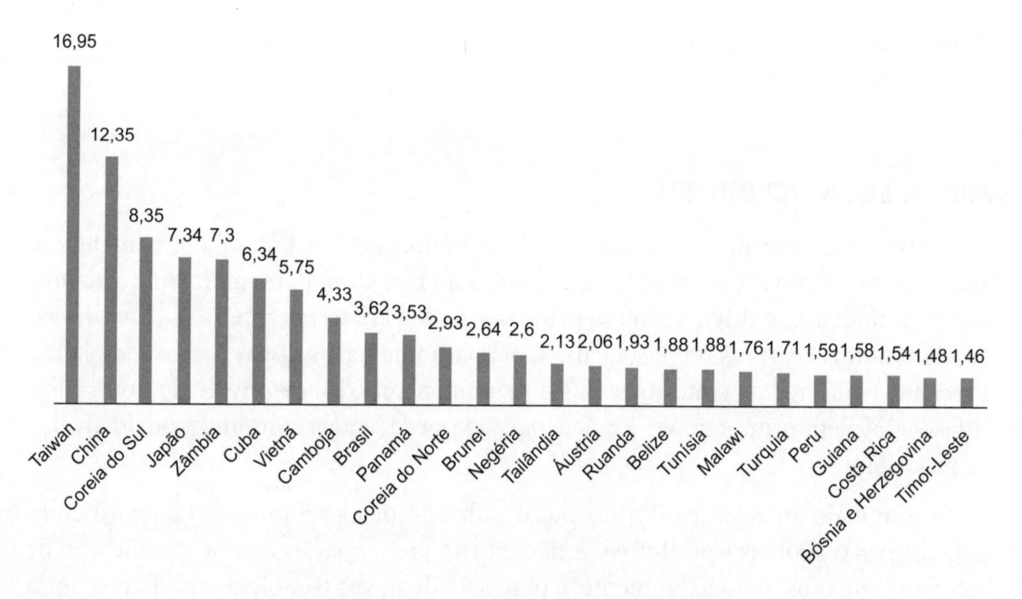

Figura 2.3 – Consumo *per capita* de soja *in natura* (kg/ano).

Fonte: FAO (2013).

Embora Taiwan, Coreia do Norte, Coreia do Sul, Líbia e Japão apresentem os maiores consumos *per capita*, não são os maiores importadores do complexo da soja, conforme demonstra a Tabela 2.1, configurando, assim, potenciais mercados a serem explorados.

Tabela 2.1 – Importadores do complexo da soja – safra 2015/16

Países	Grãos	Farelo	Óleo
Argentina	45.700	–	2.505
Brasil	40.700	15.800	6.390
China	81.800	62.962	15.450
União Europeia	13.800	31.242	1.950
Estados Unidos	51.437	30.209	8.891
Canadá	2.000	–	–
Total	279.204	215.996	51.201

Fonte: USDA/FAS (2016).

De acordo com dados da USDA/FAS (2016), na safra 2015/16 o maior consumidor mundial do complexo da soja foi a China, com 30,6% do total do consumo do mundo. Em seguida, vêm os Estados Unidos, com 17,3%, e o Brasil, com 12%. Somados, os consumos do complexo da soja de China, Estados Unidos, Brasil, Argentina e União Europeia representam 78% de todo o consumo mundial.

Vale destacar, ainda, que os produtos agropecuários representaram quase a metade do total das exportações brasileiras à China, registrando US$ 19,31 bilhões em 2014. No entanto, o montante foi inferior às exportações de 2013, que ficaram em US$ 20,48 bilhões. Tal redução deveu-se, sobretudo, à queda nas exportações do complexo da soja e sucroalcooleiro (MAPA, 2016a).

2.4 A SOJA NO BRASIL

A história da soja no Brasil está vinculada a fatores decorrentes da movimentação do mercado mundial e da mudança de hábito no consumo alimentar, tanto nacional quanto mundial. O cultivo da soja, a princípio, se deu em terras anteriormente cultivadas com outras lavouras ou pastagens. A ocupação de terras novas para o seu plantio é recente: tem cerca de vinte anos. Assim que seu plantio foi desenvolvido no Brasil, a ênfase estava em proporcionar a sua expansão por fazendas com um modelo arcaico de produção.

Esse modelo arcaico de administração utilizado pelos produtores da época enfocava apenas o processo produtivo, e não existia preocupação com a qualificação de recursos humanos, o meio ambiente, a obtenção de novas tecnologias e, até mesmo, a comercialização de seu produto. Assim, a sua penetração ocorreu em áreas tradicionais, cultivadoras de café, milho, pastagens e trigo.

A soja acabou promovendo a abertura de um leque de oportunidades para a implantação de indústrias processadoras, substituindo algumas pautas de importação, além de atrair o investimento de capital estrangeiro para o Brasil, incentivar a modernização de outras culturas, beneficiar a exportação e ajudar a montar uma cadeia industrial voltada para a agricultura.

O rápido desenvolvimento da soja ocorreu, principalmente, em função de dois fatores: um período de crescimento da demanda de produtos derivados de soja em nível mundial; e fatores internos de política econômica, que criaram condições favoráveis para a expansão do setor.

Diante da necessidade de ampliar o acesso ao mercado internacional e elevar o saldo das exportações na balança comercial, o governo brasileiro decidiu apoiar a sojicultura, por meio de políticas de subsídios. A intervenção do Estado brasileiro para subsidiar a atividade da soja teve papel de destaque no processo de implantação agroindustrial.

Como o Brasil não podia competir com igualdade com a exportação de soja em grãos dos Estados Unidos, pelos altos subsídios que o governo norte-americano fornece aos seus produtores, a isenção de impostos para os produtores de soja foi o modo encontrado para o Brasil produzir o grão com custo final do produto mais baixo.

O governo argentino, por sua vez, lançou uma política de promoção a exportação da soja processada, que permitia a geração de mais empregos e divisas ao país. Assim, o Brasil não ocupa a primeira colocação no *ranking* mundial dos exportadores de farelo e óleo de soja, mas, por outro lado, ultrapassou os Estados Unidos na exportação de grãos.

No ano de 2015, o complexo da soja constituiu a principal fonte de divisas para o Brasil, arrecadando US$ 27,9 bilhões, dos quais US$ 20,9 bilhões referentes a grãos, US$ 5,8 bilhões a farelo e US$ 1,1 bilhão a óleo. É um valor 10,9% menor que o do ano de 2014; contudo, o volume exportado do complexo foi 16,6% superior (MAPA, 2016b). Atualmente, o Brasil é o primeiro país em exportação e o segundo na produção da soja em grãos, tendo aumentado gradualmente sua produção, conforme demonstra a Tabela 2.2.

O Brasil obteve um crescimento de 62,27% entre as safras de 2005/06 e de 2014/15, enquanto o crescimento da produção mundial entre as safras de 2002/03 e de 2014/15 foi de 52,73%. Ou seja: o país teve um crescimento em produção de grãos maior (9,54%) do que o índice obtido mundialmente (CONAB, 2015).

Assim, o país tem um grande potencial para explorar o mercado internacional do complexo da soja, tendo em vista que o consumo desse complexo cresce a uma média de 29,9%, considerando o consumo das safras de 2002/03 a 2014/15 (HIRAKURI; LAZZAROTTO, 2011; CONAB, 2016). A quantidade de terras ainda disponíveis para serem cultivadas com o grão associada ao baixo custo da terra proporcionam ao Brasil um cenário próspero e favorável para explorar o mercado mundial do complexo da soja.

Tabela 2.2 – Produção de soja em grãos – safras 2005/06 e 2014/15

Safra	Produção (em milhares de toneladas)	Variação
2005/06	55.027,1	–
2006/07	58.391,8	6,11%
2007/08	60.017,7	2,78%
2008/09	57.165,5	-4,75%
2009/10	68.688,2	20,16%
2010/11	75.324,3	9,66%
2011/12	66.383,0	-11,87%
2012/13	81.499,4	22,77%
2013/14	86.120,8	5,67%
2014/15	96.228,0	11,74%
Total	704.845,8	62,27%

Fonte: Conab (2016).

Para explorar esse mercado potencial, as corporações globais e nacionais têm realizado investimentos estratégicos na expansão de áreas para produção, em tecnologias, na construção e na ampliação de armazéns, na instalação e na ampliação da capacidade de plantas de processamento e na logística para escoamento da produção.

De olho na possibilidade de obter grandes retornos nos investimentos, um grupo de empresas transnacionais processadoras de soja tem feito investimentos estratégicos no Brasil. Além da Bunge, também investem no Brasil Cargill, Archer Daniels Midland Company (ADM) e Louis Dreyfus & Cie, tanto na consolidação de posições como na abertura de novos mercados para seus produtos.

- A **Bunge Brasil** é uma das principais empresas de agronegócio e de alimentos do mundo. Pertence à *holding* Bunge Limited, fundada em 1818, com sede em Nova York, Estados Unidos. Nos últimos anos, a atividade da empresa no Brasil tem sido muito agressiva, tendo em vista a realização de investimentos estratégicos necessários para se consolidar no mercado da soja. Os investimentos estratégicos têm por objetivo atender a expansão do mercado internacional, em função do aumento da renda e do consumo proporcionado pelo crescimento econômico, em especial o da China. Em 2005, a Bunge Brasil comprou da empresa Perdigão uma unidade de processamento de soja localizada na cidade de Marau (RS), um dos principais polos de granjas do Sul do país. Em 2008, realizou investimentos na instalação de uma segunda planta para industrializar soja no Mato Grosso, com capacidade para processar quatro mil toneladas de grãos por dia e 1,3 milhão de toneladas por ano.
- A **Cargill** foi fundada em 1865 e é uma empresa de sucesso no setor de alimentos. Suas raízes estão na agricultura das terras de Minnesota, Estados Unidos. Suas origens remontam a mais de 150 anos, após a instalação de um simples

armazém de grãos que abriu espaço para a empresa prosperar. A partir de um pacote de investimentos estratégicos no Brasil, a Cargill inaugurou em 2003 um terminal de grãos em Santarém, no estado do Pará. Em 2007, a empresa instalou uma planta industrial para esmagar os grãos, produzir farelo, refinar e envazar óleo de soja na cidade de Primavera do Leste (MT), com capacidade para processar duas mil toneladas por dia. Ainda em 2007, a Cargill realizou investimentos na sua planta localizada em Mairinque (SP), a fim de duplicar a sua capacidade de produção de poliol, uma espuma produzida a partir de óleo de soja e usada na indústria de móveis e automóveis. Vale destacar que a Cargill é a única fabricante do produto.

- A **Archer Daniels Midland Company (ADM)** é um conglomerado de empresas de produção de alimentos, rações animais, biocombustíveis, produtos químicos e ingredientes utilizados na indústria. Foi fundada em 1902, em Minnesota, Estados Unidos. Para a ADM, o Brasil é parte importante dos seus crescentes negócios globais. A empresa iniciou as suas operações no Brasil em 1997, após comprar quatro fábricas de esmagamento de soja da empresa Sadia e doze unidades de armazenagem. Do início das suas operações no Brasil até o ano de 2000, a ADM aumentou sua capacidade de esmagamento de sete mil para nove mil toneladas por dia, processadas em seis unidades de processamento próprias. Ainda em 2000, a ADM adquiriu as operações de soja da Granja Rezende, em Uberlândia (MG), e arrendou a unidade de esmagamento de soja, em Santo Anastácio (SP), com cláusula de opção de compra. Em 2003, a ADM realizou investimentos na sua unidade de processamento de soja de Rondonópolis (MT), passando de um milhão de toneladas para dois milhões de toneladas de soja esmagadas por ano. No mesmo ano, realizou investimento na sua capacidade de armazenagem de grãos no Centro-Oeste, ampliando em 285 mil toneladas a capacidade estática e construindo quatro novos armazéns em Rondonópolis (MT) e um em Caarapó (MS). Em 2004, com recursos do BNDES, adquiriu 140 vagões de trem para serem alugados para a Ferronorte (Rumo-ALL), com a finalidade exclusiva de transportar os produtos da própria ADM. Em 2005, fechou um acordo com a indústria argentina de alimentos Molinos Río de La Plata para produzir e distribuir no Brasil óleo de soja com a marca Cocinero Bio. O óleo da marca Cocinero passou a ser produzido na fábrica de Campo Grande (MT). Além da marca Cocinero, a ADM trabalha com as marcas Concórdia e Corcovado e comercializa as marcas de óleo da Sadia e da Rezende. A ADM também conta com instalações portuárias em Santos (SP), Tubarão (ES) e Paranaguá (PR).

- A **Louis Dreyfus**, fundada em 1851, recebe o nome de seu fundador, Léopold Louis-Dreyfus. A empresa surgiu na região francesa da Alsácia. Hoje, a empresa atua na produção e comércio de energia renovável produzida a partir de biomassa, *commodities* (complexo da cana-de-açúcar e complexo da soja) e, ainda, transporte marítimo internacional. No Brasil, o grupo consolidou sua presença em 1942, com a aquisição da empresa Comércio e Indústrias Brasileiras (Coinbra), atuando na comercialização de açúcar, produtos cítricos, oleaginosas e café. Em 2001, a Coinbra realizou investimentos e reativou a unidade de esmagamento de soja da Sociedade Cerealista Paranaense (Soceppar), localizada em Bataguassu (MS). A unidade industrial de farelo e óleo vegetal tem capacidade de esmagar entre 300 mil e 400 mil toneladas de soja por ano. Ainda em 2001, adquiriu as operações da André & Cie, empresa suíça com forte atuação internacional na importação e exportação do complexo da soja. Em 2003, a Coinbra realizou investimentos na construção de uma nova fábrica localizada no município de Alto Araguaia (MT), com capacidade para processar sete mil toneladas por dia. Realizou investimentos na ampliação da capacidade de esmagamento de soja das unidades de Jataí (GO) e Ponta Grossa (PR), que passaram a processar três mil toneladas por dia. No mesmo ano, ainda realizou a compra e a reforma de vagões e locomotivas para escoar a produção. Em 2004, o grupo realizou investimentos para aumentar a capacidade de armazenamento de soja, com a construção de três unidades armazenadoras em Goiás e outras três no Mato Grosso.

As empresas brasileiras, por sua vez, estão sob a pressão competitiva das grandes corporações globais e também realizaram investimentos estratégicos. André Maggi, Caramuru Alimentos e Bom Jesus são grupos nacionais que se destacam no mercado do complexo da soja. Com investimentos tanto no aumento da capacidade produtiva quanto na diversificação da produção integrada de grãos de soja, esmagamento, processamento e refinamento de soja, armazenagem e distribuição, esses grupos vêm ocupando e consolidando o seu espaço tanto no mercado interno quanto no externo.

- O **Grupo Amaggi** iniciou suas atividades em 1977, em São Miguel do Iguaçu (PR), inicialmente com a produção de sementes e, a seguir, com a comercialização de safras. Mais tarde, transformou-se em *trading* de grãos. Há quase vinte anos vem promovendo inovações na logística de transporte de grãos no Brasil. Em 1997, foi responsável pela construção de dois terminais hidroviários no país, um localizado em Itacoatiara (AM) e outro localizado em Porto Velho (RO), viabilizando, assim, a exportação do complexo da soja pelo rio Madeira. Em 1998, o grupo Amaggi realizou investimentos na cidade de Humaitá (AM), a fim de construir um terminal para a armazenagem de grãos, com capacidade para 45 mil toneladas de soja e arroz, e outro para a estocagem de fertilizante. Em 1999, o grupo já tinha aberto fronteiras agrícolas de mais de 50 mil hectares de soja no sul e noroeste do Mato Grosso quando decidiu implantar um polo de produção de 15 mil hectares de soja mecanizada na região oeste do estado do Pará. No ano 2000, adquiriu estruturas de produção e armazenagem da empresa Refinadora Óleos Brasil, dando início ao processo de integração da produção de soja, passando a produzir também óleo e farelo de soja. Em 2001, realizou investimentos na aquisição de seis balsas e um empurrador de 4 mil HP com capacidade para transportar um comboio com 30 mil toneladas de soja. Em 2004, investiu em um grande projeto de sistema de gestão ambiental e social, com certificação da empresa holandesa Control Union e da Skal International, além da auditoria da SGS e da Genetic ID. Em 2006, colocou em funcionamento sua primeira esmagadora de soja, no norte de Mato Grosso, sua terceira unidade do grupo.

- O **Grupo Caramuru** surgiu em 1964, na cidade de Maringá (PR), atuando inicialmente na área de processamento de grãos. No início da década de 1970, decidiu expandir as fronteiras agrícolas, abrindo filiais no interior do Brasil. Mais recentemente, no ano de 2000, firmou uma parceria com a ALL, a qual resultou em uma participação de 50% no terminal XXXIX, no Porto de Santos, correspondendo a 180 mil toneladas de capacidade estática de armazenamento de grãos e farelo. Em 2001, inaugurou uma indústria para extração e refino de óleos especiais instalada no município de Itumbiara (GO). Em 2003, iniciou a construção de uma nova unidade de processamento de soja, no município de Ipameri (GO), ampliando sua capacidade de processamento para 6 mil toneladas de soja por dia. Ainda no ano de 2003, realizou investimentos para melhorar a capacidade de embarque no Porto de Santos (SP) e na construção de dois novos silos no complexo industrial de São Simão (GO). Em 2007, deu início à produção de biodiesel em Goiás. No mesmo ano, iniciou as atividades de operador portuário no terminal de Santos (SP) para produtores rurais exportarem diretamente. Em 2011, firmou contrato de arrendamento de uma unidade industrial de extração de soja em Sorriso (MT), com capacidade de mil toneladas/dia de esmagamento de soja e 200 toneladas/dia de refino de óleo de soja.

- O **Grupo Bom Jesus**, fundado por Luiz Vigolo, iniciou as suas atividades na segunda metade dos anos 1970, produzindo e comercializando sementes de soja. Em 1987, instituiu a Bom Jesus Sementes, alçando a sementeira a um novo patamar de negócio. Em 1992, implantou uma nova unidade de beneficiamento de sementes, mesmo ano em que deu início ao processo de verticalização do negócio, oferecendo, então, além das tradicionais e conceituadas sementes, silos para armazenagem de grãos, unidades de beneficiamento de algodão, logística, além de comercialização de *commodities* e insumos no mercado nacional e internacional. Em 2003, a empresa expandiu as atividades de logística, passando a contar com 73 filiais espalhadas em 14 estados e no Distrito Federal. Em 2014, contava com uma área total de mais de 200 mil hectares cultivados, responsáveis pela produção de mais de 350 mil toneladas de soja e 290 mil toneladas de milho. Também em 2014, a empresa inaugura uma nova estrutura para recebimento e armazenagem de grãos, na cidade de Rondonópolis (MT). Contando com essa unidade, o grupo atingiu uma capacidade total de aproximadamente 420 mil toneladas de armazenamento estático.

2.5 OFERTA DA SOJA NAS REGIÕES E ESTADOS BRASILEIROS

Segundo a FAO (2017), até o ano de 2025, será necessário produzir 45% a mais de cereais, 49% a mais de carnes, 20% a mais de açúcar e 23% a mais de soja para alimentar a humanidade. Os fatores determinantes ao crescimento do volume de produtos sendo produzidos é o aumento da produtividade e a expansão das áreas utilizadas para agricultura e para pecuária.

Com a crescente busca de novas áreas para a expansão da produção de soja, a geografia da produção tem mudado nos últimos anos. Regiões que antes eram a principal responsável pela produção do grão têm perdido espaço para regiões com pouca tradição no cultivo de soja.

A soja foi introduzida na região Centro-Oeste, em geral, por produtores vindos do Sul do país à procura de novas áreas para o cultivo da oleaginosa. Por apresentar solos pobres e arenosos, já saturados pela exploração provocada pela pecuária, a região Centro-Oeste necessitou de grandes investimentos em insumos e mecanização no começo de sua utilização. Com o passar dos anos, a terra foi sendo enriquecida em decorrência das crescentes produções que acumularam matéria orgânica, levando hoje a uma diminuição dos custos iniciais de insumos. O clima, a topografia e a altitude tendem a ser mais favoráveis para a obtenção de altas produtividades de culturas anuais no ambiente de cerrado, o que não ocorre nas regiões Sul e Sudeste. Fatores como este permitiram a expansão da cultura da soja no Centro-Oeste, desencadeando, a partir da safra de 1998/99, a queda da hegemonia sulista na produção do grão.

A Figura 2.4 demonstra a distribuição da produção de soja nas regiões brasileiras desde a safra 1989/90 até a de 2014/15. Observa-se pela figura que a região Nordeste também tem apresentado constante crescimento da produção desde a safra 2000/01.

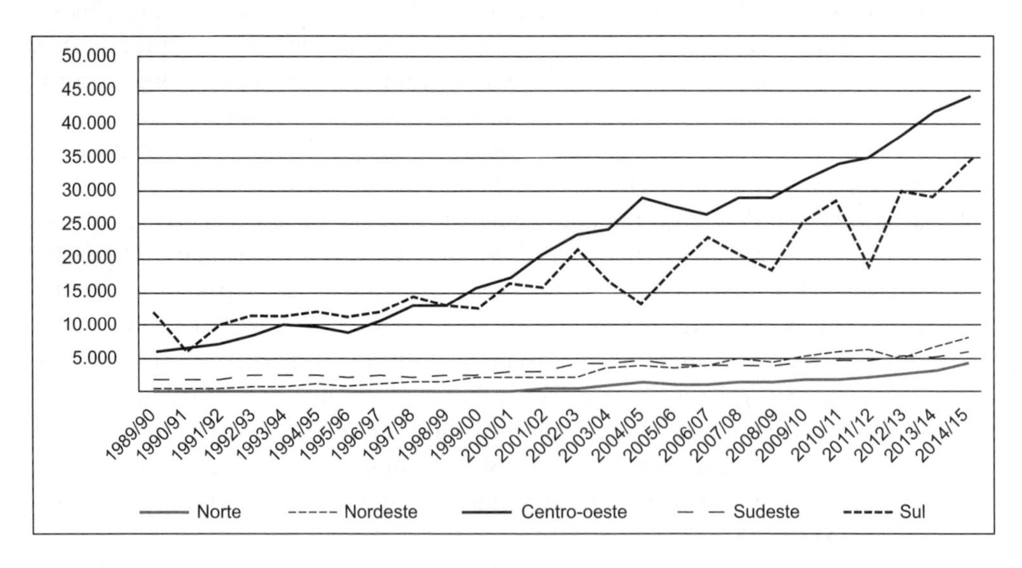

Figura 2.4 – Produção da soja em grãos nas regiões brasileiras (em milhares de toneladas) – safras de 1989/90 a 2014/15.
Fonte: Conab (2016).

A migração da produção da soja, que antes se concentrava na região Sul, acentuou-se após a safra 1995/96, mantendo-se estável após a safra 2005/06, conforme pode ser observado na Figura 2.5.

Observa-se, também, que a região Sudeste era responsável pela produção de 12,64% da soja da safra nacional de 1990/91, enquanto na safra 2014/15 foi responsável por apenas 6,1%, uma redução de quase 52% na produção local. Essa redução se deve em especial à expansão das plantações de cana-de-açúcar e de laranja.

Embora observe-se que a produção tenha migrado para a região Centro-Oeste, não se pode desprezar que todas as demais regiões tiveram uma evolução no volume de produção. No período entre as safras de 1989/90 a 2014/15, a região Centro-Oeste obteve um crescimento de 46,28% na quantidade de grãos produzidos, contra 37,48% da região Sul, 7,53% da Sudeste, 6,60% da Nordeste e 2,11% da região Norte.

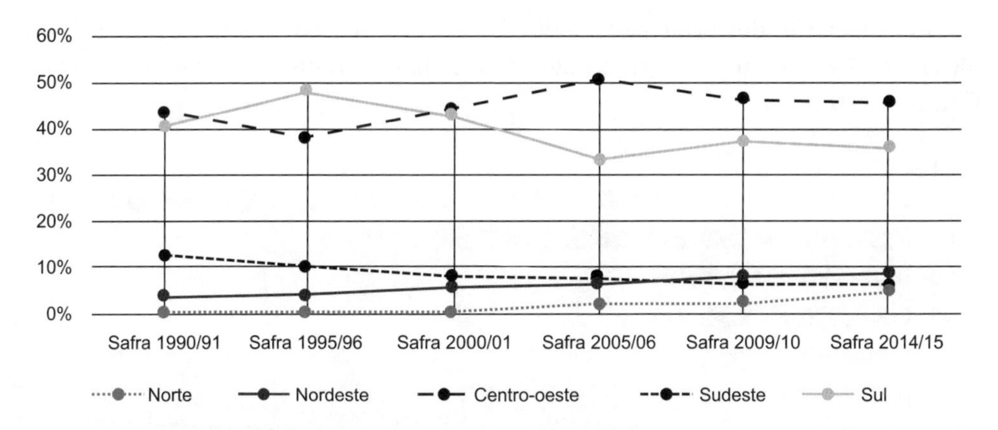

Figura 2.5 – Evolução da migração da produção de soja em grãos – safras 1990/91 a 2014/15.

Fonte: Conab (2016).

A região Centro-Oeste do país, que é composta pelos estados de Mato Grosso, Mato Grosso do Sul e Goiás, na safra 2014/15 foi responsável por 45,7% da produção de soja, seguida pelas regiões Sul 32,3%, Nordeste 8,4%, Sudeste 6,1% e Norte 4,5%, conforme Figura 2.6 (CONAB, 2016).

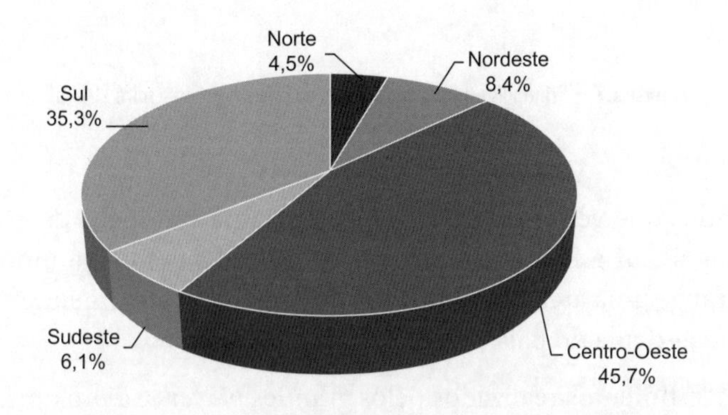

Figura 2.6 – Produção da soja em grãos nas regiões – safra 2014/15.

Fonte: Conab (2016).

A disponibilidade de terras em grande escala a baixo custo, com clima, altitude e topografia adequados, aliada ao crescente consumo interno e externo do complexo da soja proporcionaram as condições ideais e necessárias para a expansão da produção de soja pelo interior do país, tornando cada vez maior a produção nas regiões Centro-Oeste, Norte e Nordeste do país.

O crescimento da produção verificado na região Centro-Oeste tem como carro-chefe o estado de Mato Grosso, que, na safra de 1998/99, superou a produção do Paraná, até então o maior produtor de soja em grão do país. O Mato Grosso é agora o maior produtor do Brasil, representando 29,21% da produção total, enquanto o Paraná está em segundo lugar, com 17,9% (CONAB, 2016).

A participação dos principais estados produtores na safra 2014/15 pode ser vista na Figura 2.7. Dentre os cinco estados com a maior produção, três estão na região Centro-Oeste.

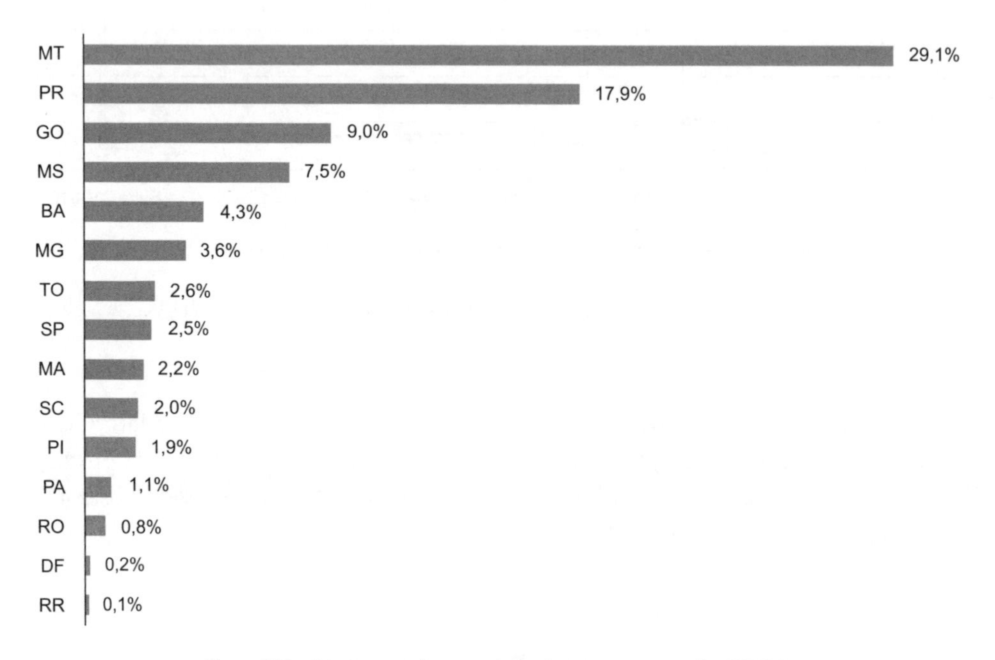

Figura 2.7 – Principais estados na produção de soja em grãos – safra 2014/15.

Fonte: Conab (2016).

Outros estados que vêm ganhando importância na produção de grãos são Maranhão, Tocantins, Piauí e Bahia, atualmente conhecidos pelo acrônimo MATOPIBA. Essa região abrange uma área de 73 milhões de hectares e, atualmente, é considerada a última fronteira agrícola do país.

Os fortes investimentos realizados pelos grandes *players* e a proximidade de hidrovias e portos, aliados aos baixos custos das terras, têm chamado a atenção de produtores para esses estados.

De acordo com a Conab (2016), a produção de soja na safra 2013/14 na região do MATOPIBA foi de 18.263 milhões de toneladas. O crescimento da produção, nos estados que pertencem a essa região, entre a safra 2013/14 e a safra 2014/15, foi de 20,3% no estado da Bahia,18,6% no Piauí, 16,4% no Maranhão e 13,5% no Tocantins.

2.6 LOGÍSTICA DE ESCOAMENTO DA SOJA

Embora a expansão da soja seja crescente, tendo aumentado significativamente ano após ano o volume produzido do grão, os investimentos em infraestrutura não acompanharam no mesmo ritmo. Dessa maneira, nota-se que a competitividade da soja brasileira depende do adequado equacionamento da infraestrutura logística, que envolve modais de transporte adequados, integração dos modais disponíveis, armazenamento suficiente e apropriado para atender ao complexo da soja, regulamentações ambientais e tributárias atualizadas. Fatores como esses oneram o custo da produção nacional, principalmente em razão das grandes distâncias a serem percorridas das fronteiras agrícolas até os pontos de embarque para exportação.

No que diz respeito à armazenagem, a situação não é diferente. Nesta safra (2015/2016), a capacidade de armazenamento é de 123,7 milhões de toneladas de grãos. O déficit da capacidade de armazenagem da atual safra é de 18 milhões de toneladas. A capacidade ideal apontada pela USDA/FAS deve ser no mínimo 20% maior que a safra (UNITED SOYBEAN BOARD, 2012; USDA/FAS, 2016).

A situação da infraestrutura e armazenamento é extremamente deficiente. Tendo em vista a extensão continental do país, o escoamento da produção se dá em proporções e em modais inapropriados. De acordo com Hirakuri e Lazzarotto (2011), 67% do escoamento da produção nacional é realizado por rodovias, 28% por ferrovias e apenas 5% por hidrovias.

A complexidade da infraestrutura logística brasileira que atinge o país, no entanto, tem maior impacto nos estados das regiões Norte, Nordeste e Centro-Oeste e necessita de uma estratégia logística que contribua para a competitividade da soja brasileira no mercado internacional. Ao longo dos anos, a soja brasileira apresentou crescimento expressivo em área de plantio, produtividade, produção e mercado consumidor, mas os investimentos em infraestrutura não acompanharam o crescimento da produção, fazendo da infraestrutura um dos principais desafios para os produtores e para o setor (TOLOI et al., 2016).

As empresas produtoras e processadoras de soja recorrem à utilização do modal de transporte por ferrovias e hidrovias, canais de escoamentos bem mais vantajosos que o sistema rodoviário, com custos de fretes entre 20% e 30% menores. Contudo, vale destacar que a falta de investimento e concorrência no setor ferroviário não permitiu que o ramal acompanhasse o desenvolvimento do país. Atualmente, o país tem 30 mil quilômetros de ferrovias, número semelhante ao do Japão, país 22 vezes menor que o Brasil (LIMA, 2009).

O sistema logístico deficiente é sem dúvida um grave problema que persiste. Em todos os modais identificam-se problemas relacionados ao estado de degradação das infraestruturas e das instalações de apoio. Além disso, também são graves os problemas relacionados a:

- elevados custos operacionais do transporte;
- lenta absorção de inovações tecnológicas e de gestão;
- carga tributária elevada;
- insegurança e roubo sistemático de cargas; e
- exigências crescentes da legislação ambiental e tributária.

Desse modo, as deficiências nas infraestruturas de suporte à logística e ao transporte acarretam a perda de competitividade. Para amenizar esse panorama, o governo federal, reconhecendo a importância econômica e social da soja, elaborou projetos que têm por objetivo reduzir os custos do transporte a granel, destacando-se, entre eles, as hidrovias Madeira, Tietê-Paraná, Araguaia e São Francisco. Quando esses projetos forem operacionalizados, os novos corredores aumentarão a competitividade internacional de várias regiões e, em alguns casos, viabilizarão a expansão de áreas para produção.

Apesar da demora na solução dos gargalos, ressalta-se que mudanças já ocorreram nos últimos anos. Dentre elas, destaca-se que a malha ferroviária para o transporte de carga já é operada por empresas privadas. Os programas de concessão rodoviária avançaram bastante nos âmbitos da União e de muitos estados. A operação de terminais portuários é quase inteiramente privada, embora o sistema de gestão pública dos portos ainda permaneça muito centralizado.

Para driblar esse cenário e conseguir manter a competitividade do complexo da soja brasileiro, produtores, processadores e companhias de *trading* têm buscado utilizar fórmulas intermodais de transporte, com ênfase no hidroviário e ferroviário em substituição à preponderância do modal rodoviário (BARAT; PAVAN, 2009).

2.7 CORREDORES DE ESCOAMENTO DA PRODUÇÃO DE SOJA

Como já visto, a movimentação é um dos aspectos mais importantes na composição dos custos das *commodities*, e pode chegar a quase 30% no caso da soja. O que ocorre, em muitas situações, é a presença já estabelecida do valor do frete no contrato entre os produtores e as *tradings*, ficando esse custo muitas vezes a cargo dos produtores.

Para agravar a situação, muitas vezes o trajeto e o modal utilizados no transporte da soja são inadequados. Parte da soja que sai da região Centro-Oeste, Norte e Nordeste do país, por exemplo, é direcionada para os portos localizados na região Sul e Sudeste. Depois de embarcada, volta a percorrer a distância em direção ao norte até chegar ao destino final, situação que poderia ser evitada ou atenuada se fossem utilizados corredores na região Norte e Nordeste do país (COSTA, 2008).

O **corredor sudeste**, que compreende a ligação ferroviária e a hidrovia Tietê--Paraná, é responsável pelo escoamento de boa parte da soja colhida no sul de Mato Grosso, no Mato Grosso do Sul e sul de Goiás. A soja se dirige aos estados do Sudeste e ao Porto de Santos, que exporta anualmente 2,8 milhões de toneladas de grãos e 1,3 milhão de toneladas de farelo de soja (LIMA, 2009).

A malha ferroviária que liga o sul de Mato Grosso ao Porto de Santos, atualmente, é administrada pela Rumo-ALL e tem início na cidade de Rondonópolis (MT). A carga sai dos produtores e segue por caminhão pelas rodovias BR-163, BR-158, BR-364, BR-070, até chegar ao terminal rodoferroviário em Rondonópolis para fazer o transbordo. A malha ferroviária absorve, num raio de 800 quilômetros, o escoamento da produção de soja destinada ao Sudeste.

Parte da produção do sul de Goiás, do sudeste de Mato Grosso do Sul e do oeste de Minas Gerais segue por rodovia até o terminal intermodal de São Simão (GO), onde é feito o transbordo para a hidrovia Tietê-Paraná, chegando então até Pederneiras (SP). Daí, segue de rodovia ou ferrovia para o Porto de Santos (LIMA, 2009).

Há, ainda, o escoamento da soja do centro-leste de Goiás e de Minas Gerais, via rodovias BR-262 e BR-040 e outras estradas menores e ferrovias EFVM e FCA em direção ao Porto de Vitória (ES). Nesse porto, são embarcadas por ano 679 mil toneladas de grãos e 1,2 milhão de toneladas de farelo (LIMA, 2009).

O **corredor norte** é utilizado para escoar parte da soja produzida no norte e no centro do Mato Grosso, seguindo pela rodovia BR-163 de Cuiabá (MT) até Santarém (PA). Porém, parte dessa rodovia ainda se encontra em leito natural (LEN), existindo, segundo o atual Programa de Aceleração do Crescimento (PAC), previsão para finalizar o asfaltamento (DORILÊO; PEREIRA, 2012). Todos os trechos que estão em leito natural já foram licitados, contudo, falhas no acompanhamento e na fiscalização dos cronogramas físico-financeiros, e problemas na elaboração dos projetos básicos das obras, inviabilizaram o seu andamento e a sua conclusão (DORILÊO; PEREIRA, 2012).

Outra alternativa utilizada por esse corredor é o escoamento pela hidrovia Teles Pires-Tapajós. A vantagem dessa conexão é que a soja é embarcada diretamente em navios no Porto de Santarém, seguindo, via rio Amazonas, para exportação.

A produção do norte de Mato Grosso e de Rondônia pode ainda utilizar a rodovia BR-364, sentido Porto Velho. Nesse local, há o transbordo para barcaças que seguem pela hidrovia do Madeira até o Porto de Itacoatiara, onde a carga é embarcada em navios que seguem pelo rio Amazonas para exportação (TOLOI et al., 2016).

O **corredor nordeste** tem como destino o Porto de Itaqui, localizado no município de São Luís (MA), responsável por receber parte da produção das regiões norte e nordeste de Mato Grosso, e abrange parte da produção de Goiás, Tocantins e da nova fronteira agrícola no Maranhão, Piauí e Bahia.

Para alcançar o porto de Itaqui, as alternativas de escoamento incluem a hidrovia Araguaia-Tocantins, a BR-153, a BR-158, a malha ferroviária da estrada de ferro Carajás-EFC, que liga Carajás (PA) ao Porto de São Luís, e o trecho concluído da

Ferrovia Norte-Sul-FNS, entre Estreito (MA) e Açailândia (MA), onde há o encontro com a EFC. O Porto de Itaqui exporta anualmente 561 mil toneladas do complexo da soja.

A parte da BR-158 que se encontra em leito natural fica localizada no território da reserva indígena Marãiwatsédé. Durante os 6 anos da paralisação da obra, foram realizados estudos de viabilidade entre a Fundação Nacional do Índio (Funai), o Instituto Brasileiro do Meio Ambiente e dos Recursos Naturais Renováveis (Ibama) e o Departamento Nacional de Infraestrutura de Transportes (DNIT), e definiu-se que a rodovia ficará no contorno do território indígena. Novos estudos para a realização do projeto básico e a instrução do procedimento licitatório serão realizados para a construção de pontes e a pavimentação asfáltica do trecho, que ainda está em leito natural (DORILÊO; PEREIRA, 2012; TEZOLIN, 2017; TOLOI et al., 2016).

O **corredor sul**, atendendo à região Centro-Oeste do país, utiliza como alternativa de escoamento a hidrovia Paraguai-Paraná e recebe parte da soja do sul de Mato Grosso e de todo o Mato Grosso do Sul, visando a uma saída via Mercosul.

A soja do Mato Grosso do Sul e do sul de Mato Grosso segue pela rodovia BR-262 ou pela ferrovia Novoeste, controlada pela Rumo-ALL, em direção ao Porto de Ladário, localizado no município de Corumbá (MS), e, posteriormente, segue pela hidrovia até o Porto de Nova Palmira, no Uruguai.

O corredor sul, atendendo à região Sul do país, tem como destino o Porto de Paranaguá (PR), por onde cerca de 60% da soja brasileira é exportada, o Porto de São Francisco do Sul (SC) e o Porto de Rio Grande (RS) (USDA/AMS, 2014). Uma ampla parte da produção do estado do Paraná tem como direção, para exportação, o Porto de Paranaguá. O Porto de Paranaguá embarca anualmente 4,6 milhões de toneladas de grãos, 3,7 milhões de toneladas de farelo e 712 mil toneladas de óleo.

O corredor sul, atendendo à necessidade de escoamento da produção catarinense e de parte do sul do Paraná, por meio das rodovias BR-282, BR-470, BR-116 e pela malha ferroviária da ALL que corta o estado, tem como destino o Porto de São Francisco do Sul (SC). O porto catarinense exporta anualmente 250 mil toneladas de grãos, 1,2 milhão de toneladas de farelo e 121 mil toneladas de óleo.

Outra alternativa do corredor sul para o escoamento do complexo da soja é utilizar a densa malha das rodovias BR-293 e BR-392 e a extensa e ramificada malha ferroviária da América Latina Logística (ALL), que são responsáveis pelo deslocamento de uma parte da soja do Rio Grande do Sul para o Porto de Paranaguá (PR). Uma outra parte segue em direção ao Porto de Rio Grande (RS), de onde seria improdutivo seguir até Paranaguá. O porto gaúcho embarca anualmente 1,4 milhão de toneladas de grãos, 1,2 milhão de toneladas de farelo e 250 mil toneladas de óleo.

2.8 CONSIDERAÇÕES FINAIS

A soja tem se mostrado uma das mais importantes cadeias de produção agrícola brasileiras, papel anteriormente atribuído à cultura da cana-de-açúcar e depois ao café.

O Brasil, junto com Estados Unidos e Argentina, abastece 80% do mercado mundial. Portanto, é essencial conhecer os desafios dessa cadeia para que se possa implementar o conhecimento da Engenharia de Produção no aumento de sua competitividade.

Neste capítulo, pôde-se conhecer a importância dessa cadeia produtiva para o Brasil e quais os principais desafios a que está sujeita, principalmente no que tange à logística de escoamento do produto para exportação.

Pode-se, assim, concluir que muitos desses desafios só poderão ser vencidos mediante a utilização de conhecimentos que possibilitem minimizar os gargalos e aumentar a eficiência do processo de produção e escoamento.

Muitos desses desafios são enfrentados por outras cadeias produtivas, como a do milho e do café, mas a melhoria de seus processos depende certamente do sucesso das ações que puderem ser implementadas na cadeia da soja. Nos capítulos seguintes, outras cadeias poderão ser estudadas e comparadas com esta pelo leitor. Porém, o mais importante é compreender que o planejamento e controle da produção, a gestão logística e a gestão da qualidade podem contribuir muito para o sucesso da cadeia da soja brasileira.

BIBLIOGRAFIA

BARAT, J.; PAVAN, R. C. Logística e transporte no brasil: desafios para o novo governo federal. *Macrologística*, 2009. Disponível em: <http://www.macrologistica.com.br/index.php/pt/midia/palestras-e-relatorios/90-logistica-e-transporte-no-brasil-desafios-para-o-novo-governo-federal>. Acesso em: 29 jul. 2016.

BONATO, E. R.; BONATO, A. L. V. *A soja no Brasil:* história e estatística. Londrina: Embrapa Soja, 1987.

CÂMARA, G. M. S. *Soja:* tecnologia da produção. Piracicaba: O autor, 1998.

CONAB – COMPANHIA NACIONAL DE ABASTECIMENTO. *Perspectivas para a agropecuária*. Brasília, DF, 2015. Disponível em: <http://www.conab.gov.br/OlalaCMS/uploads/arquivos/15_09_24_11_44_50_perspectivas_agropecuaria_2015-16_-_produtos_verao.pdf>. Acesso em: 28 jul. 2016.

______. *Indicadores da agropecuária*. Brasília, DF, 2016. Disponível em: <http://www.conab.gov.br/OlalaCMS/uploads/arquivos/16_01_29_16_50_19_revista-janeiro-internet.pdf>. Acesso em: 27 jul. 2016.

COSTA, M. V. V. Expansão do agronegócio e logística de transporte no estado de Mato Grosso. *XV Encontro Nacional de Geógrafos*, 2008.

DORILÊO, P. R. S.; PEREIRA, M. L. M. *Sistema rodoviário do estado de Mato Grosso*. Cuiabá: Governo do Estado de Mato Grosso, 2012.

FAO – FOOD AND AGRICULTURE ORGANIZATION. *Food balance sheets: edition 2013*. Disponível em: <http://www.fao.org/faostat/en/#data/FBS>. Acesso em: 9 jun. 2017.

______. *Summary and key findings from the 2016-2025 edition*. Disponível em: <http://www.agri-outlook.org/>. Acesso em: 10 jun. 2017.

HIRAKURI, M. H.; LAZZAROTTO, J. J. *Evolução e perspectiva de desempenho econômico associados com a produção de soja nos contextos mundial e brasileiro*. 3. ed. Londrina: Embrapa Soja, 2011.

LIMA, L. C. O. Perspectivas do investimento no agronegócio. In: WILKINSON, J.; KUPFER, D.; LAPLANE, M. *Perspectivas do investimento no Brasil*. Rio de Janeiro: UFRRJ, 2009.

MAPA – MINISTÉRIO DA AGRICULTURA, PECUÁRIA E ABASTECIMENTO. *Intercâmbio comercial do agronegócio: China*. Disponível em: <http://www.agricultura.gov.br/internacional/indicadores-e-estatisticas/estudos>. Acesso em: 23 jul. 2016a.

______. *Indicadores de exportação e importação – AgroStat*. Disponível em: <http://indicadores.agricultura.gov.br/agrostat/index.htm>. Acesso em: 23 jul. 2016b.

SOJA. História, tendências e virtudes. *Revista funcionais e nutracêuticos*, n. 0, 2007. Disponível em: <http://www.insumos.com.br/funcionais_e_nutraceuticos/materias/76.pdf>. Acesso em: 1 ago. 2016.

TEZOLIN, M. N. *Obra da BR-158 vai contornar terra indígena*. Disponível em: https://www.al.mt.gov.br/midia/noticia/180413/visualizar>. Acesso em: 10 jun. 2017.

TOLOI, R. C. et al. How to improve the logistics issues during crop soybean in Mato Grosso state (Brazil)? *6th International Conference on Information Systems, Logistics and Supply Chain*, 2016.

UNITED SOYBEAN BOARD. *Farm to market:* a soybean's journey from field to consumer. Tennessee, 2012.

USDA – UNITED STATES DEPARTMENT OF AGRICULTURE; AMS – AGRICULTURAL MARKETING SERVICE. *Grain transportation report*. Washington, DC, 2014.

USDA – UNITED STATES DEPARTMENT OF AGRICULTURE; AMS – AGRICULTURAL MARKETING SERVICE; FAS – FOREIGN AGRICULTURAL SERVICE. *Oilseed:* world market and trade. Washington, DC, 2016. Disponível em: <http://apps.fas.usda.gov/psdonline/circulars/oilseeds.pdf>. Acesso em: 4 jan. 2016.

WWF – WORLD WIDE FUND FOR NATURE. *O crescimento da soja:* impactos e soluções. Gland: WWF-International, 2014. Disponível em: <http://d3nehc6yl9qzo4.cloudfront.net/downloads/wwf_relatorio_soja_port.pdf>. Acesso em: 28 jul. 2016.

CAPÍTULO 3
AVICULTURA

Irenilza de Alencar Nääs
Rodrigo Garófallo Garcia

3.1 INTRODUÇÃO

O desenvolvimento da avicultura industrial mundial teve início a partir da Segunda Guerra Mundial, advindo da necessidade de ofertar carne aos combatentes. Desse modo, os Estados Unidos iniciaram o desenvolvimento de pesquisas a fim de obter novas linhagens de frangos, formulações de rações e alimentos com alto índice nutricional para as aves, além de medicamentos específicos para o setor da avicultura. Esse processo continuou, no pós-guerra, nos países da Europa (TAVARES; RIBEIRO, 2007).

No Brasil, a avicultura industrial teve início na década de 1950, substituindo, assim, a antiga avicultura comercial que tivera início nos anos de 1920 e 1930. Seu primeiro estágio foi marcado pela importação de linhagens híbridas americanas, que eram mais resistentes a doenças e mais produtivas. Mais tarde, por meio de investimentos nacionais, o setor focou na melhoria da genética, desenvolvendo vacinas, instalações mais adequadas e alimentação mais racional.

Rapidamente, a cadeia se desenvolveu dentro do país. Por meio de características distintas, como alto grau de controle do processo biológico, tornou-se possível a criação do frango em condições adversas, independentemente de solo e clima, ao contrário de outras atividades agropecuárias. Isso se deveu aos avanços que ocorreram nas áreas de melhoramento genético, nutrição, manejo e sanidade, assim como pela maior inserção de tecnologia no setor e instalações mais adequadas aos animais (TAVARES; RIBEIRO, 2007). O sucesso para o rápido desenvolvimento avícola no Brasil também é resultado de parceria existente entre criador e indústria, que possibilitou maior estabilidade e investimento no setor (FREITAS; BERTOGLIO, 2001; TAVARES; RIBEIRO, 2007).

3.2 PRODUÇÃO AVÍCOLA BRASILEIRA

A produção avícola brasileira vem se destacando no cenário mundial. Atualmente, o Brasil está entre os maiores países produtores de carne de frango, sendo o maior exportador mundial do produto (SOUZA; CAMARA; SEREIA, 2008; ABPA, 2014).

Esse potencial competitivo alcançado se deve à organização e à coordenação da cadeia produtiva, além da parceria estratégica entre produtor e indústria, a chamada produção vertical, na qual a empresa oferece os pintinhos e o treinamento para auxiliar o produtor no manejo com os animais (TALAMINI; MARTINS; OLIVEIRA, 2013).

Do total produzido pelo setor cárneo no país, a carne de frango é a carne mais produzida, com um total de 50%, seguida pela carne bovina, com 40% do total e, depois, a carne suína, com 13% do total (ABPA, 2014; DEPEC-BRADESCO, 2015). É, atualmente, um setor de destaque e alta competitividade internacional. Em 2013, o país produziu cerca 12 milhões de toneladas de carne de frango, produção que se dividiu em carne industrializada, salgada, inteira e cortes. Desse total, 32% destinaram-se ao mercado internacional, cerca de 4 milhões de toneladas (ABPA, 2014). A exportação de frangos ocupa a segunda posição em importância no agronegócio brasileiro e a sexta posição nas exportações totais (TALAMINI; MARTINS; OLIVEIRA, 2013).

A consolidação da cadeia produtiva de frango de corte ocorreu por meio da integração granja-indústria, a já mencionada produção vertical. Essa parceria resultou em uma melhora da qualidade e precisão na quantidade ofertada à agroindústria, permitindo cálculos mais seguros quanto às perdas no decorrer do processo (MENDES; SALDANHA, 2004; MACHADO et al., 2014).

Quando comparada às demais cadeias produtivas do setor agroindustrial, a cadeia produtiva de frango de corte destaca-se tanto interna como internacionalmente. Isso porque o setor investe em melhorias nos elos da cadeia, e grande parte do reconhecimento que recebe se deve à crescente utilização de recursos tecnológicos, como modernos sistemas de planejamento, organização, coordenação dos elos, técnicas gerenciais, além de investimentos em pesquisas e estudos voltados a otimizar o setor (VOILÀ; TRICHES, 2013).

A produção brasileira de carne de frango cresceu significativamente entre 2000 e 2015 – cerca de 130% (ABPA, 2016; IBGE, [20--]). As exportações brasileiras do produto cresceram 170% a partir do período de 2000 a 2004, e, desde então, o país e os EUA se revezam na posição de maior exportador de carne de frango congelada. Em 2015, apesar da crise econômica, a carne de frango se consolidou como quarto item da pauta exportadora nacional, alcançando o resultado anual de aproximadamente US$ 9 bilhões (FAO, 2016).

3.3 CADEIA PRODUTIVA DA AVICULTURA

A cadeia produtiva do frango de corte se diferencia pela sua característica de integração e pela verticalização da cadeia de suprimentos (ARAÚJO et al., 2008; MENDES;

SALDANHA, 2004). Essa cadeia é caracterizada por elos principais (avozeiro, matrizeiro, incubatório, nascedouro, aviário, abatedouro, varejista e consumidor final) e por elos auxiliares (pesquisa e desenvolvimento genético, medicamentos, milho, soja e outros insumos, equipamentos e embalagens), como indicado na Figura 3.1 (MICHELS; GORDIN, 2004).

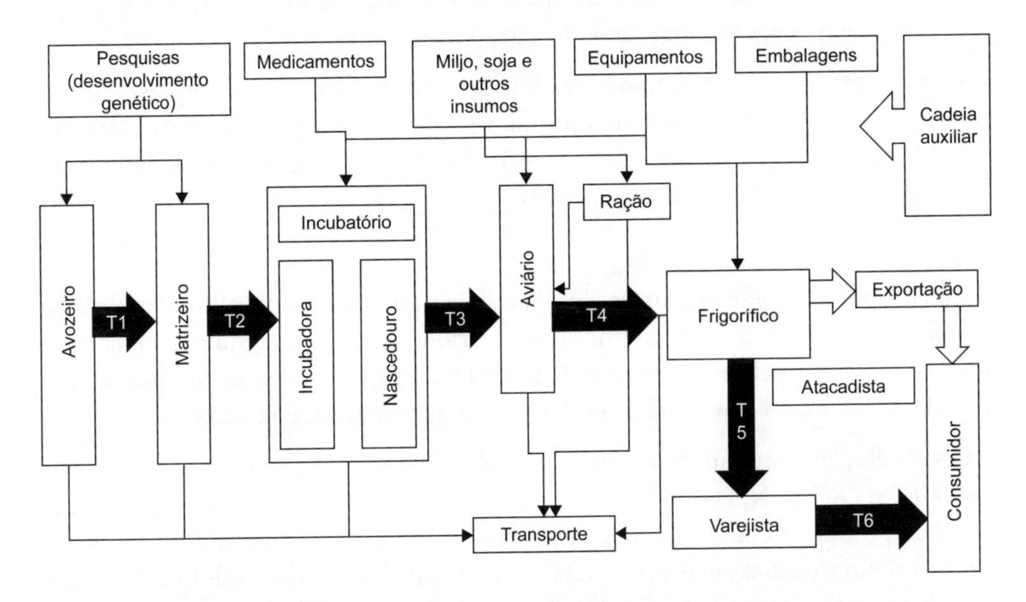

Figura 3.1 – Representação esquemática da cadeia produtiva da avicultura brasileira de corte.

Fonte: Araújo et al. (2008).

Assim, conforme Figura 3.1, na estrutura da cadeia produtiva da avicultura de corte se pode denominar cada elo da seguinte maneira:

- **Avozeiro:** onde se encontram as galinhas avós, que são aquelas originárias da importação de ovos das linhagens avós. Estas são cruzadas para produzir as matrizes que vão gerar os frangos comerciais criados para o abate.
- **Matrizeiro:** geralmente pertence ao frigorífico e é nele que são produzidos os ovos férteis.
- **Incubatório/nascedouro:** geralmente pertence ao frigorífico. Ali são incubados os ovos férteis, os quais em seguida vão para os nascedouros, onde nascem os pintos de corte que, logo após essa etapa, são encaminhados para os aviários, o quarto elo da cadeia.
- **Aviários:** esta etapa corresponde à produção propriamente dita, geralmente caracterizada pelos contratos de integração entre os frigoríficos e os produtores rurais. É no aviário que ocorre o processo de crescimento e engorda. Os pintinhos são levados para lá com algumas horas de nascidos e ficam até completarem 42 dias, aproximadamente, quando são transportados para o abate.

- **Frigorífico:** o abate é feito no frigorífico, também chamado de unidade industrial, abatedouro ou empresa. É nele que se origina o produto final, o frango resfriado, congelado, inteiro e em cortes/pedaços. Esse elo é composto por vários processos que ocorrem já no local de abate. São eles: recepção, atordoamento, sangria, escaldagem, depenagem, evisceração, lavagem, pré-resfriamento, gotejamento, pré-resfriamento de miúdos, processamento de pés, classificação/cortes, embalagem, congelamento e expedição.
- **Varejista:** depois de pronto o produto surgem o varejista e as empresas de exportação, que irão revender o produto para os consumidores finais, o último elo da cadeia, representados tanto pelo mercado consumidor nacional quanto internacional (ARAÚJO et al., 2008).

Considerando os sete principais elos da cadeia produtiva da avicultura, observa-se que em todos existem agentes externos que contribuem para o bom funcionamento da cadeia. As relações existentes entre cada etapa apresentam diferentes conotações, em razão de suas funções e do nível de poder e força que exercem na cadeia.

Essas relações dependem do grau de subordinação que ocorre entre os elos (MICHELS; GORDIN, 2004). Voilà e Triches (2013) compreendem todo o processo da cadeia produtiva como a sequência de operações, a qual engloba a produção de insumos, a industrialização e a comercialização e distribuição do produto final. O sistema abrange do nascimento do pintainho ao crescimento até a idade apropriada para o abate dos frangos, e sua transformação em produto final que irá chegar até aos consumidores (SOUZA; AVELHAN, 2009).

A montante da produção de frangos de corte está a fabricação da ração, entre outros insumos. A maioria das agroindústrias produz sua própria ração, em função de sua própria demanda. Por possuírem contratos de integração com os criadores, estas optaram por desenvolver estratégias que garantam a oferta de rações e armazenamento desses insumos, levando-as a produzir sua própria ração, a qual é distribuída apenas para seus criadores integrados.

Já a estratégia de certas agroindústrias processadoras de estabelecer acordos com fábricas de rações é marcada por uma relação de dependência mútua, com base no controle que a agroindústria processadora deve manter sobre a oferta de insumos; ao acesso a ativos específicos, em decorrência dos custos envolvidos na escolha de fornecedores e insumos (grãos de soja e milho, principalmente); e à necessidade de uma relação estreita, desde o cumprimento das exigências nutricionais solicitadas até o armazenamento e a distribuição das rações às granjas integradas. A agroindústria processadora e a fábrica de ração apresentam uma estrutura de governança de integração vertical, pois a fábrica acaba sendo incorporada à agroindústria de processamento, tornando-se um ativo específico e suprindo a demanda dos contratos de integração (PRADELLA et al., 2015).

3.4 CONSUMO DE CARNE DE FRANGO

No ano de 2004, o consumo anual de carne de frango por pessoa era de 34,89 kg. Já em 2013, esse consumo aumentou para 41,8 kg de carne de frango consumidos anualmente, ou seja, um aumento de pouco mais de 7 kg no decorrer do período. Assim como na variável de produção, o consumo manteve-se em elevação ao longo dos anos. No entanto, o auge ocorreu em 2011, com um consumo de pouco mais de 47 kg de carne de frango por pessoa. Segundo Batalha e Silva (2008), o principal indicador de competitividade de uma empresa ou produto no mercado está relacionado à sua utilização (ou consumo) de forma útil e difundida na economia. Portanto, o consumo pode ser considerado um índice da participação de mercado de um determinado produto. Quanto maior sua disseminação ou consumo, maior sua participação.

As exportações brasileiras acresceram de 2.470 milhões de toneladas em 2004 para 3.918 milhões de toneladas em 2013, indicando um aumento constante da presença dos produtos brasileiros no setor internacional. Mantendo esse nível de competitividade, a indústria brasileira de frangos de corte passou a oferecer seus produtos, conquistando o mercado internacional. Quando se compara a competitividade da carne de frango em termos internacionais, considerando a conquista de mercados, verifica-se, na exportação do complexo de carnes (em volume no período de 1997 a 2015), que a carne de frango é uma das carnes mais consumidas no Brasil (Figura 3.2).

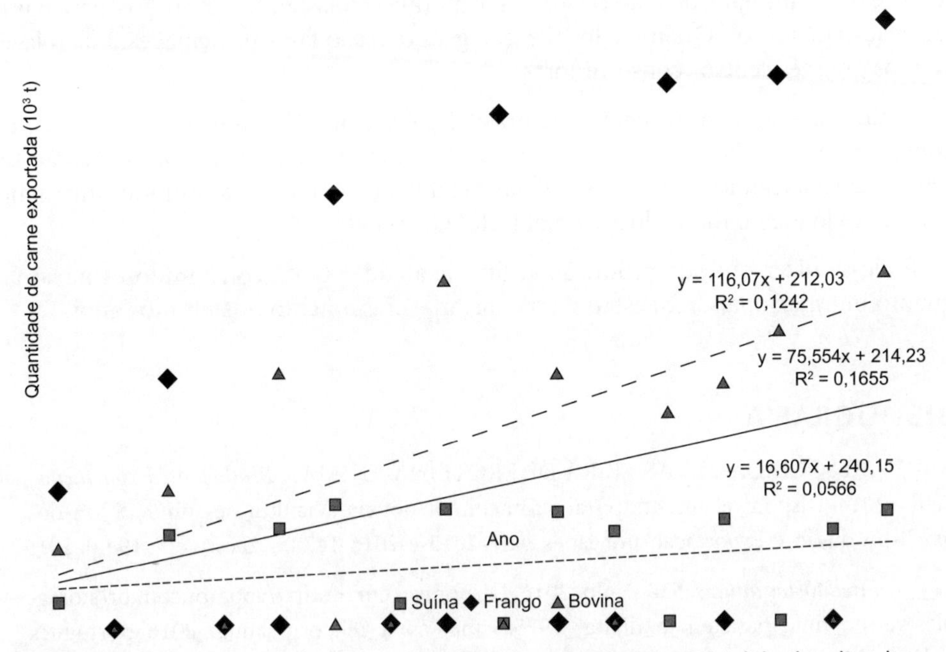

Figura 3.2 – Exportações do complexo de carnes em volume durante o período de 1997 a 2015. As linhas de tendência linear apontam um acréscimo nas exportações dos produtos.

Fonte: USDA (2014).

Mundialmente, é a segunda mais consumida, ficando atrás somente da carne suína. Desde 1997, o consumo de carne de frango se destaca perante o de outras carnes; em 2015, ele foi de 3.825 milhões de toneladas, enquanto o da carne bovina foi de 2.235 milhões toneladas e o da carne suína, de 700 milhões de toneladas.

Com os dados da Figura 3.2, pode-se afirmar que a avicultura ocupa lugar de destaque entre as cadeias mais importantes do agronegócio nacional e internacional. Esse sucesso se deve à estrutura funcional brasileira no que diz respeito a três importantes elementos do cálculo econômico do capitalismo atual: alto índice de aplicação de tecnologia no setor, eficiência na produção e diversificação no consumo.

3.5 CONSIDERAÇÕES FINAIS

O frango de corte é uma atividade dinâmica quando comparada aos demais complexos de carne, principalmente pelos constantes avanços tecnológicos e biotecnológicos, pela forte relação de dependência de seus fornecedores de insumo (material genético, soja, milho, entre outros) e pela constante influência do mercado econômico.

A cadeia do frango de corte é bastante verticalizada e interdependente do segmento agroindustrial, cuja finalidade é o abate das aves. Essa estrutura é conhecida como integração, e seu modelo brasileiro é o resultado de uma adequação do modelo americano. Dependendo da região brasileira onde é produzido, o frango tem a presença de mão de obra familiar e de matéria-prima disponível (soja e milho, insumos-base para a fabricação de ração). Quanto à localização geográfica, o fator principal está na relação com os grandes centros consumidores.

A cadeia produtiva da avicultura brasileira é reconhecida internacionalmente e é considerada uma das cadeias com um nível maior de coordenação e integração em seus elos, destacando-se entre as cadeias produtivas no país e garantindo uma maior competitividade no mercado mundial (ARAÚJO et al., 2008).

Pode-se dizer que sua produção, a fim de atender tanto consumidores nacionais quanto internacionais, tem estado em constante crescimento nos últimos anos.

BIBLIOGRAFIA

ABPA – ASSOCIAÇÃO BRASILEIRA DE PROTEÍNA ANIMAL. *Produção e Exportação*. São Paulo, 2014. Disponível em: <http://abpa-br.com.br/noticia/avicultura-e-suinocultura-do-brasil-producao-e-exportacao-previsoes-para-2015-e-2016-1478>. Acesso em: 19 jul. 2016.

______. *Relatórios anuais*. São Paulo, 2016. Disponível em: <http://abpa-br.com.br/storage/files/versao_final_para_envio_digital_1925a_final_abpa_relatorio_anual_2016_portugues_web1.pdf> . Acesso em: 12 jul. 2016.

ARAÚJO, G. C. et al. Cadeia produtiva da avicultura de corte: avaliação da apropriação de valor bruto nas transações econômicas dos agentes envolvidos. *Revista Gestão e Regionalidade*, São Caetano do Sul, v. 24, n. 72, p. 6-16, set.-dez., 2008.

BATALHA, M. O. As cadeias de produção agroindustriais: uma perspectiva para o estudo das inovações tecnológicas. *Revista de Administração*, São Paulo, v. 29 n. 4, p. 43-50, out.-dez., 1995.

BATALHA, M. O.; SILVA, A. L. *Gestão Agroindustrial*: GEPAI: Grupo de estudos e pesquisas agroindustriais. In: BATALHA, M. O. (Coord.). 3. ed. São Paulo: Atlas, 2008. p. 1-62.

CASTRO, A. M. G. Prospecção de cadeias produtivas e gestão da informação. *Transinformação*, Campinas, v. 13, n. 2, p. 55-72, jul.-set., 2001.

DEPEC - DEPARTAMENTO DE PESQUISAS E ESTUDOS ECONÔMICOS; BRADESCO. *Relatório de Consumo de Carnes*. [S.l.], Mar. 2015. Disponível em: <www.economiaemdia.com.br/EconomiaEmDia/pdf/infset_carne_avicola.pdf>. Acesso em: 20 jul. 2016.

FAO - FOOD AND AGRICULTURE ORGANIZATION OF THE UNITED NATIONS. *Pesquisa produção mundial de carne de frango*. Rome, 2016. Disponível em: <http://faostat3.fao.org/faostat-gateway/go/to/download/Q/QL/S>. Acesso em: 22 maio 2017.

FREITAS, L.; BERTOGLIO, O. A evolução da avicultura de corte brasileira após 1980. *Revista Economia e Desenvolvimento*, Brasília, DF, n. 13, ago., 2001.

IBGE - INSTITUTO BRASILEIRO DE GEOGRAFIA E ESTATÍSTICA. *Banco de dados pecuária*. Rio de Janeiro, [20--]. Disponível em: <http://www.sidra.ibge.gov.br/bda/tabela/protabl.asp?c=1094&z=t&o=1&i=P>. Acesso em: 10 jul. 2016.

MACHADO, S. T. et al. Logística aplicada à produção de aves de corte: desafios no manejo pré-abate. *Enciclopédia Biosfera*, Goiânia, v. 10, n. 18; p. 2108, 2014.

MENDES, A. A.; SALDANHA, E. S. P. B. A cadeia produtiva da carne de aves no Brasil. In: MENDES, A. A.; NÄÄS, I. A.; MACARI, M. (Ed.). *Produção de frangos de corte*. Campinas: FACTA, 2004. p. 13-16.

MICHELS, I. L.; GORDIN, M. H. O. *Avicultura*. Campo Grande: UFMS, 2004. (Coleção Cadeias Produtivas de Mato Grosso do Sul). Disponível em: <http://www.economiaesociedade.com.br/cadeias/>. Acesso em: 14 abr. 2016.

PRADELLA, W. R. et al. Cadeia produtiva do frango de corte de Mato Grosso do Sul: uma análise de conduta de mercado. *Organizações Rurais & Agroindustriais* [on-line], Lavras, v. 17, p. 137-147, jan-mar. 2015. Disponível em: <http://www.redalyc.org/articulo.oa?id=87838281011>. Acesso em: 25 jul. 2016.

SOUZA, J. P.; AVELHAN, B. L. *Aspectos conceituais relacionados a análise de sistemas agroindustriais*: caderno de administração. Maringá: UEM, 2009.

SOUZA, L. G. A.; CAMARA, M. R. G.; SEREIA, V. J. Exportações e competitividade da carne de frango brasileira e paranaense no período de 1990 a 2005. *Revista Semina*, Londrina, v. 29, n. 1, p. 101-118, jan.-jun. 2008.

TALAMINI, D. D.; MARTINS, F. M.; OLIVEIRA, A. J. *Custos da cadeia produtiva do frango*: parceria entre cooperativa e pequenos produtores familiares no estado de Santa Catarina. [S.l.: s.n.], 2013. Disponível em: <www.sober.org.br/palestra/5/1064.pdf>. Acesso em: 29 jun. 2016.

TAVARES, L. P.; RIBEIRO, K. C. S. Desenvolvimento da avicultura de corte brasileira e perspectivas frente à influenza aviária. *Organizações Rurais e Agroindustriais*, Lavras, v. 9, n. 1, p. 79-88, 2007.

USDA – UNITED STATES DEPARTMENT OF AGRICULTURE. Washington, DC, 2014. Disponível em: <www.usda.gov/wps/portal/usda>. Acesso em: 3 jul. 2016.

VOILÀ, M.; TRICHES, D. *A cadeia de carne de frango:* uma análise dos mercados brasileiro e mundial de 2002 a 2010. Caxias do Sul: UCS, 2013. (Texto para Discussão).

CAPÍTULO 4
PANORAMA DA SUINOCULTURA BRASILEIRA

Sivanilza Teixeira Machado
Irenilza de Alencar Nääs
Rodrigo Couto Santos

4.1 INTRODUÇÃO

A suinocultura brasileira tem representatividade mundial. O Brasil encontra-se como um dos principais *players* de fornecimento de carne suína para o mercado global. Esse cenário leva a gestão de produção de suínos ao enfrentamento de novos desafios, desde os mais simples até os mais complexos. As demandas de mercado para a cadeia suinícola não são tão recentes e têm exigido da atividade novo posicionamento e estruturação. Nas últimas décadas, a suinocultura tem passado por transformações intensivas no sistema produtivo, por exemplo, a integração com a indústria de abate e processamento, a prática de confinamento, mudanças para novas áreas de produção, instalação da atividade perto dos centros produtores de grãos, expansão da atividade para o Centro-Oeste do país, utilização de novas tecnologias e gestão da atividade.

Apesar de a suinocultura brasileira estar consolidada com base tecnológica, pesquisas e desenvolvimento nas áreas de genética, nutrição e ambiência, o ganho do produtor depende da sua competência. A gestão de produção envolve o planejamento e a redução de custos de todo o processo de produção e operação, desde a fase de reprodução até a entrega dos animais para abate. A produção e as operações de animais requerem planejamento e controles que garantam o bem-estar e a produtividade animal, exigindo dos produtores e da indústria melhor desempenho técnico-profissional.

Os produtores de suínos participam de uma cadeia de fornecimento de proteína de origem animal com características singulares, que envolve aplicação de legislação específica, exigências do mercado para segurança alimentar, rastreabilidade, padrões de qualidade, práticas sustentáveis e preços acessíveis à população (PEREZ; CASTRO; FURNOLS, 2009; TRIENEKENS; WOGNUM, 2013). Para oferecer preços acessíveis ao mercado, é necessário tornar a cadeia suinícola mais competitiva em relação às demais cadeias de proteína animal, em que a redução de custo deve abranger também as operações de logística pré-abate. Operações inadequadas com animais comprometem o seu bem-estar, o que pode resultar em perdas na cadeia. Todo o investimento do produtor e/ou da indústria durante o processo produtivo do suíno pode ser facilmente perdido com o manejo e o transporte inapropriados de animais, como pode ser visto mais detalhadamente no Capítulo 10 "Logística e *supply chain management* aplicados ao agronegócio".

A competitividade e a produtividade da cadeia produtiva da carne suína dependem da sua eficácia no alcance dos objetivos definidos e na eficiência do seu processo produtivo e da sua operação pré-abate, no intuito de otimizar os recursos empregados na atividade, reduzir custos e agregar valor ao produto final.

Assim, prover avanços nas operações logísticas pré-abate é essencial para diferenciação no mercado. O aumento da eficiência dos processos pode ser conseguido com a redução de falhas, retrabalhos e refugos e a eliminação de atividades desnecessárias e movimentação de materiais que não agregam valor, simplificação dos métodos de trabalho, redução do tempo de paralisação da produção e desperdício, redução dos riscos de acidentes e doenças profissionais (COSTA NETO; CANUTO, 2010). Os índices de perdas e desperdícios da cadeia produtiva da carne suína associam-se à falta de visão sistêmica da maioria dos produtores e das indústrias, que entendem o impacto das perdas apenas no seu processo produtivo e na sua operação, mas não incluem nessa percepção o conceito de cadeia.

A percepção sistêmica da cadeia produtiva da carne suína é ponto-chave não somente para atender às expectativas dos consumidores, como buscar o aprimoramento da cadeia em relação aos seus processos. Em mercados atuais, com a concorrência acirrada, não há espaço para uma gestão amadora da suinocultura, sendo uma exigência atual e dos próximos anos uma análise minuciosa que abranja desde os dados zootécnicos até a extrapolação econômica, bem como uma visão global de todo o processo de produção interno e externo (DIAS, 2011). O produtor deve traduzir as exigências dos consumidores em especificações de produtos que tenham aceitação no mercado; contudo, tal relação se torna mais complicada no setor de alimentos, principalmente para os produtos cárneos, uma vez que os consumidores percebem a qualidade antes da decisão de compra (PEREZ; CASTRO; FURNOLS, 2009).

A diferenciação da qualidade na cadeia suinícola inicia na fase dos insumos, condições de criação, transporte e abate dos animais (TRIENEKENS; WOGNUM, 2013). A percepção de qualidade na cadeia alimentar pode ser conceituada em dois macroatributos: extrínsecos e intrínsecos. O primeiro diz respeito às questões relacionadas ao bem-estar animal, à sustentabilidade, origem e autenticidade do produto. O segundo está associado aos quesitos sensoriais do produto (suculência, cor, odor), valor nutricional, saúde e conveniência (embalagem, informação).

Desse modo, o gerenciamento da cadeia produtiva suinícola pode ser dividido em dois grandes elos: o pré-abate e o pós-abate do animal. O primeiro elo diz respeito à cadeia de abastecimento em que o produtor e/ou indústria deve se preocupar com o gerenciamento da produção animal (biossegurança, bem-estar, sustentabilidade, logística pré-abate); e o segundo, à cadeia de distribuição em que a indústria deve aplicar o gerenciamento do produto carne *in natura* e produtos processados, observando os princípios da cadeia logística do frio (sistema de informação e rastreabilidade, controle de temperatura, armazenagem e transporte adequados, segurança alimentar).

4.2 A CADEIA PRODUTIVA DA CARNE SUÍNA

A cadeia mundial de carnes é liderada pela suinocultura, seguida pela avicultura e bovinocultura. Em 2014, a produção mundial de carne suína foi de aproximadamente 110 milhões de toneladas, representando um crescimento de 1,01% em relação ao ano anterior (USDA/FAS, 2015). Do total produzido mundialmente, a cadeia produtiva de carne suína brasileira representa 3%, com 3,31 milhões de toneladas, competindo com as cadeias chinesa (51,4%), europeia (20,4%) e a norte-americana (9,39%). Nos últimos quatro anos, a média do volume brasileiro de carne suína exportado foi de 607 mil toneladas, representando 8,8% do mercado global, ficando atrás das cadeias norte-americana (32,04%), europeia (31,4%) e canadense (17,7%) (USDA/FAS, 2015). A indústria de carne no Brasil é representada pelos seguintes itens: abate de aves, que corresponde a 12,51 milhões de toneladas; de bovinos, 8,06 milhões de toneladas; e suínos, 3,31 milhões de toneladas, totalizando 23,7 milhões de toneladas (IBGE, 2014; USDA/FAS, 2015). Em 2014, o abate de suínos apresentou um crescimento de 1,05% em relação ao ano de 2013, quando teve uma queda de 4% em relação a 2012 (IBGE, 2014).

Do total de carne suína produzida no país, aproximadamente 83% destinam-se ao consumo interno e 17% à exportação (USDA/FAS, 2015). Em 2013, os estados brasileiros que mais contribuíram com o volume de carne suína exportado foram Santa Catarina (32,7%), Rio Grande do Sul (30,9%), Goiás (13,6%), Minas Gerais (9,2%) e Paraná (8,4%). Outros estados somaram 5,2% (SEBRAE, 2014). O consumo *per capita* de carne suína no Brasil está estimado em 15 kg/ano. A maioria dos consumidores tem preferência pelos produtos industrializados (89%) e uma minoria pelos produtos *in natura* (11%), como mostra a Figura 4.1 (ABPA, [20--]).

Em 2014, o PIB do agronegócio foi de R$ 1,178 trilhão, representando 21,2% do PIB Brasil com a contribuição de 4,6% da atividade suinícola, e apresentou um crescimento de 1,59% em relação a 2013 (CEPEA, 2014). A suinocultura reúne mais de 50 mil produtores e o complexo agroindustrial responde pela geração de mais de um milhão de empregos diretos (DIAS, 2011).

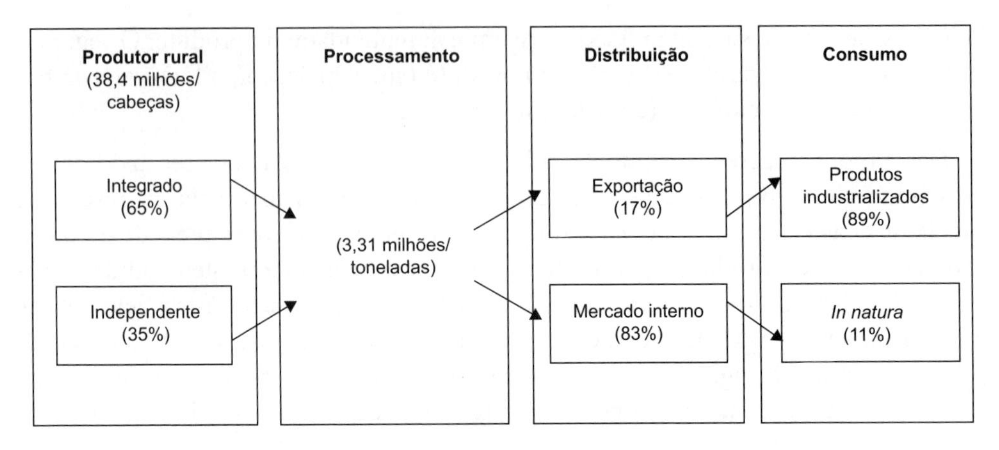

Figura 4.1 – Dados de produção, exportação e consumo da cadeia de carne suína no Brasil.
Fonte: adaptada de Dias (2011); IBGE (2013); Sebrae (2014); ABPA ([20--]); USDA/FAS (2015).

As projeções do Ministério da Agricultura, Pecuária e Abastecimento (Mapa) para produção, consumo e exportação de carne suína até 2023 apresentam crescimento de 20,6%, 18,8% e 29,3% respectivamente (MAPA, 2013). A atividade suinícola brasileira tem acompanhado o desenvolvimento tecnológico empregado na produção animal. Atualmente, o país possui tecnologias desenvolvidas nos campos de genética, nutrição, sanidade, manejo e equipamentos.

Nos últimos dez anos, o Brasil tem competido no mercado global com Canadá, China, Chile e México (USDA/FAS, 2011; 2015). As demandas de mercado, que não são tão recentes, têm exigido da atividade novo posicionamento e estruturação. O crescimento da cadeia suinícola brasileira baseia-se na dinâmica do mercado global e nas constantes exigências de uma sociedade mais consciente com saúde, bem-estar, segurança alimentar e sustentabilidade, para o atendimento dos objetivos dos *stakeholders* (Figura 4.2).

Figura 4.2 – Relação entre a cadeia produtiva da carne suína e seus *stakeholders*.
Fonte: adaptada de Perez, Castro e Furnols (2009); Paranhos da Costa et al. (2012); EC (2013); Trienekens e Wognum (2013).

A busca pela qualidade deve ocorrer dentro e fora da organização, num ambiente sadio, que abranja adequadamente todos os *stakeholders*, e no qual ética e qualidade caminhem juntas (COSTA NETO; CANUTO, 2010). As decisões estratégicas da cadeia produtiva da carne suína devem incorporar as necessidades de cada um de seus *stakeholders* internos e externos. Os fatores-chave aplicados à sua gestão envolvem custos, segurança alimentar, rastreabilidade, legislação, ambiente e aspectos econômicos (PEREZ; CASTRO; FURNOLS, 2009). De modo geral, a cadeia da carne suína é composta pelos macrossegmentos de empresas rurais, industriais e de distribuição (Figura 4.3).

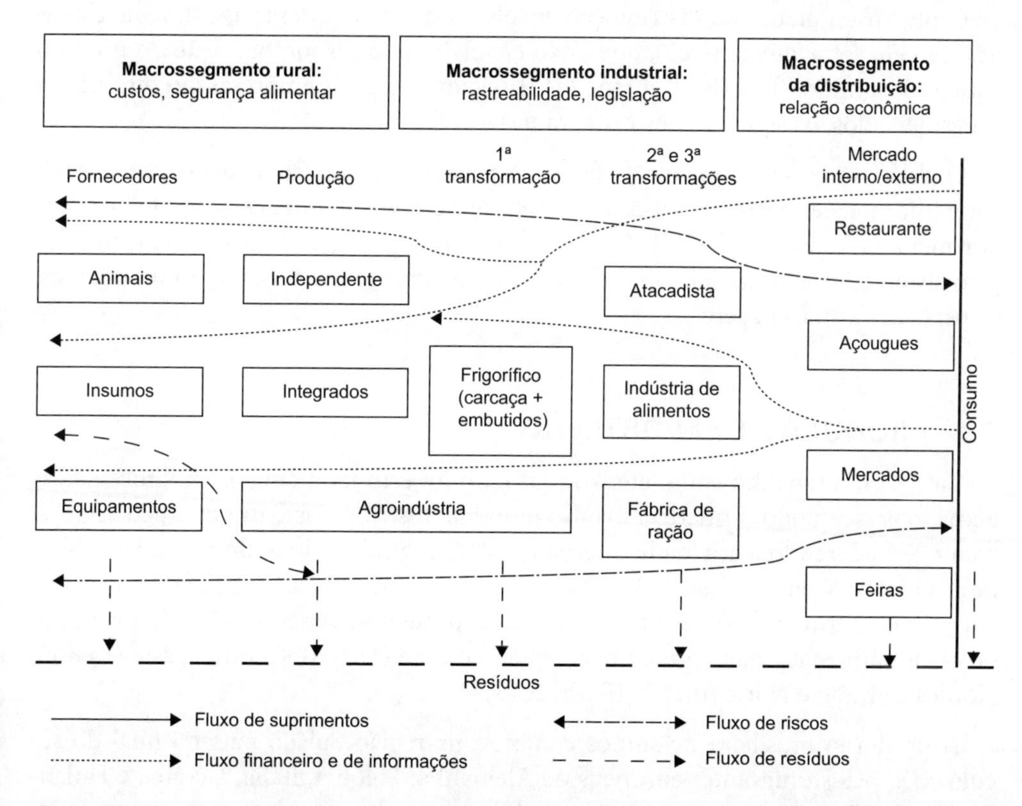

Figura 4.3 – Fluxos de suprimentos, financeiro e de informações, de riscos e de resíduos no sistema agroindustrial da carne suína.

Fonte: adaptada de Perez, Castro e Furnols (2009); Batalha (2012).

As empresas rurais que compõem a cadeia produtiva da carne suína apresentam níveis diferentes de organização. O macrossegmento rural é formado por empresas fornecedoras de matérias-primas para a produção de suínos, atividade que pode ser desenvolvida por produtores independentes (compra e venda), integrados (compra, venda e parceria com a indústria) e também pela agroindústria de produção própria. Aproximadamente 65% da produção no Brasil ocorre de maneira integrada e 35% independente (DIAS, 2011). Na prática, muitas vezes a divisão entre os atores da cadeia não é tão clara (BATALHA, 2012).

O macrossegmento industrial é representado pelas indústrias de transformação (BATALHA, 2012), e estas são os abatedouros e os frigoríficos, que realizam o abate do animal e trabalham carcaça, cortes *in natura* e produtos embutidos. Os produtos gerados pela primeira indústria de transformação seguem, geralmente, para as indústrias de segunda e terceira transformações. Os subprodutos – os não comestíveis – são geralmente destinados às fabricas de ração. As indústrias de segunda transformação são os atacadistas, também chamados de retalhistas, que adquirem a carcaça inteira para posteriormente obter os cortes. São também indústrias de segunda transformação aquelas de processamento de alimentos embutidos. Compõem as indústrias de terceira transformação as empresas de alimentos especializadas em pratos feitos.

O macrossegmento da distribuição envolve todas as empresas, geralmente classificadas pelo setor de comércio, que estão envolvidas na disponibilização do produto para o consumidor final (BATALHA, 2012). São exemplos de empresas de comércio os supermercados, os açougues, os restaurantes e as feiras.

O planejamento e o controle do fluxo e o armazenamento eficiente dos bens, serviços e informações entre as empresas desses segmentos e atividades de apoio ocorrem por meio da logística (CSCMP, 2013). Os principais serviços logísticos consumidos pelo sistema agroindustrial suinícola são os sistemas de processamento de pedidos, transporte e armazenagem.

4.3 PRODUÇÃO E EXPORTAÇÃO

Em 2014, o rebanho suíno efetivo brasileiro foi estimado em 38,4 milhões de cabeças, representando o quarto rebanho mundial, distribuídas entre as cinco regiões, com o Sul liderando a atividade interna (48,7%), seguido pelo Sudeste (18,8%), Nordeste (15,2%), Centro-Oeste (13,9%) e Norte (3,4%) (IBGE, 2013; USDA/FAS, 2015). No primeiro trimestre de 2014, a região Sul apresentou cerca de 65% da produção de carne suína nacional, seguida pela região Sudeste (18,8%), Centro-Oeste (14,8%), Nordeste (1,2%) e Norte (0,1%) (IBGE, 2014).

A produção brasileira de suínos começou na região Sul do país no final do século XIX, pelos imigrantes europeus de Alemanha, Polônia, Itália, Ucrânia e Holanda (EMBRAPA, 2013). A grande indústria de carne logo se desenvolveu na região, seguindo os princípios da produção europeia e fornecimento de carne suína para o mercado (EMBRAPA, 2013). O sucesso da região Sul é esperado em razão da importância da produção suína nos estados de Santa Catarina, Rio Grande do Sul e Paraná. Por exemplo, Santa Catarina é o estado brasileiro com maior representatividade na produção e exportação de carne suína. Com um rebanho de 7,4 milhões de suínos e, aproximadamente, 8 mil suinocultores, o estado responde por aproximadamente 30% do abate nacional e 36% das exportações brasileiras (ACCS, 2013).

O sucesso do sistema de integração entre produtor e indústrias, iniciado no estado de Santa Catarina na década de 1950, passou a ser o sistema predominante no país (65%), contribuindo para a evolução do setor (DIAS, 2011). Quando se analisa a distribuição entre produtores integrados e independentes entre as regiões, nota-se que, atualmente, a região Sul mantém 75% do sistema de produção de maneira integrada e 25% independente, enquanto a região Centro-Oeste atua com valores equiparados (aproximadamente 55% em sistema integrado e 45% independente) e as regiões Norte e Nordeste mantêm praticamente toda a produção de forma independente (CANZIANI; GUIMARÃES; NOGAS, 2012).

O sistema de produção integrada responde por 80% dos abates no estado de Santa Catarina, e 20% são distribuídos entre cooperativas e independentes (ACCS, 2013). Ao contrário do sistema adotado por Santa Catarina, no estado de Minas Gerais a atividade se distribui entre 80,2% de produtores operando em sistema independente, 14,7% integrados à agroindústria e 3,9% por cooperativas (ASEMG, 2010).

As críticas ao processo de integração produtor-indústria se devem à posição do produtor como agente passivo para os negócios que envolvem a cadeia e seu mercado, uma vez que a tomada de decisão sobre a gestão da produção (planejamento, organização e direção) é de responsabilidade da indústria. A indústria planeja a produção definindo seus indicadores técnicos de produção, tamanho de lote, genética utilizada, entre outros aspectos, enquanto o produtor executa o que foi planejado e reporta as anomalias observadas no sistema de produção. Produtores independentes veem a integração como um processo de perda de controle da produção e mercado, pois deixam de ter poder de decisão sobre os fatores-chave da produção e mercado. Esse impasse poderia ser facilmente resolvido, com contratos de integração flexíveis em que o produtor tivesse sua experiência de produção e mercado valorizada pela indústria, participando das decisões estratégicas junto com a integradora. Com isso, os riscos da produção de suínos seriam também compartilhados entre produtor e indústria. O sucesso do processo de integração está diretamente ligado ao grau de confiança existente entre os agentes envolvidos. Caso contrário, ele se torna um fracasso.

O sistema de produção intensiva de suínos praticado no território nacional explora basicamente três principais modelos de produção primária: os sistemas de ciclo completo (CC), unidades de produção de leitão (UPL) e as unidades de terminação (UT). O modelo de produção de animais deve ser planejado com base no objetivo do suinocultor quanto à sua visão para atender às necessidades do mercado, podendo ser intensivo, misto (semi-intensivo) ou extensivo.

O sistema extensivo é mais utilizado em granjas de agricultura familiar, garantindo a exploração de pequena escala. Nos sistemas mistos, a preocupação com saúde e bem-estar do animal é maior, pois o nível de produção é mais elevado para atender à comercialização. Já os sistemas intensivos são industriais com granjas de grande porte, equipadas com tecnologia para produção de carne de modo eficiente e rentável, considerando custos e benefícios resultantes (KLOOSTER; WINGELAAR, 2011).

Os sistemas intensivos requerem cuidados constantes com ambiência, controle da qualidade do ar, fornecimento de espaço suficiente para a locomoção, emprego de práticas de biossegurança para garantir a sanidade dos animais e maior produtividade. O setor suinícola tem investido em genética, nutrição, sanidade e sistemas de produção, com o objetivo de obter um animal mais competitivo (SANTIAGO et al., 2012). A produção de suínos no Brasil segue as normas de biossegurança estabelecidas pelo

Mapa, no intuito de definir práticas e procedimentos para a proteção e sanidade do rebanho suíno no território nacional, contribuindo para o controle de doenças de origem animal.

A busca por maior produtividade na suinocultura tem contribuído para a substituição de sistemas de produção extensivos e semi-intensivos por sistemas intensivos. Produzir mais com a menor quantidade possível de recursos resulta em baixos custos de produção. Mas a busca pela produtividade não pode se dar a qualquer preço: é preciso observar os aspectos do bem-estar animal e a qualidade do produto. Por isso, parâmetros de boas práticas na produção de suínos foram determinados para sistemas intensivos, como: quantidade de animais por área, níveis de poeiras e gases no ar, limpeza e tratamento dos dejetos, sistema de arraçoamento, ambiência, práticas de manejo que respeitem as cinco liberdades do animal (ver Capítulo 13).

De acordo com Organização Pan-Americana da Saúde (OPAS) (2006), a produção primária deve garantir a segurança do alimento e sua adequação ao consumo em etapas posteriores da cadeia. Para tanto, devem-se evitar áreas de produção onde o ambiente represente uma ameaça à segurança. Deve haver controle de pragas, pestes e doenças e também a adoção de práticas e medidas de produção que garantam a higiene apropriada. Biossegurança se refere à aplicação de um conjunto de normas rígidas para proteger o rebanho de suínos contra a introdução e disseminação de agentes infecciosos no estabelecimento de criação (MAPA/SDA, 2009b). Desse modo, diversas são as recomendações e práticas de biossegurança assumidas pelos produtores de suínos, assim como abatedouros (Quadro 4.1).

Quadro 4.1 – Principais normas de biossegurança aplicadas na suinocultura

Norma/Manual Técnico	Breve descrição
Instrução Normativa n. 8, 3 de abril de 2007	Para o controle e a erradicação da doença de Aujeszky (DA) em suínos.
Instrução Normativa n. 47, 18 de junho de 2004	Regulamento técnico do Programa Nacional de Sanidade Suídea – PNSS
Instrução Normativa n. 27, 20 de abril de 2004	Plano de contingência para peste suína clássica
Instrução Normativa n. 6, 9 de março de 2004	Para erradicação da peste suína clássica (PSC)
Instrução Normativa n. 19, 15 de fevereiro de 2002	Para certificação de granjas de reprodutores suídeos
Legislações complementares	Regulamento da Inspeção Industrial e Sanitária de Produtos de Origem Animal, 1952
Manual de Boas Práticas	Aplicado na atividade agropecuária da produção de suínos (ABCS, Embrapa, Mapa); Aplicado no embarque de suínos para abate (Embrapa); Aplicado para o abate humanitário de suínos (Steps, WSPA)

Fonte: adaptado de Mapa (2009a, 2009b); Ludtke et al. (2010); Dias (2011); Dalla Costa et al. (2012).

Um programa efetivo de biossegurança requer a identificação de todas as possíveis vias de transmissão das doenças e o desenvolvimento de controles sanitários, sendo necessária a observação dos aspectos técnicos de restrição de trânsito de pessoas, plano de lavagem e desinfecção de instalação (vazio sanitário)[1] e veículos, programa de vacinação, quarentena[2] para o controle de trânsito de animais, entre outros (DIAS, 2011).

O abate de suínos no Brasil segue as normas e regulamento sanitários que direcionam os procedimentos para garantir a segurança alimentar, sob vigilância do Serviço de Inspeção Federal (SIF), vinculado ao Ministério da Agricultura, Pecuária e Abastecimento. O SIF atua em quase 4 mil estabelecimentos cadastrados, para garantir a inocuidade dos produtos de origem animal e o cumprimento da legislação para a produção, industrialização e comercialização dos produtos cárneos (MAPA, 2015a). O trabalho desenvolvido pelo SIF é de suma importância para garantir a qualidade dos produtos de origem animal, promovendo a transparência no abate de animais e a segurança alimentar.

A importância do SIF para o setor pode ser visualizada pela quantidade de produtos descartados (condenados) por causa da presença de doenças, lesões, contaminações, animais fora do padrão de produção e comercialização, e inapropriados ao consumo. No período de 2010 a 2014, o volume de matéria-prima e produtos da carne suína condenados pelo SIF foi de 172,35 milhões unidades (uma média de 43,08 milhões de unidades/ano), com a região Sul responsável por, aproximadamente, 73,9%; o Sudeste, 15,4% e o Centro-Oeste, 10,2% (MAPA, 2015b). Do total de condenados analisados no período de 2010 a 2014, aproximadamente 31% das condenações estão relacionadas a doenças pulmonares, seguidas por doenças renais (28,3%), do fígado (14,7%), cardíacas (8,1%), intestinais (5,6%), entre outras.

Os órgãos são subprodutos importantes para a cadeia produtiva da carne suína, e a condenação representa perdas econômicas significativas. Comercialmente, esses subprodutos conhecidos como "miúdos" são compostos por miolo, língua, coração, fígado, rins, rúmen, retículo, além de mocotós e rabada (BRASIL, 1952).

As principais causas (diagnósticos) que levam à condenação das carcaças suínas fiscalizadas pelo SIF são: contaminação (24%), cisto urinário (9%), nefrite (9%), pneumonia (8%), congestão (6,5%), enfisema (5,6%), pericardite (5%), suínos asfixiados (4,3%) e peri-hepatite (4%).

A condenação da carcaça suína representa uma perda para a indústria de transformação e, consequentemente, para a cadeia. Essas causas ocorrem durante o processo produtivo do cevado, mas podem ter origem também durante o manejo pré-abate e durante o processo de abate do animal.

---

[1] Trata-se do período designado para realização de limpeza e desinfecção das instalações do estabelecimento de criação, que deverá permanecer sem suínos (MAPA/SDA, 2009b).

[2] Quarentena é uma barreira sanitária no estabelecimento de criação, com o objetivo de evitar a introdução de agentes patogênicos no sistema de produção, utilizando-se do isolamento dos animais para realização de exames laboratoriais e acompanhamento clínico; assim, os animais devem ficar em instalação segregada por um período de 28 a 40 dias antes de serem introduzidos na granja (DIAS, 2011).

Doenças desenvolvidas durante a produção animal, como abcesso, artrite, enterite, pneumonia, entre outras, constituem um dos principais desafios do setor e impactam diretamente os resultados técnicos e financeiros em razão das taxas de mortalidade e perdas de desempenho (DIAS, 2011). Já as perdas do período pré-abate ocorrem pelo estresse animal, como contusão da carcaça, lesão traumática, mortalidade e contaminação da carcaça.

A qualidade da carne é determinada pelos processos tecnológicos, higiênicos e sanitários empregados durante o abate (BONESI; SANTANA, 2008). A carne é um alimento suscetível à contaminação microbiológica por apresentar nutrientes (proteínas) e alta atividade de água, além da baixa acidez necessária para o desenvolvimento de micro-organismos. Por isso, a higiene durante o processo de transformação é essencial para garantir a sanidade do produto (BONESI; SANTANA, 2008; WELKER et al., 2010). Além disso, exigem-se cuidados na armazenagem e transporte do produto, que requer temperatura controlada.

A observância e aplicação das boas práticas de produção e transporte de produtos de origem animal reflete a segurança alimentar. Nesse sentido, o trabalho do Serviço de Inspeção Federal ou Municipal é fundamental para assegurar a qualidade dos produtos que chegam à mesa dos consumidores, assim como impulsiona a exportação dos produtos brasileiros. O SIF é responsável por atestar a regularidade sanitária, técnica e legal das instalações e etapas do processo de produção, assim como, nos estabelecimentos habilitados ao comércio internacional, controlar e fiscalizar a exportação de produtos de origem animal de acordo com os requisitos e padrões internacionais, seguindo os mesmos procedimentos estabelecidos para o Serviço de Vigilância Agropecuária (SVA) e a Unidade de Vigilância Agropecuária (Uvagro) localizados nos portos, aeroportos, postos de fronteiras e aduanas (MAPA/SDA, 2009a).

A qualidade aplicada ao processo produtivo da carne funciona como uma ferramenta para impulsionar a abertura de mercado brasileiro para o mercado global (ver Capítulo 9, "Qualidade aplicada ao agronegócio"). Os produtos ofertados no mercado internacional estão sujeitos às restrições comerciais apresentadas por seus importadores, como barreiras tarifárias (imposto incidente sob mercadoria estrangeira) e não tarifárias (cotas de importação, técnicas sanitárias e fitossanitárias).

As barreiras técnicas são importantes, pois buscam proteger a saúde e a vida humana e animal e a flora dos riscos de contaminação, doenças, entre outros agentes que possam causar danos. As medidas sanitárias e fitossanitárias estão dispostas em leis, decretos, regulamentos, requerimentos e procedimentos para o processo e métodos de produção, processamento, testes, inspeção, certificação, entre outros (ICONE, [20--]).

As medidas sanitárias exigidas pelos organismos internacionais são definidas pela Comissão do Codex Alimentarius, que atua junto com a Organização Mundial de Saúde (OMS) e a Organização das Nações Unidas para Alimentação e Agricultura (FAO), com o objetivo de proteger a saúde dos consumidores e garantir práticas equitativas para o comércio de alimentos (OPAS, 2006).

O comércio mundial de carne suína é altamente protecionista, sendo possível a redução do seu efeito sobre o mercado por meio de acordos comerciais entre países (bilaterais, multilaterais e regionais) (CANZIANI; GUIMARÃES; NOGAS, 2012). Os acordos internacionais facilitam a comercialização dos produtos entre as nações e preestabelecem as necessidades do mercado.

No período de 2006 a 2014, a média de exportação de carne suína pelo Brasil foi de 634 mil toneladas, equivalente a aproximadamente 167 milhões de dólares, e teve uma variação de, aproximadamente, 28% em sua participação no mercado externo. (USDA/FAS, 2011, 2015; ABIPECS, 2015) (Figura 4.4).

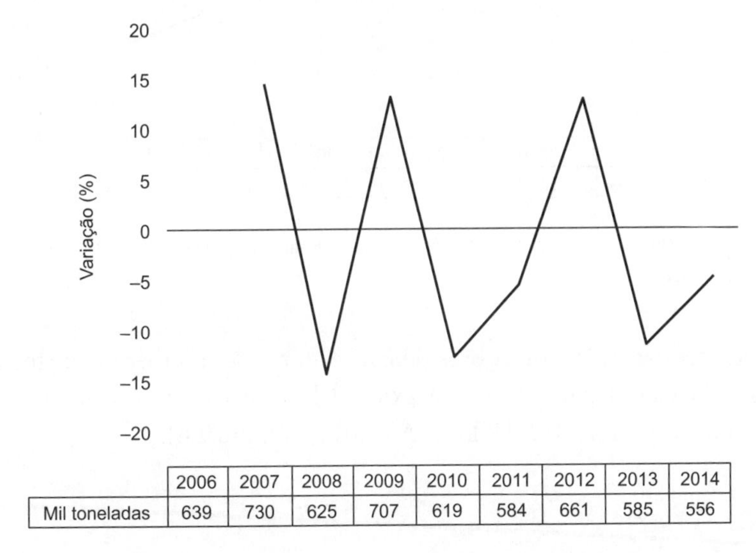

	2006	2007	2008	2009	2010	2011	2012	2013	2014
Mil toneladas	639	730	625	707	619	584	661	585	556

Figura 4.4 – Exportações brasileiras de carne suína, período 2006-2014.

Fonte: adaptada de USDA/FAS (2011, 2015).

Comparando as exportações brasileiras e globais, o Brasil apresenta uma redução na participação no mercado internacional de carne suína de 6,09% durante o período analisado. Em 2007, o Brasil teve uma participação de 14,1% nas exportações de carne suína, e nos anos seguintes esse índice reduziu-se gradualmente até 8,02%, em 2014. A crise de 2008 afetou o setor suinícola brasileiro e houve uma queda nas exportações de 14,4% em relação ao ano anterior. Contudo, em relação ao mercado global, esse impacto foi ainda maior. Em 2009 e 2012, o mercado brasileiro recuperou um pouco a participação global nas exportações de carne suína, mas não o suficiente para recompor o mercado de antes da crise (USDA/FAS, 2011, 2015).

De acordo com o USDA/FAS (2015), as importações de carne suína seguem uma média global de 6.463 mil toneladas para o período de 2010 a 2014, apresentando também uma queda de 2012 até 2014 (Figura 4.5). A variação média nas importações foi de, aproximadamente, 18% no período avaliado.

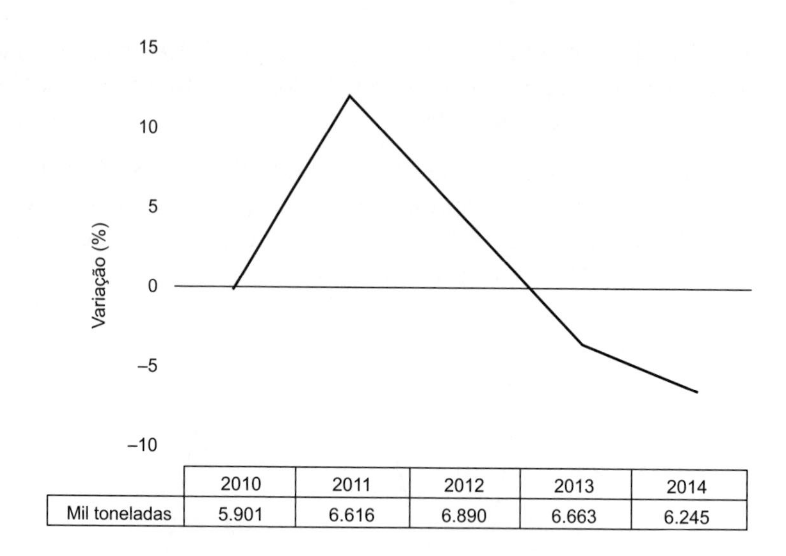

	2010	2011	2012	2013	2014
Mil toneladas	5.901	6.616	6.890	6.663	6.245

Figura 4.5 – Total de importações de carne suína mundial, período 2010-2014.

Fonte: adaptada de USDA/FAS (2015).

Os principais países importadores de carne suína são também os principais consumidores. São eles: Japão, Rússia, México, China e Coreia do Sul (CANZIANI; GUIMARÃES; NOGAS, 2012; USDA/FAS, 2015) (Figura 4.6).

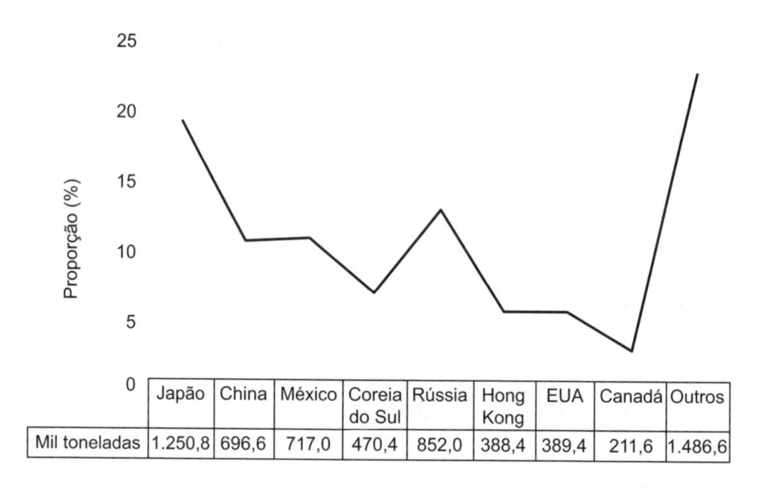

	Japão	China	México	Coreia do Sul	Rússia	Hong Kong	EUA	Canadá	Outros
Mil toneladas	1.250,8	696,6	717,0	470,4	852,0	388,4	389,4	211,6	1.486,6

Figura 4.6 – Participação dos principais importadores de carne suína mundial, período 2010-2014.

Fonte: adaptada de USDA/FAS (2015).

Em 2011, os países que mais contribuíram com a aquisição da carne suína no mercado mundial foram, em ordem decrescente, China, Coreia do Sul e Hong Kong. No curto espaço de dois anos, em 2013, o mercado apresentou uma queda nas importações, com a Coreia do Sul liderando a baixa no mercado, seguida por Rússia, México, Hong Kong e Japão. Em 2014, a Rússia reduziu drasticamente suas importações (47%), afetando o comércio de carne suína, em especial as exportações brasileiras, uma vez que o Brasil era o seu principal fornecedor dessa carne (USDA/FAS, 2015).

O Brasil fornece carne suína no mercado europeu (Albânia, Geórgia, Moldávia, Rússia, Ucrânia), asiático (Cazaquistão, Emirados Árabes Unidos, Hong Kong, Singapura), africano (Angola) e sul-americano (Argentina, Uruguai, Chile, Venezuela), entre outros (ABIPECS, 2015) (Figura 4.7).

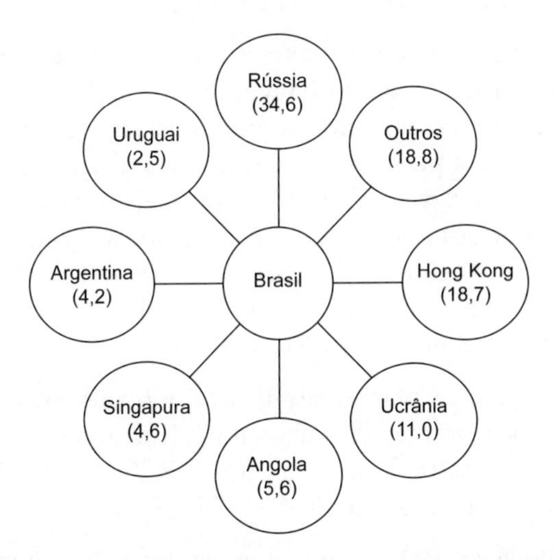

Figura 4.7 – Principais importadores de carne suína do Brasil. Valores médios da participação para o período de 2006 a 2014 (em %).
Fonte: adaptada de Abipecs (2015).

Em 2006, a Rússia importou aproximadamente 268 mil toneladas, correspondentes a mais de 50% do consumo externo do produto brasileiro. Contudo, por causa da crise no mercado europeu, esse valor passou para 37,8% em 2014. Em 2011, Hong Kong importou do Brasil 129 mil toneladas, superando as importações russas em 0,63%. Em 2012, a Ucrânia também superou as importações russas em 1,99%, com a compra de 138 mil toneladas. No mercado sul-americano, a Argentina lidera a importação de carne suína brasileira, com média de, aproximadamente, 25 mil toneladas importadas, seguida pelo Uruguai, com média de 15 mil toneladas – isso tudo no período analisado na Figura 4.7. Em 2011, a Venezuela foi responsável pela importação de 2,2% da carne suína brasileira. Em 2014, o Chile aparece com 1,6%.

Para expandir as exportações brasileiras, o Brasil precisa investir fortemente na relação com o Japão, China e México, fortalecendo suas relações com os clientes já conquistados. Nos últimos anos, o Brasil vem fazendo um esforço para a divulgação da carne suína no mundo (BRAZILIAN PORK, 2015a), assim como para "desmentir" os mitos existentes no mercado interno. Os principais fornecedores da carne suína no mercado internacional, certificados e habilitados para a realização de exportações, são Alibem - Comercial de Alimentos Ltda., Aurora - Cooperativa Central Aurora Alimentos, BRF - Brasil Foods S/A, Coopavel - Cooperativa Agroindustrial, JBS - JBS Foods Participações Ltda., entre outros (BRAZILIAN PORK, 2015b).

O Planejamento Estratégico Setorial para a Internacionalização da Carne Suína, iniciado em 2010, em uma parceria do governo com a Associação Brasileira da Indústria Produtora e Exportadora de Carne Suína (Abipecs), tem como objetivo promover a carne suína por meio de ações de marketing. Já o Projeto Setorial Integrado busca reunir forças para promover a carne suína brasileira em feiras, oficinas, palestras, entre outros eventos, apresentando o processo produtivo, capacidade de se adaptar e de atender a diferentes mercados e demandas, competitividade, segurança de fornecimento e confiabilidade (BRAZILIAN PORK, 2015a).

Diversas associações e entidades do setor suinícola brasileiro buscam fomentar o comércio internacional. Para tanto, a divulgação e o marketing têm sido ferramentas importantes para a apresentação do produto brasileiro tanto no mercado interno como externo, assim como a participação em discussões em feiras internacionais, as auditorias estrangeiras em granjas e frigoríficos brasileiros para a inspeção de normas e habilitação para a exportação do produto. Essas associações têm como objetivo comum o desenvolvimento da cadeia, o oferecimento de um produto competitivo e a expansão de mercados internos e externos. São exemplos desse trabalho a Associação Brasileira dos Criadores de Suínos (ABCS) e a Abipecs.

A ABCS, fundada em 1955 pela união de 48 suinocultores, na cidade de Estrela, Rio Grande do Sul, é hoje reconhecida nacionalmente pelo seu empenho no desenvolvimento tecnológico para o setor da suinocultura (ABCS, [20--]). Diversas associações de criadores de suínos estaduais estão filiadas à ABCS.

A Abipecs foi fundada em 1998, com o objetivo de coordenar, representar e defender os interesses da indústria produtora e exportadora de carne suína e derivados, promovendo soluções para os problemas de classe junto aos órgãos públicos e privados (ABIPECS, 2015). Recentemente, a Abipecs se uniu à União Brasileira de Avicultura (Ubabef), e juntas constituíram a Associação Brasileira de Proteína Animal (ABPA), a maior entidade do setor de proteína animal do país, com 132 associados, PIB total de R$ 80 bilhões, 1,756 milhão de empregos diretos. Somadas, as exportações de aves, ovos e suínos totalizaram quase US$ 10 bilhões em 2013, ou seja, 4,1% das exportações totais do Brasil e 10% das exportações do agronegócio brasileiro (ABPA, [20--]).

4.4 A IMPORTÂNCIA DO RECURSO HUMANO EMPREGADO NA CADEIA

As transformações ocorridas ao longo do tempo na área da produção têm levado ao surgimento de novos profissionais, assim como ao desaparecimento de profissões antigas que não são mais necessárias, dados os novos meios de fazer as "coisas". Essas mudanças são resultado da evolução dos meios produtivos, que passaram da produção artesanal para a produção mecanizada. Os avanços tecnológicos, principalmente na área da microinformática, tornaram essas mudanças cada vez mais constantes. Consequentemente, houve grandes transformações no uso da mão de obra.

Apesar dessas mudanças, a produção pecuária ainda utiliza uma mão de obra constante no trato dos animais. Evidentemente, o volume de animais que ficam ao cuidado dos tratadores aumentou por causa justamente dos avanços tecnológicos na produção de animais, como o confinamento. Atualmente, o sistema de contratação dos tratadores de animais segue o regime celetista (Consolidação das Leis do Trabalho - CLT), sendo designadas jornada de trabalho, atividades atribuídas ao cargo etc. Entretanto, existem algumas propriedades rurais que, além da aplicação da CLT, mantêm as condições de unidade familiar, ou seja, cada família recebe salário, moradia, água e luz na propriedade, além de cesta básica de alimentação; em contrapartida, a família deve ser instalada na propriedade e se responsabilizar por uma parte da produção de animais, com revezamento de uma folga por semana entre os membros da família. Desse modo, os tratadores estão à disposição do empregador em tempo integral. Esse sistema acomoda a família no ambiente de trabalho e pode ser um fator que limita o desenvolvimento desses trabalhadores.

O setor rural, especialmente o setor da pecuária, vivencia a precariedade das profissões básicas, pois os recursos humanos no campo para preencher as vagas estão cada vez mais escassos. A principal contribuição para esse fenômeno social foi a política da industrialização do país, principalmente no governo do presidente Getúlio Vargas, com as políticas de incentivo ao êxodo rural, bem como a própria condição a que as empresas rurais submetem os seus empregados. Dados recentes, de 2013, revelam que a taxa de informalidade e ilegalidade na ocupação rural é de aproximadamente 60% (DIEESE, 2014), contribuindo para a desmotivação do trabalhador, que, ao partir do campo, busca melhores condições de trabalho e qualidade de vida.

As estatísticas apontam que o Brasil, em 1940, apresentava uma população rural de 68,7% e urbana de 31,3% (IBGE, 2000). Em 2010, a população do Brasil era de mais de 190 milhões, sendo 84,4% urbana e 15,6% rural (IBGE, 2010), com uma projeção de 8% para a população rural em 2050 (DIEESE, 2014). Além dessa projeção, o Dieese (2014) estimou um contingente de 8,2 milhões de ocupados rurais na agropecuária para 2050. Essa realidade é preocupante, pois pode comprometer o futuro da produção agropecuária no país, e a baixa capacitação dos funcionários compromete o atendimento às exigências do mercado quanto a processos produtivos mais sustentáveis, segurança alimentar e práticas de bem-estar animal. Talvez propiciar condições adequadas associadas à qualidade de vida e ao trabalho contribua para manter os trabalhadores no campo.

Esse é o novo desafio que a indústria e as cadeias produtivas do agronegócio vêm enfrentando, e não só a engenharia de produção precisa procurar meios de solucionar esse problema como as demais áreas envolvidas nos sistemas produtivos também precisam. Com relação à cadeia da carne suína, nota-se uma alta rotatividade de mão de obra. Os principais profissionais envolvidos na produção suinícola são veterinários, zootecnistas, técnicos em agropecuária e tratadores de animais (Quadro 4.2).

À diferença dos tratadores de animais no Brasil, que não precisam ter formação e qualificação profissional, os tratadores de animais na Europa, por exemplo em Portugal, precisam ter formação e qualificação para atuar na área de produção animal. Desse modo, a Agência Nacional para a Qualificação e o Ensino Profissional (ANQEP) afirma em seu Catálogo Nacional de Qualificações (CNQ) que a formação do tratador tem como objetivo qualificar o indivíduo para executar as atividades relacionadas à higiene, alimentação, sanidade, reprodução e manejo dos animais, respeitando as normas de bem-estar e meio ambiente, segurança e saúde do trabalho (ANQEP, 2008). Além de apresentar as atividades relacionadas ao cargo de tratador de animais, o CNQ também dispõe sobre as competências e saberes do tratador, que deve ter noções de anatomia e fisiologia dos animais, etologia, saúde animal, exigências alimentares e ambientais dos animais, legislação aplicada a atividade profissional, equilíbrio ecológico, biodiversidade, conservação das espécies e princípios da reprodução animal, comportamento animal, estresse e bem-estar animal, processo de adaptação dos animais e meio ambiente, normas de proteção, segurança, higiene e saúde no manejo e transporte de animais, técnicas de detecção de sinais de doenças, acasalamento, cio etc.

Quadro 4.2 – Descrição das atividades dos principais profissionais envolvidos na produção de suínos

Profissão	Descrição das atividades
Gerente de confinamento	Elaborar planejamento operacional; dimensionar insumos, mão de obra, máquinas, equipamentos; elaborar orçamento; inspecionar operações; controlar volume de produção.
Veterinário	Prestar assistência veterinária clínica e cirúrgica de grandes e pequenos animais; realizar controle de coleta; assinar documentos; responder pela unidade da empresa perante órgãos fiscalizadores.
Técnico em agropecuária	Administrar e planejar atividades agropecuárias, como cultivo agrícola, manejo de animais, reprodução e controle zootécnico; acompanhar preparo de solo, plantio e tratos culturais.
Tratador de animais	Alimentar os animais; cuidar da limpeza e da higiene da área e dos animais; realizar manejos necessários de acordo com a orientação técnica, movimentação e embarque dos animais.

Fonte: adaptado de Catho (2016); Sine (2016).

A Classificação Brasileira de Ocupação (CBO) do Ministério do Trabalho e Emprego sugere como formação e experiência exigidas para trabalhadores da suinocultura nível de escolaridade entre a quarta e a sétima série do ensino fundamental. E aponta a tendência para a exigência de escolaridade de nível médio completo. Além disso, afirma que a qualificação é obtida com o aprendizado prático no local de trabalho (CBO, 2016). Para tratadores de animais que aplicam técnicas de inseminação e castração e que realizam atividades de apoio veterinário e sacrifício de animais, assim como para adestradores de animais, são requeridos a quarta série do ensino fundamental e curso profissionalizante de duzentas horas aulas de adestradores e inseminadores de animais (CBO, 2016).

Esse cenário reflete o velho paradigma de que, para realizar as atividades rurais, não é preciso especialização ou estudos avançados. Esse velho paradigma parece ainda persistir, apesar dos grandes avanços tecnológicos na agropecuária.

Com a demanda de consumidores globais por produção mais limpa, padrões de qualidade e práticas de bem-estar animal, o setor da pecuária precisa alinhar a realidade social dos trabalhadores, em particular, dos tratadores de animais, com as exigências de um mercado cada vez mais sofisticado. Diversos estudos têm apresentado a interação homem-animal como um estressor que compromete o bem-estar, o rendimento da carcaça e a qualidade da carne (BRAUN, 2000; FAUCITANO, 2000; DALLA COSTA et al., 2007; SILVEIRA, 2010; ARAÚJO et al., 2011; DIAS, 2011; LUDTKE et al., 2012). Desse modo, a capacitação dos tratadores e as suas condições de trabalho (ambiente físico e estado psicológico) podem influenciar positiva ou negativamente para um "determinado comportamento" (CHIAVENATO, 2014) em relação ao trato com animais. A competência dos tratadores é composta por seu nível de conhecimento, habilidade em transformar/aplicar o conhecimento no desenvolvimento de atividades práticas e suas atitudes em relação à execução das atividades (PERES; GUIMARÃES; CANZIANI, 2010). E a competência só pode ser alcançada plenamente quando esses três componentes são atendidos. Assim, não há como cobrar competência dos tratadores para práticas de bem-estar animal sem investir na sua educação, desenvolvimento do conhecimento necessário e habilidades para o trato com os animais, possibilitando a mudança de paradigmas desses trabalhadores.

A empresa rural, em sistema independente ou integrada, deve manter programa de capacitação e incentivo à atividade de manejo dos animais. Deve buscar o alinhamento entre as práticas produtivas com as demandas de mercado. Logo, as empresas rurais devem repensar a sua própria postura e responsabilidade social, assim como nos três pilares da sustentabilidade: ambiental, econômico e social. A dimensão social deve necessariamente incluir o desenvolvimento e a qualificação dos trabalhadores rurais, para que estes desempenhem suas atividades com eficiência. Além disso, deve oferecer ao trabalhador rural condições de trabalho que respeitem a integridade do ser humano e o mantenham motivado.

4.5 PERCEPÇÃO DO CONSUMIDOR BRASILEIRO EM RELAÇÃO À CARNE SUÍNA

Os hábitos de compra dos consumidores envolvem diversos fatores que influenciam e conduzem o mercado de produtos alimentícios e as estratégias da produção do setor de alimento. Os comportamentos dos consumidores diferem em cada região global em razão de cultura, mitos, estilo de vida, condições socioeconômicas e hábitos alimentares.

Em 2011, o consumo médio global de carne suína foi de 5,5 kg/*per capita*/ano, e não é difícil notar as diferenças de preferência dos consumidores de carne em cada continente. Na África, o maior consumo é de carne bovina (6,30 kg/*per capita*/ano). Nas Américas e na Oceania, a preferência é pela carne de frango (38,6 e 42,1 kg/*per capita*/ano, respectivamente). Na Ásia e na Europa, prevalece o consumo de carne suína, com 14,9 e 34,7 kg/*per capita*/ano, respectivamente) (FAOSTAT, 2013). A média de consumo de proteína animal no Brasil é de 30,7 kg/*per capita*/ano. A carne de aves é a mais consumida (40,6 kg/*per capita*/ano), seguida pela carne bovina e suína (39,1 e 15,0 kg/*per capita*/ano, respectivamente) (FAOSTAT, 2013; ABPA, [20--]).

A razão do baixo consumo de carne suína pelos consumidores brasileiros ainda não é clara. Diversos autores têm buscado respostas, e alguns resultados apresentaram que os consumidores consideram a carne suína cara. Além disso, faltariam informações. O consumo varia ainda conforme o gênero e a idade do consumidor, que também se preocupa com questões de saúde e sanitárias. Em menor escala, afetam o consumo questões como cultura familiar e religião (BEZERRA et al., 2007; BRAGA et al., 2009; ANTONANGELO et al., 2011).

A região Sul do Brasil reflete, na sua concentração de produção de suínos, de aproximadamente 50% (IBGE, 2013), e no alto consumo da carne suína, a influência da cultura europeia, que pode ser vista em festividades que representam as iniciativas estrangeiras na região, como a Oktoberfest. Os aspectos socioeconômicos têm influenciado no baixo consumo de carne suína no Brasil. Consumidores da região Nordeste do país apresentam hábitos alimentares diferentes dos consumidores das demais regiões e vice-versa, e essas diferenças estão associadas ao perfil econômico de cada região (BARCELLOS et al., 2011).

Outro fator importante a ser considerado é o mito segundo o qual a carne suína é uma carne com excesso de gordura não apropriada ao consumo humano. Somam-se a esse mito questões religiosas e problemas de saúde. Gênero, idade e nível de educação podem também afetar o consumo de carne suína. Os consumidores do gênero feminino são mais preocupados com a aparência física, portanto, seguem dietas alimentares e estão mais conscientes sobre as suas condições de saúde (COSGROVE; FLYNN; KIELY, 2005).

Além disso, no Brasil, em geral, os mantimentos domésticos são adquiridos, em sua maioria, por donas de casa. Elas são as responsáveis pela decisão de compra dos alimentos que serão ofertados à mesa, impactando na dieta alimentar familiar. A falta de esclarecimento das consumidoras sobre a qualidade da carne suína e de seus benefícios à saúde pode ser uma barreira ao aumento de consumo da carne (BARCELLOS et al., 2011). Desse modo, uma possível solução para o setor seria o uso intensificado das ferramentas de marketing e dos canais de comunicação para a divulgação da carne suína, com conteúdos informativos sobre os seus benefícios à saúde e sobre o sistema produtivo atual, que tem formas humanitárias de abate etc. Para aumentar a credibilidade do produto e gerar confiança no mercado, beneficiando a cadeia produtiva da carne suína, investimentos em sistema de rastreabilidade são sugeridos como garantia das características de qualidade do produto final (SCHNETTLER et al., 2009; TRIENEKENS; WOGNUM, 2013).

Recente pesquisa realizada por Machado et al. (2014) com seiscentos consumidores sobre a percepção e o consumo de carne suína no Brasil apresentou uma estreita relação entre o aumento do consumo da carne e o poder aquisitivo do consumidor. Além disso, os consumidores, independentemente do gênero, são influenciados pela aparência da carne no momento da compra. Além disso, do total de consumidores que alegaram não consumir ou se motivar à aquisição da carne suína, aproximadamente 46% informaram não ser este o seu tipo de carne favorita ($p = 0{,}038$) e 29,5% dos consumidores afirmaram que não consomem a carne suína por outros fatores, como saúde, dietas, preocupações sanitárias (não sabem como o animal é produzido – "chiqueiros"[3]). Outros motivos citados para não adquirir a carne suína são o preço elevado (14% dos consumidores), aspectos culturais (9%) e religião (1,5%).

A cadeia produtiva da carne suína precisa investir em marketing e material publicitário, a fim de oferecer informações aos consumidores sobre a produção de suínos no país e a qualidade da carne (valores nutricionais, proteínas, taxa de gordura etc.), e dar visibilidade ao produto, quebrando velhos paradigmas sobre a criação animal.

Outra frente a ser conquistada é a estratégia pelo custo. A cadeia precisa reduzir custos de produção para ter preços mais competitivos. O preço dos alimentos, em geral, influencia a decisão de compra dos consumidores, pois representa um peso no orçamento familiar. Consumidores europeus consomem mais carne suína porque o valor de aquisição do produto é mais baixo do que o dos demais tipos de carne; já os brasileiros consomem mais a carne de frango porque ela apresenta preços mais acessíveis do que a carne bovina e a suína. Obviamente, o custo de produzir uma ave, cujo ciclo de produção é de aproximadamente 42 dias, é muito mais baixo do que o de produzir um leitão, cujo ciclo de produção é de 156 dias, com um consumo de ração muito maior. Mas se a cadeia conseguir ofertar o produto a preços razoáveis, pode aumentar o consumo interno do produto. Como é sabido, o consumidor brasileiro não come o alimento de sua preferência, mas aquele pelo qual pode pagar.

4.6 CONSIDERAÇÕES FINAIS

A atividade suinícola no Brasil tem mostrado potencial para ganhar espaço no mercado interno e externo. Com a internet como canal de comunicação aberto e acessível à maioria da população, é possível divulgar e realizar campanhas informativas sobre rastreabilidade, sanidade, aspectos nutricionais, sustentabilidade, bem-estar animal na produção e outros aspectos de interesse dos consumidores.

A busca por estratégia com base em custos requer o aprimoramento das técnicas de produção, logística e abate para redução das perdas e desperdícios no processo produtivo. Esses aspectos somente podem ser alcançados com um programa de qualidade consolidado. Assim, para tornar a cadeia competitiva, os conceitos de qualidade devem ser praticados na cadeia de alimento, para combater efetivamente as perdas por meio do controle do processo.

A sobrevivência da cadeia suinícola está associada à sua competência para atender às novas demandas dos consumidores, que estão cada vez mais conscientes e exigentes quanto aos produtos que levam à mesa.

---

[3] Termo utilizado para referenciar à criação de suínos, equivalente ao curral. Não há, neste tipo de criação, nenhum cuidado com o ambiente ou com a aplicação das técnicas de produção agropecuária.

BIBLIOGRAFIA

ABCS – ASSOCIAÇÃO BRASILEIRA DOS CRIADORES DE SUÍNOS. *A história da ABCS.* [20--]. Disponível em: <http://www.abcs.org.br/quem-somos>. Acesso em: 26 jun. 2015.

______. *História da Abipecs:* objetivo. [20--]. Disponível em: <http://www.abipecs.org.br/pt/institucional/historia.html>. Acesso em: 26 jun. 2015.

ABIPECS – ASSOCIAÇÃO BRASILEIRA DA INDÚSTRIA PRODUTORA E EXPORTADORA DE CARNE SUÍNA. *Estatística:* destinação – principal destinação da carne suína brasileira, 2006-2014. 2015. Disponível em: <http://www.abipecs.org.br/uploads/relatorios/ingles/destinations/main-destinations/>. Acesso em: 7 jul. 2015.

ABPA – ASSOCIAÇÃO BRASILEIRA DE PROTEÍNA ANIMAL. *Saiba mais sobre a ABPA.* [20--]. Disponível em: <http://www.abpa-br.org/abpa.html>. Acesso em: 26 jun. 2015.

ACCS – ASSOCIAÇÃO CATARINENSE DE CRIADORES DE SUÍNOS. *Relatório anual 2013.* 2013. Disponível em: <http://www.accs.org.br>. Acesso em: 10 abr. 2015.

ANQEP – AGÊNCIA NACIONAL PARA A QUALIFICAÇÃO E O ENSINO PROFISSIONAL. *Catálogo nacional de qualificações:* tratador(a) de animais em cativeiro. 2008. Disponível em: <http://www.catalogo.anqep.gov.pt/Qualificacoes>. Acesso em: 11 jun. 2016.

ANTONANGELO, A. et al. Perfil dos consumidores de carne suína no município de Botucatu-SP. *Tékhne ε Lógos*, Botucatu, v. 2, n. 2, fev. 2011.

ARAÚJO, A. P. et al. Comportamento dos suínos nas baias de espera em frigoríficos brasileiros. *Comunicado Técnico*, Embrapa Suínos e Aves, n. 488, 2011.

ASEMG – ASSOCIAÇÃO DOS SUINOCULTORES DO ESTADO DE MINAS GERAIS. *Suinocultura mineira 2010.* Disponível em: <http://www.asemg.com.br>. Acesso em: 10 abr. 2015.

BARCELLOS, M. D. et al. Pork consumption in Brazil: challenges and opportunities for the Brazilian pork production chain. *Journal on Chain and Network Science*, v. 11, n. 2, p. 99-114, 2011.

BATALHA, M. O. (Coord.). *Gestão agroindustrial.* 3. ed. São Paulo: Atlas, 2012.

BEZERRA, J. M. M. et al. Caracterização do consumidor e do mercado da carne suína na microrregião de Campina Grande, Estado da Paraíba. *Ciência Animal Brasileira*, v. 8, n. 3, p. 485-493, jul.-set., 2007.

BONESI, G. L.; SANTANA, E. H. W. Fatores tecnológicos e pontos críticos de controle de contaminação em carcaças bovinas no matadouro. *UNOPAR Científica Ciências Biológicas e da Saúde*, v. 10, n. 2, p. 39-46, 2008.

BRAGA, C. P. et al. Avaliação antropométrica e nutricional de idosas participantes do Programa Universidade Aberta à Terceira Idade (Unati) de 2008. *Revista Simbio-Logias*, v. 2, n. 1, 2009.

BRASIL. *Regulamento da Inspeção Industrial e Sanitária de Produtos de Origem Animal (RIISPOA). Decreto n. 30.691/1952.* 1952. Disponível em: <http://www.agricultura.gov.br/>. Acesso em: 5 jun. 2015.

BRAUN, J. A. O bem-estar animal na suinocultura. In: CONFERÊNCIA INTERNACIONAL VIRTUAL SOBRE QUALIDADE DE CARNE SUÍNA, 1, 2000, Concórdia. *Anais...* Concórdia: Embrapa Suínos e Aves, 2000, p. 1-3.

BRAZILIAN PORK. *About the Integrated Sectorial Project.* 2015a. Disponível em: <http://www.brazilianpork.com/en/brazilian-pork-integrated-sectoral-project/>. Acesso em: 5 jul. 2015.

______. *Suppliers.* 2015b. Disponível em: <http://www.brazilianpork.com/en/suppliers.html>. Acesso em: 5 jul. 2015.

CANZIANI, J. R. F.; GUIMARÃES, V. D. A.; NOGAS, R. *Apostila de cadeia produtiva do suíno.* UFP, 2012. 51 p.

CATHO. *164 vagas de emprego na área agropecuária/veterinária.* Abr. 2016. Disponível em: <http://www.catho.com.br/vagas>. Acesso em: 2 maio 2016.

CBO – CLASSIFICAÇÃO BRASILEIRA DE OCUPAÇÃO. *Tratadores de animais na agropecuária.* 2016. Disponível em: <http://www.ocupacoes.com.br/>. Acesso em: 11 jun. 2016.

CEPEA – CENTRO DE ESTUDOS AVANÇADOS EM ECONOMIA APLICADA. *Relatório PIBAgro – Brasil, 2014.* Disponível em: <http://www.cepea.esalq.usp.br/comunicacao/Cepea_PIB_BR_dez14.pdf>. Acesso em: 19 abr. 2015.

CHIAVENATO, I. *Gestão de pessoas:* o novo papel dos recursos humanos nas organizações. São Paulo: Manole, 2014.

COSGROVE, M.; FLYNN, A.; KIELY, M. Consumption of red meat, white meat and processed meat in Irish adults in relation to dietary quality. *British Journal of Nutrition*, v. 93, p. 933-942, 2005.

COSTA NETO, P. L. O.; CANUTO, S. A. *Administração com qualidade: conhecimentos necessários para a gestão moderna.* São Paulo: Blucher, 2010.

CSCMP – COUNCIL OF SUPPLY CHAIN MANAGEMENT PROFESSIONALS. *Logistics management: boundaries and relationships.* Lombard, 2013. Disponível em: <http://cscmp.org/imis0/CSCMP/Educate/SCM_Definitions_and_Glossary_of_Terms/CSCMP/Educate/SCM_Definitions_and_Glossary_of_Terms.aspx?hkey=60879588-f65f-4ab5-8c4b-6878815ef921>. Acesso em: 19 abr. 2015.

DALLA COSTA, O. A. et al. Avaliação das condições de transporte, desembarque e ocorrência de quedas dos suínos na perspectiva do bem-estar animal. *Comunicado Técnico*, Embrapa Suínos e Aves, n. 459, 2007.

DALLA COSTA, O. A. et al. *Boas práticas no embarque de suínos para abate.* Concordia: Embrapa Suínos e Aves, 2012.

DIAS, A. C. (Coord.). *Manual brasileiro de boas práticas agropecuária na produção de suínos.* Brasília: ABCS/Mapa/Embrapa Suínos e Aves, 2011.

DIEESE – DEPARTAMENTO INTERSINDICAL DE ESTATÍSTICA E ESTUDOS SOCIOECONÔMICOS. *O mercado de trabalho assalariado rural brasileiro.* 2014. Disponível em: <http://www.dieese.org.br/estudosepesquisas/2014/estpesq74trabalhoRural.pdf>. Acesso em: 11 jun. 2016.

EMBRAPA – EMPRESA BRASILEIRA DE PESQUISA AGROPECUÁRIA. *A suinocultura no Brasil.* 2013. Disponível em: <http://www.cnpsa.embrapa.br/>. Acesso em: 12 nov. 2015.

EC – EUROPEAN COMMISSION. *Conference on the enforcement of animal welfare during transport.* Dublin, 2013. Disponível em: <http://ec.europa.eu/>. Acesso em: 20 abr. 2015.

FAOSTAT – FOOD AND AGRICULTURE ORGANIZATION OF THE UNITED NATIONS. *Report 2013.* Disponível em: <http://faostat3.fao.org/>. Acesso em: 23 out. 2014.

FAUCITANO, L. Efeitos do manuseio pré-abate sobre o bem-estar e sua influência sobre a qualidade de carne. In: CONFERÊNCIA INTERNACIONAL VIRTUAL SOBRE QUALIDADE DE CARNE SUÍNA, 1, 2000, Concórdia. *Anais*... Concórdia: Embrapa Suínos e Aves, 2000, p. 55-75.

IBGE – INSTITUTO BRASILEIRO DE GEOGRAFIA E ESTATÍSTICA. *População, residente, por situação de domicílio – Brasil 2010.* 2010. Disponível em: <http://7a12.ibge.gov.br/vamos-conhecer-o-brasil/nosso-povo/caracteristicas-da-populacao.html>. Acesso em: 11 jun. 2016.

______. *Pecuária 2013.* Disponível em: <http://www.ibge.gov.br/estadosat>. Acesso em: 10 out. 2015.

______. *Pesquisa Trimestral do Abate de Animais 2014.* Disponível em: <http://www.ibge.gov.br/home/estatistica/indicadores/agropecuaria/producaoagropecuaria>. Acesso em: 10 abr. 2015.

______. *Tendências demográficas no período de 1940/2000.* 2000. Disponível em: <http://www.ibge.gov.br/home/estatistica/populacao/tendencia_demografica/analise_populacao/1940_2000/comentarios.pdf>. Acesso em: 11 jun. 2016.

ICONE – INSTITUTO DE ESTUDO DO COMÉRCIO E NEGOCIAÇÕES INTERNACIONAIS. *O que são medidas sanitárias e fitossanitárias?* [20--]. Disponível em: <http://www.iconebrasil.com.br/biblioteca/perguntas-e-resposta/barreiras-sanitarias-e-fitossanitarias>. Acesso em: 6 jul. 2015.

KLOOSTER, J. V. T.; WINGELAAR, A. *Criação de porcos nas regiões tropicais.* 5. ed. Trad. Rob Barnhoorn. Agrodok 1. Wageningen: Agromisa, 2011.

LUDTKE, C. B. et al. *Abate humanitário de suínos.* Rio de Janeiro: WSPA, 2010.

LUDTKE, C. B. et al. Bem-estar animal no manejo pré-abate e a influência na qualidade da carne suína e nos parâmetros fisiológicos do estresse. *Ciência Rural*, v. 42, n. 3, p. 532-537, 2012.

MACHADO, S. T. et al. Impactos da renda familiar e do preço no consumo da carne suína. *Enciclopédia Biosfera*, v. 10, n. 18, p. 1912-1928, 2014.

MAPA – MINISTÉRIO DA AGRICULTURA, PECUÁRIA E ABASTECIMENTO; SDA – SECRETARIA DE DEFESA AGROPECUÁRIA. *Instrução Normativa DAS n. 34, de 6 de novembro de 2009.* 2009a. Disponível em: <http://www.infoconsult.com.br/legislacao/instrucao_normativa_sda/2009/in_sda_34_2009.htm>. Acesso em: 5 jul. 2015.

______. *Manual de Legislação:* programas nacionais de saúde animal do Brasil – Manual técnico. Brasília, 2009b. Disponível em: <http://www.agricultura.gov.br/arq_editor/file/Aniamal/Manual%20de%20Legisla%C3%A7%C3%A3o%20-%20Sa%C3%BAde%20Animal%20-%20low.pdf>. Acesso em: 26 jun. 2015.

______. *Projeções do agronegócio: Brasil 2012/2013 a 2022/2023 projeções de longo prazo.* Brasília, jun. 2013. Disponível em: <http://www.agricultura.gov.br/arq_editor/projecoes%20-%20versao%20atualizada.pdf>. Acesso em: 14 abr. 2015.

______. *Serviço de Inspeção Federal.* 2015a. Disponível em: <http://www.agricultura.gov.br>. Acesso em: 12 nov. 2015.

______. *Condenação de animais por espécie (2010 a 2014).* 2015b. Disponível em: <http://sigsif.agricultura.gov.br/sigsif_cons/!sigsif.ap_condenacao_especie_rep_cons>. Acesso em: 12 nov. 2015.

OPAS – ORGANIZAÇÃO PAN-AMERICANA DA SAÚDE. *Higiene dos alimentos* – textos básicos. Brasília, 2006.

PARANHOS DA COSTA, M. J. R. et al. Strategies to promote farm animal welfare in Latin America and their effects on carcass and meat quality traits. *Meat Science*, v. 92, p. 221-226, 2012.

PERES, F. C.; GUIMARÃES, V. D. A.; CANZIANI, J. R. *Programa empreendedor rural:* elaboração e análise de projetos. Curitiba: Sebrae, 2010.

PEREZ, C.; CASTRO, R.; FURNOLS, M. F. The pork industry: a supply chain perspective. *British Food Journal*, v. 111, n. 3, p. 257-274, 2009.

SANTIAGO, J. C. et al. Resting time pre-slaughter and sex on the incidence of PSE (pale, soft, exsudative) meat in pigs. *Arquivo Brasileiro de Medicina Veterinária e Zootecnia*, v. 64, p. 1739-1746, 2012.

SCHNETTLER, B. et al. Consumer willingness to pay for beef meat in a developing country: the effect of information regarding country of origin, price and animal handling prior to slaughter. *Food Quality and Preference*, v. 20, p. 156-165, 2009.

SEBRAE – SERVIÇO BRASILEIRO DE APOIO ÀS MICRO E PEQUENAS EMPRESAS. *Agronegócio: bom jogo para a suinocultura.* 2014. Disponível em: <http://www.sebrae2014.com.br/Sebrae/Sebrae%202014/Boletin>. Acesso em: 19 abr. 2015.

SILVEIRA, E. T. F. Manejo pré-abate de suínos e seus efeitos na qualidade da carcaça e carne. *Suínos & Cia*, ano VI, n. 34, 2010.

SINE – SITE NACIONAL DE EMPREGOS. *Pesquisa Salarial.* 2016. Disponível em: <http://www.sine.com.br/media-salarial-para-tratador-de-animais>. Acesso em: 2 maio 2016.

TRIENEKENS, J.; WOGNUM, N. Requirements of Supply Chain Management in differentiating European pork chains. *Meat Science*, v. 95, p. 719-726, 2013.

USDA – UNITED STATES DEPARTMENT OF AGRICULTURE; FAS – FOREIGN AGRICULTURAL SERVICE. *Livestock and Poultry: world markets and trade.* Out. 2011. Disponível em: <http://www.minagri.gob.ar/new/0-0/programas/dma/usda/livestock_and_poultry-worl_markets_and_trade/dlp-2011-2_octubre.pdf>. Acesso em: 19 abr. 2015.

______. *Livestock and Poultry: world markets and trade.* Abr. 2015. Disponível em: <http://apps.fas.usda.gov/psdonline/circulars/livestock_poultry.pdf>. Acesso em: 14 out. 2015.

WELKER, C. A. D. et al. Análise microbiológica dos alimentos envolvidos em surtos de doenças transmitidas por alimentos (DTA) ocorridos no estado do Rio Grande do Sul, Brasil. *Revista Brasileira de Biociências*, v. 8, 2010.

CAPÍTULO 5
AQUICULTURA

Cleonice Cristina Hilbig
Dacley Hertes Neu
Rodrigo Couto Santos

5.1 INTRODUÇÃO

A aquicultura, por definição, é o processo de produção em cativeiro de organismos com seu meio de vida predominantemente aquático, como peixes, camarões, ostras, rãs, algas, entre outras espécies. Pode ser realizado no ambiente marinho ou em águas continentais.

Essa atividade se tornou, nos últimos cinquenta anos, um dos mais produtivos e dinâmicos setores do agronegócio, sendo o pescado a proteína animal mais comercializada e consumida em todo o mundo, considerando o proveniente da pesca extrativa e aquicultura. Segundo Rabobank (2013), as exportações do setor dobraram de valor nos últimos cinco anos, gerando a significativa quantia de US$ 140,0 bilhões em 2013, com aportes decorrentes basicamente da produção aquícola. Contudo, a participação do pescado brasileiro foi insignificante: US$ 230 milhões, correspondentes a 0,17% (ROCHA, 2015). Posto isso, neste capítulo aborda-se o panorama da aquicultura mundial e do Brasil, bem como a cadeia produtiva do pescado, com os problemas, desafios e oportunidades que o setor apresenta.

5.2 PANORAMA DA AQUICULTURA BRASILEIRA

Durante muitos anos, a aquicultura brasileira apresentou um crescimento contínuo. Contudo, o Levantamento Estatístico da Pesca e Aquicultura passou por um processo de adaptação em sua metodologia de coleta de dados, o que reduziu os valores até então disponibilizados pelo extinto Ministério da Pesca e Aquicultura (MPA). O último levantamento realizado pelo MPA (BRASIL, 2013), referente aos dados produtivos do ano de 2011, informa que o Brasil havia produzido 628.704 toneladas de produtos de origem aquícola naquele ano, sendo que, deste valor, 86,6% correspondiam à aquicultura continental e 13,4% à aquicultura marinha.

A partir do ano de 2014, o Instituto Brasileiro de Geografia e Estatística (IBGE), se tornou o órgão responsável por agrupar os dados da produção aquícola e, em seu boletim informativo, diversas informações relevantes foram incluídas, como os municípios em que mais são criados organismos aquáticos e as quantidades, em quilo, dessas produções. No último levantamento realizado pelo IBGE (2015), o Brasil passou a produzir 483.241 toneladas de peixes (69,9%), 69.859 toneladas de camarões (20,6%) e 21.063 toneladas de ostras, vieiras e mexilhões (2,0%), gerando uma receita de R$ 4,39 bilhões.

Em se tratando de peixes, o estado de Rondônia lidera a produção brasileira, com 84.490 toneladas sendo produzidas. Ele é seguido pelo estado do Paraná, com uma produção de 69.264 toneladas e, então, pelo estado do Mato Grosso, que produz 47.437 toneladas. O Mato Grosso do Sul aparece na 17º colocação no *ranking* dos estados produtores, com uma produção de 5.782 toneladas de peixes. A produção de camarões marinhos está mais desenvolvida na região Nordeste, com destaque para o estado do Ceará, e a produção de moluscos (ostras, vieiras e mexilhões) é principalmente oriunda da região Sul, com destaque para o estado de Santa Catarina.

Quanto às espécies de peixes, a tilápia (*Oreochromis niloticus*), uma espécie exótica, ainda é a mais criada em âmbito nacional, representando 45,4% (219.329 toneladas). Ela é seguida pelo tambaqui (28,1%), pelo tambacu e pela tambatinga (7,7%), pelas carpas (4,3%), pelos pintados e seus híbridos (3,8%) e pelos pacus e pelas patingas (2,7%). Outras diversas espécies de caráter mais regional correspondem a 7,8%. A liderança na produção de uma espécie não nativa como a tilápia se deve principalmente a seu pacote tecnológico já desenvolvido. Assim, necessitamos explorar com mais eficiência nossas espécies potenciais.

5.3 CADEIA PRODUTIVA DA AQUICULTURA

A cadeia produtiva da aquicultura compõe-se dos seguintes segmentos: insumos e serviços, sistemas produtivos, setores de transformação, de comercialização e de consumo (Figura 5.1), além dos ambientes institucional e organizacional (SCORVO-FILHO, 2004).

A cadeia produtiva da aquicultura se inicia com os fornecedores de insumos e serviços. Os principais insumos necessários para se começar a atividade são os de aspectos estruturais, como a aquisição de maquinários para a construção de viveiros, caminhões, caixas de transporte, peixes, tanques-rede, aeradores para a incorporação de oxigênio na água, incubadoras para reprodução, redes de despesca e alimentadores automáticos, entre outros equipamentos que deverão ser adquiridos conforme a escala e a espécie de pescado escolhida para a produção. A indústria de equipamentos no Brasil vem se desenvolvendo com o aumento da atividade, e atualmente existe um pequeno número de empresários voltados para esse segmento.

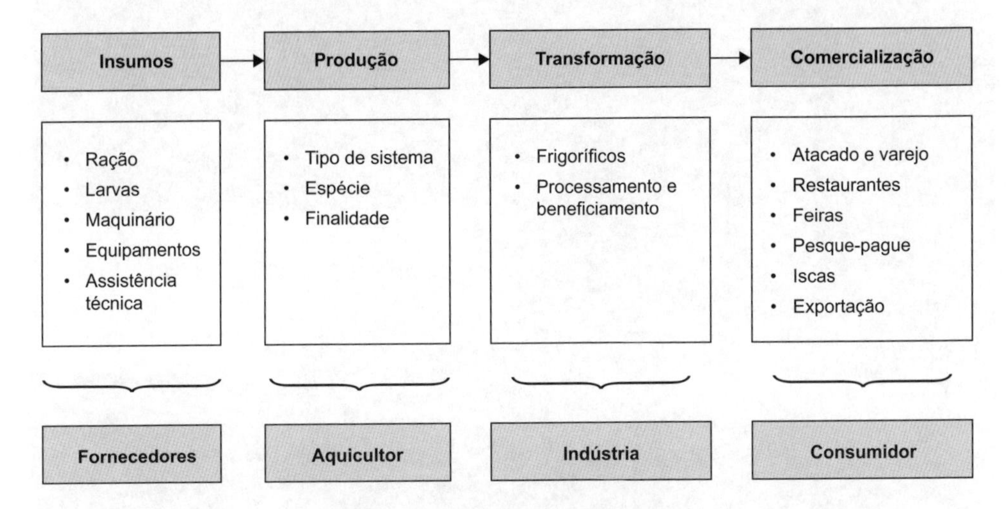

Figura 5.1 – Cadeia produtiva da aquicultura.

Fonte: adaptada de Lima (2013); Sidonio et al. (2012a).

Em seguida, há a indústria de rações, que é um componente imprescindível para o crescimento e desenvolvimento dos animais, sendo esta responsável por até 70% dos custos de produção dependendo da espécie (SIDONIO et al., 2012a) e do sistema de cultivo adotado. Para o ano de 2017, está prevista uma produção nacional de 920 mil toneladas de rações para peixes e 89 mil toneladas para camarões (SINDIRAÇÕES, 2017).

O próximo passo é a aquisição de larvas ou alevinos, insumos que, assim como a ração, são adquiridos com certa regularidade e que obrigatoriamente devem ter boa qualidade para sustentar a produção. Podem ser adquiridos de terceiros ou, alternativamente, produzidos pela própria empresa aquícola.

A produção do pescado propriamente dita pode ser classificada de acordo com a espécie e a finalidade da criação. Quanto à espécie, a aquicultura tem vários ramos, como a piscicultura (criação de peixes), carcinicultura (camarões), malacocultura (moluscos), ranicultura (rãs), algicultura (algas), entre outros. Quanto à finalidade, há propriedades que produzem apenas alevinos/larvas de peixes e camarões para atender os demais aquicultores, como aqueles que ficam responsáveis pelo crescimento até o peso ideal de comercialização (engorda). No Brasil, as principais estruturas de cultivo aquícolas utilizadas são *long-line* (Figura 5.2 A) e mesas fixas nos cultivos de moluscos (Figura 5.2 B), além de cordas para fixação de algas (Figura 5.2 C) e viveiros escavados para o cultivo de camarões (Figura 5.2 D). Para a criação de peixes, as principais estruturas utilizadas são viveiros escavados e os tanques-rede (SEBRAE, 2015).

Figura 5.2 – Estruturas utilizadas para a criação de moluscos bivalves (A-B), macroalgas (C) e camarões (D).

Especificamente na piscicultura, uma vez adquiridos larvas e alevinos, eles são estocados em tanques de engorda. De maneira geral, os tipos de sistemas de produção aquícola podem ser divididos em: extensivo (baixa densidade de estocagem e consequentemente baixa produtividade – até 500 kg/ha/ciclo); semi-intensivo (mais utilizados por piscicultores brasileiros, sistema em que se realiza a fertilização dos tanques para aumentar a produção do alimento natural e suplementação com rações disponíveis no mercado, promovendo uma produtividade entre 5.000 e 20.000 kg/ha/ciclo); e intensivo (com altas densidades de estocagem, podendo alcançar produtividade entre 20.000 e 40.000 kg/ha/ciclo ou de até 150 kg/m^3/ciclo, dependendo da espécie e estrutura utilizada, viveiros escavados e tanques-rede, respectivamente) (Figura 5.3). As estruturas mais comuns nesse sistema de criação (intensivo) são viveiros com a necessidade de uso de aeradores, tanques-rede e tanques de alto fluxo (*raceways*). Nesses casos, o acompanhamento da qualidade da água é fundamental para monitoramento do oxigênio, temperatura, pH e amônia, que podem interferir no crescimento dos animais (LIMA, 2013). Além disso, é essencial o fornecimento de ração que atenda às exigências das espécies, pois esse é o único modo de alimentação dos organismos cultivados, já que o incremento alimentar por fito e zooplâncton é muito baixo e não atende à necessidade de todos os organismos confinados em um pequeno espaço.

Figura 5.3 – Diferentes sistemas de produção: extensivo (A); semi-intensivo (B); intensivo em viveiros escavados (C) e intensivo em tanques-rede (D).

Além desses sistemas já relatados, existe ainda a modalidade de policultivo (criação de mais de uma espécie em um mesmo ambiente, por exemplo, tilápia e camarão, ou duas espécies de peixes que utilizem de modo diferente os diferentes estratos do viveiro), e também consorciada, como a criação de peixes em associação com organismos terrestres (aves e suínos) e até vegetais, como arroz e hortaliças (aquaponia). Cada sistema de criação possui vantagens e desvantagens, principalmente em relação aos custos, que aumentam com a intensificação da produção.

O ciclo de produção dependerá da espécie cultivada. Por exemplo, a tilápia (*O. niloticus*) apresenta pacote tecnológico já desenvolvido e ciclo médio de seis a oito meses (peso ideal de abate); por outro lado, espécies de peixe nativas podem demorar mais tempo (um ano ou mais). Vale ressaltar que, durante o ciclo de produção, são necessárias biometrias para acompanhamento do crescimento e assistência técnica continuada, bem como controle de quaisquer problemas de ordem sanitária.

Uma vez que o pescado tenha atingido o peso ideal, é realizada a despesca, ou seja, a retirada do pescado do ambiente de cultivo pelo uso de redes, como observado na piscicultura e carcinicultura. Métodos mecanizados também podem ser utilizados, mas no Brasil o manejo mais comum é o uso manual de redes ou puçás.

Após a despesca, os produtores que não possuem frigoríficos comercializam seu produto com empresas maiores, que beneficiam os pescados. Outros vendem o pescado inteiro fresco diretamente no atacado ou varejo, em centrais de abastecimento (Ceasa, Ceagesp etc.), feiras e pesque-pagues (SIDONIO et al., 2012a), e também como iscas vivas para pesca esportiva. Há ainda quem venda para atravessadores, que posteriormente revendem o pescado para os mercados já citados.

Embora não muito difundidas na aquicultura, existem algumas cooperativas e associações que distribuem as formas jovens e realizam a despesca e o processamento do pescado, cabendo ao aquicultor a responsabilidade de engordar o peixe, tomando todas as precauções necessárias para o seu bom desenvolvimento e ganho de biomassa (semelhante ao processo de integração na cadeia do frango).

As cooperativas/associações pagam pelo quilo do pescado e bonificam caso o piscicultor consiga reduzir a conversão alimentar (relação entre o consumo de ração por quilo de pescado produzido), o que proporciona maior economia. Essas cooperativas/associações trabalham em regime de integração com o produtor, fornecendo os alevinos e muitas vezes a ração e, posteriormente, adquirindo o produto com tamanho necessário ao processamento.

Ainda na etapa de comercialização, existem empresas que preferem realizar a venda diretamente aos restaurantes. Outros empresários preferem trabalhar com canais de distribuição junto a redes de atacado ou com os varejistas, dependendo do mercado que querem atingir e suas metas de crescimento. Nos últimos anos, o pescado também tem sido comprado pelo governo brasileiro para ser fornecido na merenda escolar, como uma maneira de oferecer uma proteína saudável aos alunos e visando uma política pública de incentivo ao setor (SIDONIO et al., 2012a).

Ao contrário do que acontece com os outros segmentos fornecedores de carne (avicultura, bovinocultura e suinocultura), que aproveitam de modo integral os produtos gerados a partir do animal, na indústria pesqueira a principal forma de apresentação do pescado é o filé, sendo que o restante, na maioria das vezes, não é aproveitado. O filé representa de 30% a 40% do pescado fresco, sendo o restante descartado, subutilizado ou aproveitado de uma forma que não gera lucros extras aos produtores. Esse cenário precisa ser modificado para fortalecer a cadeia produtiva do pescado, por meio do desenvolvimento de novos produtos ou coprodutos que venham agregar valor à atividade aquícola. Da mesma maneira que produtos e subprodutos derivados da bovinocultura são empregados para atender aos mais diversificados ramos, como o de rações, alimentos, fármacos, cosméticos e moda, o pescado pode e deve se espelhar nessas atividades para gerar, a partir de seus "resíduos", novas formas de apresentação e utilidades. Poucas empresas realizam alguma forma de processamento, como o aproveitamento da carne mecanicamente separada para gerar empanados, hambúrgueres, entre outros produtos que agregam lucros extras.

Nesse mesmo sentido, vale lembrar que a pele dos peixes pode ser transformada em couro ou gelatina; contudo, essa não é uma prática adotada por todas as unidades beneficiadoras. Embora essas utilizações de resíduos sejam interessantes para reduzir as perdas e a poluição no ambiente, um dos métodos mais vantajosos e lucrativos de aproveitamento do resíduo de pescado é a sua transformação em farinha de peixe/ resíduo de pescado para alimentação animal. Esse produto é uma ótima fonte proteica e apresenta boa disponibilidade de nutrientes. Além disso, existe uma escassez desse produto no mercado, sendo a demanda muito maior que a produção.

Em razão dos custos para implantar uma fábrica de ração (equipamentos, mão de obra etc.), nem todas as unidades produtoras possuem uma farinheira, havendo, assim, o descarte dos resíduos gerados (cabeça, pele, escamas, nadadeira, vísceras e carcaças), que poderiam gerar um produto com valor acima de R$ 1,50/kg.

Para a instalação de uma farinheira, é necessário um alto investimento inicial e treinamento de funcionários. Assim, são frigoríficos de grande porte que têm essas condições, podendo agregar valor ao seu produto final e minimizar seu custo residual. Se 60% de uma tilápia pode ser descartada na forma de resíduo quando produzido essencialmente o filé, de 1 tonelada de peixe abatido, 600 quilos seriam transformados em farinha. Em uma estimativa de R$1,50/kg, R$ 900,00 poderiam ser somados à receita da empresa. Considerando um abatedouro com capacidade para abate de 10 toneladas de tilápia por dia, que funcione 25 dias por mês, o valor agregado em sua receita bruta seria de R$ 225 mil.

O pescado brasileiro também é exportado. Contudo, para o escoamento da produção, as exigências e padronizações desse mercado externo devem ser atendidas. A balança comercial do pescado (pesca e aquicultura) em 2016, disponibilizada pelo sistema Agrostat, do Mapa, mostrou que o Brasil exportou em torno de 39 mil toneladas, correspondentes a US$ 236 milhões. No entanto, para o mesmo período, a importação de pescado foi da ordem de 355 mil toneladas (quase US$ 1,1 bilhão). Assim, há um déficit na balança comercial do pescado, o que vem ocorrendo nos últimos dez anos (AGROSTAT, 2017).

Diante desse cenário, são constantes as indagações sobre por que o peixe importado é bem mais barato que o nacional. Para essas perguntas, a resposta quase sempre é a mesma, ou seja, embora a produção de pescado no Brasil venha aumentando, não supre a demanda, dando abertura para pescados importados, em sua maioria oriunda de países asiáticos, que embora não apresentem a qualidade desejada, são vendidos por preços mais baixos, com os quais dificilmente o piscicultor e a indústria pesqueira do país terão condições de competir. Essa desigualdade no preço se deve principalmente à grande carga tributária brasileira, que acaba onerando demasiadamente os preços dos insumos (rações), da mão de obra, energia, equipamentos e serviços para o setor (KUBITZA et al., 2012).

Outros fatores que contribuem para esse impasse podem ser associados à falta de regulamentações adequadas e à informalidade dos produtores e comerciantes. Assim, ofertas irregulares com preços elevados ao mercado varejista e atacadista não atraem grandes empresas e redes de supermercados na compra de produtos do mercado interno, uma vez que a margem de lucro é baixa. Além disso, as indústrias de beneficiamento não conseguem, frequentemente, operar com sua capacidade máxima, trazendo instabilidade ao setor (SEBRAE, 2015).

Um fator importante é que, em países como a China, Vietnã, Indonésia e Tailândia, o governo tem participação ativa no desenvolvimento da cadeia, subsidiando e fomentando pesquisas na área de genética e manejo, colaborando com infraestrutura para o escoamento da produção e fornecendo assistência técnica durante o cultivo e para a gestão comercial (SIDONIO et al., 2012b), contexto diferente do encontrado no Brasil.

Um destaque da piscicultura é a criação de peixes ornamentais e a produção de peixes para isca viva, que se destinam à pesca esportiva. Essas atividades têm gerado grande lucratividade no setor aquícola. No entanto, há escassez de informações referentes a quanto foi produzido/vendido e a quanto essas atividades geraram em renda.

A carcinicultura até 2005 escoava boa parte de sua produção para o mercado internacional. Desde então, com a imposição de tarifas *anti-dumping*[1] por parte dos Estados Unidos, a comercialização voltou-se para o mercado interno, situação que persiste até o momento (ABCC, 2015). A produção de moluscos e algas ainda está em desenvolvimento, necessitando de grandes aportes técnicos, estruturais e ações governamentais para aumentar a produção que se concentra em poucas áreas da costa brasileira, onde os produtos oriundos dessa atividade, em sua maioria, são consumidos regionalmente.

O ambiente institucional da aquicultura é regido por legislação específica. No âmbito da legislação ambiental, existem órgãos federais, estaduais e municipais atuando para os processos de instalação e regulamentação da atividade, como Conselho Nacional do Meio Ambiente (Conama), Instituto Brasileiro do Meio Ambiente e dos Recursos Naturais Renováveis (Ibama), Secretarias do Meio Ambiente, institutos de meio ambiente estaduais e municipais, entre outros, além da inspeção sanitária dos produtos oriundos da aquicultura (Divisão de Inspeção de Pescados e Derivados – Dipes; Serviços de Inspeção Federal, Estadual e Municipal – SIF, SIE, SIM). O Ministério da Agricultura, Pecuária e Abastecimento (Mapa) estabelece também as normas para a atividade por meio de decretos, resoluções e portarias. Financiamentos e incentivos ao setor são realizados por meio de programas como o Programa Nacional de Fortalecimento da Agricultura Familiar (Pronaf) e recursos do Banco Nacional de Desenvolvimento Econômico e Social (BNDES), entre outros fundos que oferecem linhas de crédito para o setor.

Além disso, o ambiente organizacional da aquicultura é constituído por entidades públicas e privadas. Destacam-se: Mapa, grandes e pequenos produtores, frigoríficos, cooperativas, Serviço Brasileiro de Apoio às Micro e Pequenas Empresas (Sebrae), instituições de pesquisa como a Empresa Brasileira de Pesquisa Agropecuária (Embrapa), universidades, órgãos de fomento à pesquisa (CNPq, Capes, fundações estaduais e instituições privadas) e alguns outros órgãos que atuam na área e que de alguma maneira estão empenhados no desenvolvimento da aquicultura.

[1] *Dumping* é a introdução de produtos de um país no comércio de outro país por valores abaixo do normal, e deve ser condenado se causa ou ameaça causar prejuízo material a uma indústria estabelecida no território de uma parte contratante, ou se retarda, sensivelmente, o estabelecimento de uma indústria nacional (GATT, 1994).

5.4 PANORAMA DA AQUICULTURA MUNDIAL

A aquicultura mundial cresce em ritmo constante há três décadas. De acordo com a Organização das Nações Unidas para Alimentação e Agricultura (FAO), no ano de 2012 foi produzido um total de 66,6 milhões de toneladas de produtos de origem aquícola, tanto de água salgada como de água doce. Desse total, 66,3% correspondem a peixes, 22,8% a moluscos, 9,7% a crustáceos e 1,3% a outras espécies, dentre elas alguns anfíbios, répteis e plantas aquáticas (FAO, 2012).

Dentre os continentes, o maior produtor é a Ásia, com 58,9 milhões de toneladas, seguido pela América, com 3,18 milhões de toneladas, a Europa, com 2,87 milhões de toneladas, a África, com 1,48 milhão de toneladas e a Oceania, com uma produção de 184 mil toneladas de produtos aquícolas.

Os quinze países que mais produziram organismos aquáticos no ano de 2012 foram China (41,10 milhões de toneladas, ou 61% do total de produtos aquícolas), Índia (4,20 milhões de toneladas), Vietnã (3,08 milhões de toneladas), Indonésia (3,06 milhões de toneladas), Bangladesh (1,72 milhão de toneladas), Noruega (1,32 milhão de toneladas), Tailândia (1,23 milhão de toneladas), Chile (1,07 milhão de toneladas), Egito (1,01 milhão de toneladas), Myanmar (885 mil toneladas), Filipinas (790 mil toneladas), Brasil (707 mil toneladas), Japão (633 mil toneladas), Coreia do Sul (484 mil toneladas) e Estados Unidos (420 mil toneladas). O restante dos países do globo é responsável pela produção de 4,87 milhões de toneladas.

Desses quinze países, dez estão localizados no continente asiático, uma das regiões de maior densidade demográfica do mundo (ONU, 2014). Nessa região, o pescado em geral corresponde a 20% da fonte de proteína na refeição *per capita* (FAO, 2014), com exceção da Índia. Ou seja, a produção de pescados está intimamente relacionada à disponibilidade de água e à escassez de recursos para criação de outros animais. Porém, seu consumo, também elevado nessa região, ocorre por diversos motivos, dentre eles a disponibilidade e o custo em relação a outras fontes de proteína de origem animal e a interação de fatores socioeconômicos e culturais.

5.5 PROBLEMAS, DESAFIOS E PERSPECTIVAS DA AQUICULTURA

Um grande entrave para a continuidade do desenvolvimento da piscicultura brasileira é a falta de estatísticas confiáveis e padronizadas sobre a produção de organismos aquáticos, uma vez que os números podem distanciar empreendedores, por causa da falta de credibilidade dessas informações ou das controvérsias relativas a elas. Contudo, desde 2014, quando o IBGE assumiu a responsabilidade de fornecer essas estatísticas, há maior clareza no que é disponibilizado. Além disso, há hoje uma escassez na assistência técnica especializada, ou seja, existem poucos profissionais de extensão rural para atuar nos estados da Federação, resultando em atraso nas trocas do conhecimento científico e não aproveitamento total do que um corpo aquático poderia produzir.

Outro fator que contribui de maneira negativa para o desenvolvimento da aquicultura é a burocratização do licenciamento ambiental, que ocasiona demora e elevados custos para o "andamento" da atividade. Uma propriedade que necessita fazer o licenciamento prévio (LP), de instalação (LI) e operação (LO), pode demorar de seis a doze meses (viveiros escavados), ou até mais, para começar as atividades (tanques-rede), pois é necessário que a documentação seja verificada por diversos órgãos de esferas estaduais e federais (secretarias estaduais, órgãos ambientais, Agência de Águas, Marinha, MPA, entre outros), dependendo do local de instalação.[2]

Desde 2015, esforços têm sido empreendidos pela desburocratização, com a finalidade de agilizar o licenciamento ambiental e os processos de concessão de uso da água; porém, para que isso seja possível, deve haver um consenso entre todos os estados da Federação, de modo que não haja sobreposição de atos normativos, o que tem dificultado o entendimento sobre a legislação a ser seguida.

Por causa dessas dificuldades e dos altos custos, existem micro e pequenos empreendedores, espalhados pelo país, que desenvolvem atividades aquícolas de maneira irregular, impossibilitando o crescimento da atividade. A forma de comercialização desses empreendimentos é precária, em pequena escala e geralmente em âmbito local, como feiras e pequenos estabelecimentos. Ao se licenciarem, as empresas e empreendedores passam a agregar valor a suas produções individuais ou coletivas, colaborando com os elos da cadeia produtiva atual (SEBRAE, 2012).

Outro entrave são os diversos custos existentes na atividade, além das altas taxas para obter o licenciamento ambiental. Alguns empreendimentos, por utilizarem sistemas intensivos de produção, necessitam fazer uso de aeradores mecânicos, onerando seus custos com energia elétrica. Nesse aspecto, alguns estados brasileiros adotam a medida de redução da energia elétrica para agricultores e aquicultores, entretanto, essa não é uma prática comum a todos os estados. Além disso, existem os gastos comuns com mão de obra e maquinário e o elemento de maior custo, que é a ração. Em alguns casos, o custo com alimentação chega a ser superior a 50%, podendo chegar até mesmo a 70% do custo total do empreendimento. Isso poderia ser amenizado se houvesse um esforço de políticas públicas para reduzir os impostos que incidem sobre a produção/comercialização desses produtos.

Esses são problemas que podem ser vistos como um desafio à cadeia aquícola, os quais podem ser superados pela união dos estados e da Federação. Com isso, a população será beneficiada, garantindo o aumento do consumo e a geração de emprego nas diversas áreas do setor.

Desde a criação do MPA, em 2009, oriundo da então Secretaria Especial de Aquicultura e Pesca (SEAP), um grande passo foi dado para alavancar a produção de pescados no Brasil, e o resultado pode ser visto pelo crescimento dessa produção, bem como pelo aumento no consumo da carne de pescado, e também pelo maior número de instituições que passaram a oferecer cursos de graduação em Engenharia de Pesca/Aquicultura e cursos técnicos sobre a área. Entretanto, ainda há diversos caminhos que podem ser trilhados para o desenvolvimento da atividade no cenário nacional. Os

---

[2] Para mais informações, ver Ayroza, Furlaneto e Ayroza (2008) e Feiden, Signor e Boscolo (2013).

últimos dados disponíveis sobre consumo de pescado informavam que a população brasileira consumia em média 9 kg/habitante/ano, o que corresponderia a uma produção e importação de, aproximadamente, 1,8 milhão de toneladas. Se esse consumo se elevar para 12 kg/habitante/ano, a produção seria superior a 2,4 milhões de toneladas; portanto, há um grande desafio produtivo a ser alcançado, pois a média mundial é de 16 kg/habitante/ano.

O Plano Safra da Pesca e Aquicultura (2015-2020) tem como objetivo a produção de 2 milhões de toneladas de pescado via aquicultura até o ano de 2020, com uma expectativa de 1.750.000 toneladas de peixes, 200.000 toneladas de camarões, 40.000 toneladas de mexilhões e 10.000 toneladas de ostras. Para atender esses números, várias ações foram propostas e estão sendo executadas. A partir disso, espera-se obter aumento no consumo.

Considerando que a atividade aquícola é produtora de alimentos, que estes poderão saciar a fome de diversas pessoas, ou até mesmo de famílias inteiras, e que muitas vezes são a única fonte de proteína utilizada na dieta em determinadas regiões, deve-se dar atenção especial a essa atividade, que já vem sendo considerada inclusive em programas sociais. Com a expansão do número de habitantes, haverá cada vez menos locais para a produção de alimentos; então, a água passa a ser uma ótima opção para essa finalidade. Embora, no Brasil, a tilápia seja o carro-chefe da produção de peixes, principalmente pelo comércio do seu filé, de acordo com Godinho (2007) existem cerca de quarenta espécies de peixes de água doce com potencial para o desenvolvimento da aquicultura brasileira, e por isso, com o passar do tempo, diferentes espécies atenderiam à demanda de acordo com suas características com atrativo regional.

As perspectivas do setor são interessantes, de acordo com o site Seafood Brasil (2015). Compilando os dados do Cadastro Central de Empresas (Cempre) do IBGE, a aquicultura, no ano de 2013, atingiu o número de 10.385 funcionários formalmente empregados. O extinto Ministério da Pesca e Aquicultura informava que havia 800 mil profissionais entre pescadores e aquicultores, e as duas atividades em conjunto proporcionam mais de 3,5 milhões de empregos diretos e indiretos. Nosso país é privilegiado, pois é o local onde há a maior disponibilidade de água doce do mundo, além de possuir mais de 8,5 mil km de litoral, produção de grãos para atender à demanda de rações, clima favorável e mão de obra abundante para trabalho. Se apenas 1% dos 5,5 milhões de hectares das águas doces de represas fossem utilizados para a atividade aquícola, o Brasil poderia se tornar o segundo maior produtor de peixes do mundo. Contudo, a infraestrutura ainda é cara, e nem todos investem nas inovações tecnológicas para otimizar o processo de produção. Além disso, a piscicultura marinha em tanques-rede é embrionária no país, potencial já muito bem explorado por países como Chile, Noruega, entre outros. O que falta é coragem para iniciar esse processo, adaptar uma espécie a esse sistema e desenvolver um pacote tecnológico.

Se ocorresse a facilitação do processo de licenciamento ambiental, a piscicultura poderia alavancar as taxas de exportação ou ao menos reduzir a importação de peixes oriundos da Ásia. Além disso, com a produção em maior escala, os preços do mercado interno poderiam ser mais baixos, o que ainda é um fator limitante ao comércio de pescados.

Em países como China e Índia, e na Ásia em geral, onde há grande número de habitantes, a possibilidade de se incluir farinha de peixe às dietas dos peixes de cultivo é mais baixa que no Brasil. Por isso, os peixes de hábitos filtradores são os mais criados, e não há uma padronização na ração ofertada ou no tamanho de abate desses animais. No Brasil, o mercado se tornou extremamente exigente, buscando sempre produtos com mesmo tamanho/peso. Hoje, o comércio está principalmente voltado para a venda do filé de tilápia, pela facilidade de preparo e maior valor agregado. Por outro lado, aproveita-se pouco do peixe (em média de 30% a 40%), gerando uma série de resíduos. Contudo, esses resíduos podem ser transformados em diversos outros produtos de alta qualidade, embora seja necessário um investimento substancial para que isso ocorra.

Com a crescente demanda mundial por pescado, o setor aquícola deverá se organizar e estruturar seu processo produtivo para aproveitar ao máximo essas potencialidades. Assim, torna-se necessário um planejamento estratégico para a piscicultura, envolvendo a ação conjunta de produtores, pesquisadores e governo com suas políticas voltadas ao setor. É necessário um constante diagnóstico qualitativo e quantitativo do ambiente empresarial, identificando-se, internamente, os principais pontos fortes e fracos e, externamente, as principais ameaças e oportunidades às quais a empresa está exposta, sejam elas micro ou macrorregionais. Só assim será possível estabelecer o perfil estratégico que a empresa, pequena ou grande, deverá seguir, detalhando-se os objetivos e metas a serem alcançados com uma melhor logística, sem deixar de conciliar sustentabilidade e competitividade.

5.6 CONSIDERAÇÕES FINAIS

A aquicultura é uma atividade pouco estruturada no Brasil e, apesar de já ter contado com um ministério exclusivo, ele foi extinto e ainda há muito a ser feito em se tratando de ações voltadas a essa atividade. O acesso ao crédito deverá ser facilitado, bem como o acesso a novos mercados e negociações. É preciso que haja uma melhoria na infraestrutura de logística e comercialização, e que novas tecnologias sejam pensadas para o aumento da produtividade, bem como medidas para o fortalecimento das organizações de produtores e políticas públicas em prol do setor.

Ainda, apesar da vasta quantidade de água que o país possui, esse é um recurso que deve ser utilizado conscienciosamente, razão pela qual licenciamentos ambientais pelos órgãos governamentais devem ser realizados de modo a viabilizar a criação de novos empreendimentos. Além disso, pacotes tecnológicos devem ser estabelecidos para espécies potenciais, que devem ter sua genética, nutrição e manejo pesquisados, a fim de melhorar a produção e atender às expectativas do mercado interno e externo.

A assistência técnica também precisa ser capacitada e continuada, não apenas no setor primário, mas também fornecendo subsídios para a melhor logística e marketing do pescado. São grandes os desafios que o Brasil precisa superar para se tornar competitivo no mercado do pescado, mas oportunidades existem e recursos humanos também. Assim, é necessária uma integração entre todos os agentes envolvidos nesse setor, para fomentar e desenvolver uma produção eficiente que possa gerar proteína animal de alta qualidade e renda real para os aquicultores, além de inserir de maneira mais representativa a atividade no cenário do agronegócio brasileiro. Em geral, a primeira coisa a ser feita por quem quer entrar na atividade é conhecê-la como um todo, desde a qualidade do solo e da água que serão utilizados até a definição da espécie e o sistema produtivo, para quem e por quanto será comercializado etc. Posteriormente, é necessário legalizar o estabelecimento nos órgãos competentes para preparar um projeto que atenda aos anseios do produtor sem lhe causar desconforto e evitando os imprevistos que podem surgir.

BIBLIOGRAFIA

ABCC – ASSOCIAÇÃO BRASILEIRA DE CRIADORES DE CAMARÃO. Ação anti-dumping dos EUA contra o camarão brasileiro. *Revista da Associação Brasileira de Criadores de Camarão*, n. 1, p. 30-31, 2015.

AGROSTAT. *Estatística de comércio exterior do agronegócio brasileiro via internet*, 2017. Disponível em: <http://indicadores.agricultura.gov.br/agrostat/index.htm>. Acesso em: 07 jun. 2017.

AYROZA, D. M. M. R.; FURLANETO, F. P. B.; AYROZA, L. M. S. Regularização de projetos de piscicultura no estado de São Paulo. *Revista Tecnologia & Inovação Agropecuária*, p. 33-41, 2008.

BRASIL. Ministério da Pesca e Aquicultura. *Boletim estatístico da pesca e aquicultura 2011*. Brasília: 2013.

FAO – FOOD AND AGRICULTURE ORGANIZATION OF THE UNITED NATIONS. *FAO global aquaculture production volume and value statistic database updated to 2012*. Washington, DC, 2014.

______. *The state of world fisheries and aquaculture*: opportunities and challenges. Roma: FAO, 2014.

FEIDEN, A.; SIGNOR, A.; BOSCOLO, W. R. *Contextualização legislativa aquícola e pesqueira*. Toledo: GFM, 2013.

GATT – Acordo Geral sobre Tarifas e Comércio. Org. BADIN, M.R.S. Artigo VI – Anti-dumping and Countervailing Duties. p. 63. 1994.

GODINHO, H. P. Estratégias reprodutivas de peixes aplicada à aquicultura: bases para o desenvolvimento de tecnologias de produção. *Revista Brasileira de Reprodução Animal*, Belo Horizonte, v. 31, n. 3, p. 351-360, 2007.

IBGE – INSTITUTO BRASILEIRO DE GEOGRAFIA E ESTATÍSTICA. *Produção da pecuária municipal 2015*, Rio de Janeiro, v. 43, 2015.

KUBITZA, F. et al. Panorama da piscicultura no Brasil: Particularidades regionais da piscicultura, custos de produção e preços de venda e os gargalos que limitam a expansão dos cultivos. *Panorama da Aquicultura*, p. 14-23, 2012.

LIMA, A. F. Sistemas de produção de peixes. In: RODRIGUES, A. P. O. et al. *Piscicultura de água doce: multiplicando conhecimentos*. Brasília, DF: Embrapa, 2013. p. 97-108.

ONU – ORGANIZAÇÃO DAS NAÇÕES UNIDAS. *Demographic yearbook:* economic and social affairs. New York: United Nations, 2014.

RABOBANK. *Financial statement*, 2013. Disponível em: <http://www.rabobank.com.br/en/content/infofin/index.html>. Acesso em: 6 jun. 2017.

ROCHA, I. P. Uma análise da produção mundial de pescado, das oportunidades desperdiçadas e das perspectivas para o Brasil, no contexto da exploração da aquicultura e da carcinicultura marinha. *Revista da Associação Brasileira de Criadores de Camarão*, n. 1, p. 56-61, 2015.

SCORVO-FILHO, J. D. *O agronegócio da aquicultura: perspectivas e tendências*. Texto apresentado no Zootec 2004 – Zootecnia e o Agronegócio, Brasília, DF, 2004.

SEAFOOD BRASIL. *Aquicultura tem menos empresas, mas emprega 2,7 vezes mais que pesca; indústria paga melhor.* 17 jun. 2015. Disponível em <http://seafoodbrasil.com.br/aquicultura-tem-menos-empresas-mas-emprega-27-vezes-mais-que-pesca-industria-paga-melhor/>. Acesso em 8 jul. 2015.

SEBRAE – SERVIÇO BRASILEIRO DE APOIO ÀS MICRO E PEQUENAS EMPRESAS. *Aquicultura no Brasil.* Série estudos mercadológicos, 2015.

______. Aquicultura: um negócio rentável. *Oportunidades e negócios*, 2012.

SIDONIO, L. et al. Panorama da aquicultura no Brasil: desafios e oportunidades. *BNDES Setorial*, n. 35, p. 421-463, 2012a.

SIDONIO, L. et al. Experiências internacionais aquícolas e oportunidades de desenvolvimento da aquicultura no Brasil: proposta de inserção do BNDES. *BNDES Setorial*, n. 36, p. 179-218, 2012b.

SINDIRAÇÕES. *Boletim informativo do setor.* 2017. Disponível em: <http://sindiracoes.org.br/wpcontent/uploads/2017/05/boletim_informativo_do_setor_aio_2017_vs_final_port_sindiracoes.pdf>. Acesso em: 09 jun. 2017.

CAPÍTULO 6
PANORAMA DA PECUÁRIA DE CORTE E LEITE

Euclides Reuter de Oliveira
Jefferson Rodrigues Gandra
Luiz Henrique Xavier da Silva
Natyaro Duan Orbach
Caio Seiti Takiya

6.1 BOVINOCULTURA DE CORTE

O Brasil atualmente é detentor do segundo maior rebanho mundial de bovinos, ficando atrás apenas da Índia. Porém, quando se avalia a produção de bovinos como fonte comercial, o país passa a ser destaque, já que a Índia usa esses animais como símbolo religioso. Além disso, o país é detentor da segunda maior produção mundial de carne bovina (HOFFMANN et al., 2014).

A demanda por produtos cárneos encontra-se em crescimento. Esse aumento é promovido por dois principais fatores: o primeiro consiste no crescimento populacional, e o segundo é o aumento da renda *per capita* dos países em desenvolvimento como Brasil, China, Índia e Rússia. Portanto, para suprir essa demanda mundial, é necessária a implantação de novas tecnologias que sejam capazes de melhorar o sistema de produção da carne, já presente.

A pecuária de corte brasileira, explorada quase exclusivamente em sistemas de pastagens, apresenta sua expansão produtiva por meio de dois fatores principais: a expansão de novas áreas e a introdução de novas raças zebuínas no Brasil central e raças europeias no Sul do país.

Os excelentes índices de produção e exportação de carne bovina mostram que o Brasil se tornou uma potência mundial nesse mercado. Decerto vários foram os motivos que contribuíram para esse reconhecimento (tecnologias, melhoramento, alimentação, sanidade etc.), porém a crescente demanda se deve, dentre outros fatores, à qualidade do sistema produtivo e à preocupação de pôr em prática o conceito de alimento saudável, o que favoreceu o aumento produtivo e as conquistas de mercados externos, elevando o potencial brasileiro.

Para se ajustar às exigências promovidas pelo mercado consumidor, a pecuária de corte tem se estabelecido em novos patamares, afastando-se daquela atividade extrativista e passando a ser uma atividade empresarial, em que a gestão é fundamental para calcar novos horizontes e permanecer nesse mercado competitivo.

Outro aspecto importante a ser ressaltado é a preocupação com o aquecimento global, fato este gerado pelo acúmulo de gases (metano, gás carbônico) poluidores do meio ambiente, responsáveis pela deterioração da qualidade de vida. Diante desse aspecto, a produção de bovinocultura sofreu e sofre fortes críticas por causa da alta emissão de gás metano pelos animais, o que certamente favoreceu e favorece a intensificação da produção, já que esta é uma medida que acarreta a redução da emissão de gases.

Desse modo, são grandes as pressões internas e externas para que a carne produzida no Brasil, além de atender às demandas quantitativas do mercado, se adeque às exigências de qualidade e origem do produto. Assim, é importante que se fortaleça um modelo produtivo eficiente e sustentável, com base em sistemas modernos de produção, adaptado à nova realidade de um mercado globalizado (NOGUEIRA, 2012).

6.1.1 CADEIA PRODUTIVA DA BOVINOCULTURA DE CORTE

Todos os produtos do agronegócio fazem parte de uma cadeia produtiva, e é essencial o entendimento desta para compreender melhor o cenário produtivo em que determinado produto está inserido. Isso facilita que o produtor possa compreender seu papel no processo e como ele pode contribuir para a melhoria da competitividade e da qualidade do produto, aumentando, assim, sua rentabilidade e a dos parceiros. A Figura 6.1 apresenta a cadeia produtiva da bovinocultura de corte.

O primeiro elo da cadeia produtiva da bovinocultura de corte é o fornecimento de insumos, que podem envolver genética do animal, alimentação, instalações, defensivos, entre outros. Corresponde a todos os itens necessários para a produção do animal dentro do seu ciclo de vida.

O segundo elo é o produtor rural, responsável pela produção animal, que pode ser feita de maneira extensiva ou por confinamento, como será tratado mais adiante neste capítulo. Esses animais são vendidos aos frigoríficos, que são responsáveis pelo abate, de acordo com as regulamentações do Ministério da Agricultura, Pecuária e Abastecimento (Mapa) brasileiro. Além disso, podem ser produzidos itens secundários, como embutidos e industrializados, como hambúrgueres, por exemplo.

Dos frigoríficos, os produtos seguem para entrepostos e distribuidores ou, ainda, para o varejo. Geralmente, os entrepostos intermedeiam as vendas entre o frigorífico e o varejo, naqueles locais em que não há um alto volume de compra para revenda ou ainda em locais remotos e afastados.

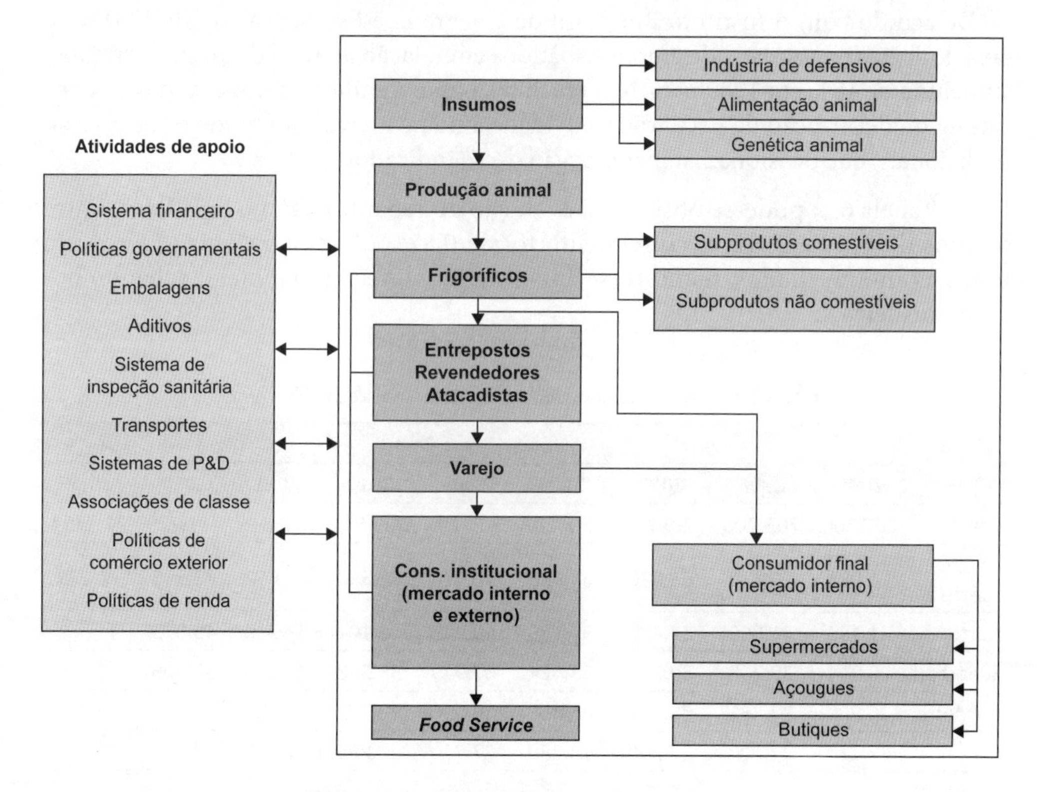

Figura 6.1 – Cadeia produtiva da bovinocultura de corte.

Fonte: IEL/CNA/Sebrae (2000).

Os produtos podem ser, ainda, comercializados com o mercado externo e o mercado interno. Aqueles de melhor qualidade costumam ser exportados, enquanto no mercado interno os produtos podem ser comercializados aos consumidores via supermercados, açougues e butiques, ou por meio de serviços de alimentação, como restaurantes.

Compreender a cadeia produtiva da bovinocultura de corte, bem como o papel dos seus elos, é essencial para gerar valor aos produtos, reduzir custos e melhorar a competitividade da cadeia como um todo. É necessário evidenciar a necessidade do pensamento sistêmico e de parceria entre os elos. Têm sido tomadas várias iniciativas de integração desses elos e controle da qualidade do produtivo, com o objetivo de aumentar o valor da carne brasileira. Fatores como bem-estar animal, que será visto no Capítulo 13, e rastreabilidade animal são essenciais para melhorar a competitividade e a rentabilidade dessa cadeia.

6.1.2 EVOLUÇÃO DO REBANHO BRASILEIRO

Aplicação de novas tecnologias produtivas, melhoramento genético, mercado consumidor exigente e em ascensão são fatores que favorecem a evolução da pecuária brasileira e a conquista da posição de destaque que ocupa atualmente.

De acordo com o Instituto Brasileiro de Geografia e Estatística (IBGE, [201-]), a taxa de abate (quantidade de animais abatidos em relação ao total de animais criados) aumentou de 18% em 1980 para 24% em 2009, o que significa que, apesar das evidências de modernização da pecuária, a atividade ainda convive com modelos de criação tradicionais, que ocasionam a manutenção desse indicador.

Na Tabela 6.1, pode-se observar a evolução do rebanho bovino brasileiro. Entre os anos de 2010 e 2012, o crescimento foi de 0,82%. A região Centro-Oeste, em todos os anos avaliados, manteve-se em destaque, agregando o maior rebanho bovino brasileiro.

Tabela 6.1 – Efetivo do rebanho brasileiro de bovino – período de 2005 a 2013

Brasil e regiões	Número de animais								
	2005	2006	2007	2008	2009	2010	2011	2012	2013
Brasil	207.200	205.900	199.752	202.287	205.292	209.541	212.815	211.279	211.764
Centro-Oeste	71.984	70.437	68.080	68.980	70.620	72.560	72.662	72.385	71.153
Norte	41.489	41.060	37.876	39.126	40.442	42.101	43.238	43.815	44.682
Sudeste	26.944	39.208	39.208	38.424	37.979	38.252	39.336	39.206	39.388
Nordeste	26.969	27.881	28.711	28.855	28.330	28.762	29.586	28.245	29.012
Sul	27.770	27.200	27.200	28.288	27.920	27.866	27.993	27.627	27.529

Fonte: IBGE ([20--]).

Porém, quando se verifica o efetivo de bovinos entre 2012 e 2013 observa-se um aumento das regiões Nordeste (2,5%) e Norte (2,0%). A região Sudeste apresentou aumento de 0,3%, em contrapartida a região Centro-Oeste apresentou queda de 1,7% (IBGE, 2014a). Sendo assim, pode-se observar a pecuária brasileira se deslocando para a região Norte nesse período de 2010 a 2013. O comportamento do rebanho bovino brasileiro nos últimos nove anos em termos de quantidade de animais divididos nas cinco grandes regiões do país pode ser visto na Figura 6.2.

Percebe-se que a realidade de produção de bovinos por região está mudando. Há uma mobilização da produção desses animais para a região Norte, e um dos fatores que favorecem essa mudança são as condições ideais das regiões Sul, Sudeste e Centro-Oeste para a produção de grãos, tornando essa atividade extremamente atraente e favorecida pelas condições de clima, solo e produção.

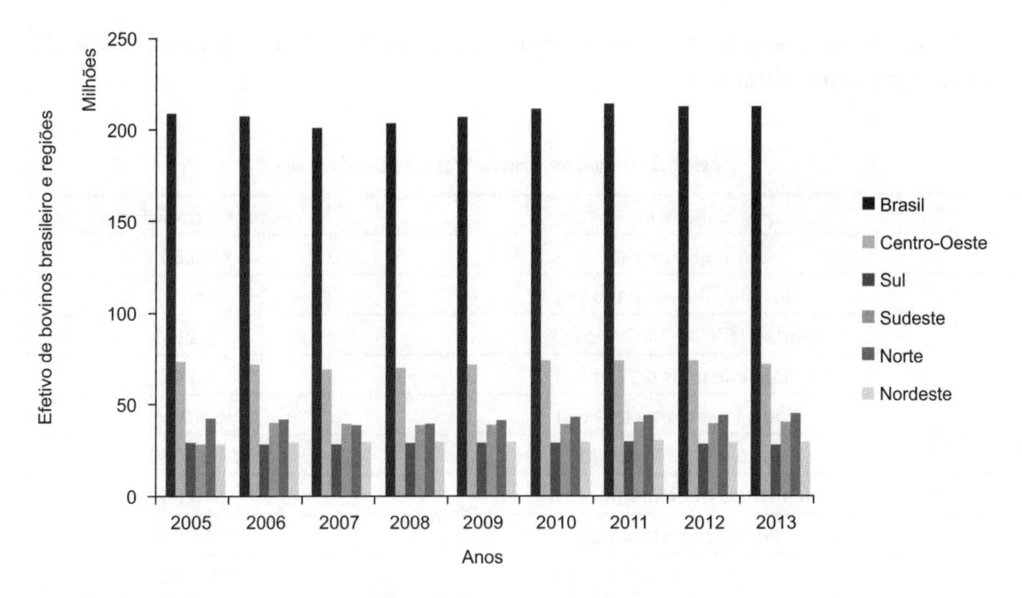

Fonte: IBGE ([20--]).

Figura 6.2 – Efetivo de bovinos de 2005 a 2013.

6.1.3 PECUÁRIA DE CORTE NO BRASIL

O Brasil é o quinto maior país do mundo, atrás da Rússia, Canadá, Estados Unidos e China, com uma área de 8,5 milhões de km^2. Com essa imensidão territorial, a pecuária de corte é uma atividade extrativista e extensiva que se desenvolveu bem rapidamente no país, sendo atualmente de grande importância no cenário mundial.

O sistema de produção tem como base nutricional a forragem, porém geralmente de baixa qualidade nutricional. Com isso, apresenta baixos índices de produção, que se refletem na má qualidade dos índices zootécnicos do rebanho brasileiro (Tabela 6.2).

As pressões dos mercados interno e, principalmente, externo vêm forçando mudanças técnicas na produção da pecuária de corte, com medidas como recuperação de áreas degradadas, adoção de manejos de pastejo, uso de terminação em confinamentos, produção de animais precoces, suplementação proteica na seca e mineral o ano todo, inseminação artificial, programas de controle do rebanho, entre outras.

Algumas dessas medidas foram essenciais para a melhoria da produção brasileira de bovinocultura, já que o país apresenta como base nutricional desses animais a forragem. Pesquisas geradas nos últimos quarenta anos em prol da melhoria dessa fonte de alimento foram essenciais para chegar aos atuais patamares de produção (PEIXOTO, 2010). Algumas estatísticas disponibilizadas pelo IBGE ([20--]) podem comprovar essa evolução: no Centro-Oeste, a área de pastagem artificial cresceu de 8,4 milhões para 45,3 milhões de hectares entre 1970 e 1995, um acréscimo de 439%. Na região Sudeste, mesmo a entrada de novas culturas (grãos, fibras e cana-de-açúcar) não impediu o crescimento do rebanho de 12 milhões para 14 milhões de cabeças, o que mostra o uso de tecnologias e técnicas de manejos capazes de melhorar o aproveitamento das forrageiras como alimento.

Tabela 6.2 – Índices zootécnicos médios do rebanho brasileiro

Categorias	Pecuária tradicional
Natalidade (%)	60 a 80
Mortalidade até 1 ano (%)	4 a 10
Mortalidade de 1 a 2 anos (%)	3 a 6
Mortalidade mais de 2 anos (%)	2 a 4
Idade à desmama (meses)	8 a 12
Peso à desmama (kg)	140 a 180
Idade de cobertura (meses)	24 a 36
Peso à cobertura (kg)	280 a 320
Idade ao primeiro parto (meses)	33 a 45
Peso pós-primeiro parto (kg)	330 a 400
Intervalo de partos (meses)	16 a 20
Desfrute (machos vendidos) (%)	15 a 20
Descarte matrizes/novilhas excedentes (%)	10 a 20
Relação touro/vaca (animal)	1:25 a 30
Desfrute (%)	27 a 30
Peso de abate (kg)	480 a 600
Capacidade de suporte (UA/ha/ano)	0,5 a 1,0
Idade de abate (meses)	36 a 48
Ganho por animal (kg/cab./ano)	140 a 160
Produção por área (kg/ha/ano)	70 a 160
Receita bruta por hectare (R$/ha/ano)	126 a 288
Custo (R$/ha/ano)	108
Lucratividade (R$/ha/ano)	18 a 180

Fonte: adaptada de Homma et al. (2006).

Já o confinamento é uma estratégia de manejo adotada por muitos produtores rurais atualmente. Muitos aproveitam a disponibilidade de resíduos agroindustriais e os fornecem aos animais no período conhecido como entressafra. Nessa fase, geralmente as condições climáticas do Brasil não estão favoráveis para uma produção quantitativa e qualitativa de forragem, impedindo, assim, que o animal possa apresentar ganhos.

Essa ideia de confinamento permanece até os dias atuais e apresenta boas características para o sistema de produção de bovinos de corte. Esse método possibilita menor idade de abate, maior produção por área e padronização do acabamento. Segundo Peixoto (2010), para o país, o confinamento deve representar um importante aspecto técnico para a modernização da sua pecuária de corte, melhorando os baixos níveis de desempenho e eficiência de produção.

Poder decidir entre produção de bovinos a pasto ou em confinamento não é o melhor modo de se pensar; porém, poder utilizar elementos das duas técnicas de produção ao longo do ano é a melhor estratégia a ser adotada pelo produtor.

6.1.4 PRODUÇÃO DE BOVINOS POR REGIÃO BRASILEIRA

O efetivo de bovinos foi de 212,798 milhões de cabeças no ano de 2011, um aumento de 1,6% em relação ao registrado em 2010. Esse efetivo encontra-se disperso por todo o território nacional, embora seja encontrado em maior número na região Centro-Oeste do país (34,1%). As demais regiões apresentam os seguintes percentuais de participação: Norte (20,3%), Sudeste (18,5%), Nordeste (13,9%) e Sul (13,1%). O estado de Mato Grosso possui o maior efetivo de bovinos, 13,8%; seguido por Minas Gerais, com 11,2%; Goiás, com 10,2%; e Mato Grosso do Sul, com 10,1%. Salienta-se que os dez principais estados detentores de bovinos concentram 81,1% de todo o efetivo nacional.

No comparativo entre 2010 e 2011, pode-se dizer que o crescimento do rebanho bovino ocorreu com maior intensidade nas regiões Norte, Nordeste e Sudeste e com menor intensidade nas regiões Centro-Oeste e Sul do País. Na região Norte, cabe destaque ao crescimento dos efetivos bovinos nos estados de Rondônia e do Pará. Na região Nordeste, ressaltam-se os estados de Maranhão, Bahia, Paraíba e Pernambuco. Na região Sudeste, Minas Gerais foi o estado que mais contribuiu para a expansão desse rebanho, enquanto São Paulo apresentou redução de efetivo. Na região Centro-Oeste, o estado de Mato Grosso do Sul registrou queda importante em seu rebanho de bovinos, sendo em parte contrabalançada pelos aumentos registrados nos estados de Goiás e Mato Grosso.

A produção por região mostrada a seguir foi obtida dos dados publicados pelo Instituto Brasileiro de Geografia e Estatística (IBGE, [20--]).

- A região Norte registrou crescimento em todos os efetivos de grande porte, com destaque para bubalinos (8,9%), muares (5,9%) e equinos (5,3%). O rebanho bovino nessa região teve aumento de 2,7% no número de animais em relação a 2010. Esse ritmo, porém, foi menor que o dos últimos anos, por causa, em parte, do aumento da fiscalização contra o desmatamento, que inibe a expansão extensiva dos rebanhos.
- A região Nordeste exibiu crescimento de 2,9% no efetivo de bovinos em 2011 comparativamente a 2010. Igual comportamento foi observado no efetivo de bubalinos (4,3%). Os efetivos de equinos, asininos e muares tiveram redução, com quedas de 2,0%, 3,3% e 2,2%, respectivamente.
- Na região Sudeste, o efetivo de bovinos registrou aumento de 2,8% em 2011 comparativamente a 2010, no entanto, o maior crescimento do rebanho de grandes animais ocorreu com o de bubalinos (8,8%).

- A região Sul registrou queda nos efetivos de bubalinos (4,2%) e muares (2,7%). O efetivo de bovinos, por sua vez, manteve estabilidade em relação ao ano anterior, o mesmo ocorrendo com o efetivo de equinos.
- Na região Centro-Oeste, houve estabilidade nos efetivos de bovinos e de equinos, comparando-se 2011 a 2010: 0,1% e -0,2%, respectivamente. O efetivo de bubalinos foi o que apresentou maior crescimento entre aqueles de grande porte (22,6%), enquanto o de asininos assinalou crescimento de 2,3%. Em sentido oposto, apresentou redução de plantel o efetivo de muares, -2,9%. O aumento no número de bubalinos é atribuído à retenção de matrizes e a investimentos de novos produtores na espécie.

6.1.5 SITUAÇÃO ATUAL DA BOVINOCULTURA DE CORTE

Segundo os últimos dados publicados pelo IBGE (2014b), a pecuária brasileira, no ano de 2011, foi afetada pelo agravamento da crise da União Europeia. Como reflexo da desaceleração econômica global, no âmbito externo assistiu-se à queda em volume nas exportações de vários produtos comercializados pelo Brasil, como carnes bovina e suína congeladas, couros e peles. Para reverter esse quadro, estratégias como a conquista de novos mercados fora da rota da crise foram alcançadas pelos produtos brasileiros.

No mercado interno, entretanto, observou-se a elevação dos preços da carne bovina, a falta de bois para abate e, em algum grau, o aumento do descarte de vacas, além da substituição do consumo da carne bovina pela suína e pela de frango. As pastagens também foram prejudicadas por alguns períodos de estiagem (especialmente no segundo e terceiro trimestres) em parte dos municípios dos estados de Rio Grande do Sul, Mato Grosso do Sul, Paraná, Minas Gerais e Ceará, impactando tanto a produção de carne bovina quanto a produção de leite.

O clima abundantemente chuvoso em outras regiões – principalmente no estado de Santa Catarina e na região Norte – desfavoreceu o escoamento da produção em determinados períodos do ano de 2011. Os aumentos do preço da soja em grão e dos custos produtivos tiveram reflexos sobre a atividade pecuária, sobretudo nos preços da ração animal.

O efetivo de bovinos foi de 212,34 milhões de cabeças em 2014, representando um aumento de 0,3% em relação ao registrado em 2013. Um desempenho registrado pelo IBGE é superior, mesmo com mercados nacional e internacional, no período, restritivos à carne bovina (IBGE, [20--]).

Os preços da carne bovina no mercado interno alcançaram níveis elevados, como resultado, em parte, da seca iniciada em 2013, que afetou pastagens, diminuindo a oferta de animais para reposição e abate, elevando os custos de produção. Como consequência, houve retração no abate de bovinos em 2014, conforme mostrou a Pesquisa Trimestral do Abate de Animais, realizada pelo IBGE ([20--]).

O Brasil é o segundo maior produtor mundial de carne bovina. De acordo com a Associação Brasileira das Indústrias Exportadoras de Carne (ABIEC, 2016), a bovinocultura de corte representa uma fatia importante do agronegócio brasileiro, gerando faturamento de R$ 483,5 bilhões de reais em 2015.

De acordo com a Empresa Brasileira de Pesquisa Agropecuária – Embrapa (2007), diversos fatores contribuíram para a conquista da liderança brasileira no comércio internacional da carne bovina. Em primeiro lugar, podem-se destacar as ações desenvolvidas em prol da erradicação da febre aftosa, que resultaram na melhoria da percepção de qualidade do produto pelos países importadores.

Outra característica importante foi a constatação da produção de alimento seguro, uma vez que a maior parte do rebanho brasileiro é alimentada em pasto. Além disso, outros fatores, como solo, clima e recursos humanos, passaram a ser parâmetros positivos, o que tem permitido ao país oferecer carne bovina de alta qualidade em quantidades crescentes e a preços cada vez mais competitivos ao mercado interno e externo.

De acordo com dados publicados pelo IBGE ([20--]), no segundo trimestre de 2014 foram abatidas 8,517 milhões de cabeças de bovinos sob algum tipo de serviço de inspeção sanitária. Esse valor foi 1,8% maior que o registrado no trimestre imediatamente anterior (8,367 milhões de cabeças) e 0,2% menor que o registrado no segundo trimestre de 2013 (8,537 milhões de cabeças). A queda ocorrida nesse último comparativo, apesar de pequena (-19.862 cabeças), quebra a série de dez aumentos consecutivos nos comparativos anuais dos mesmos trimestres (Figura 6.3).

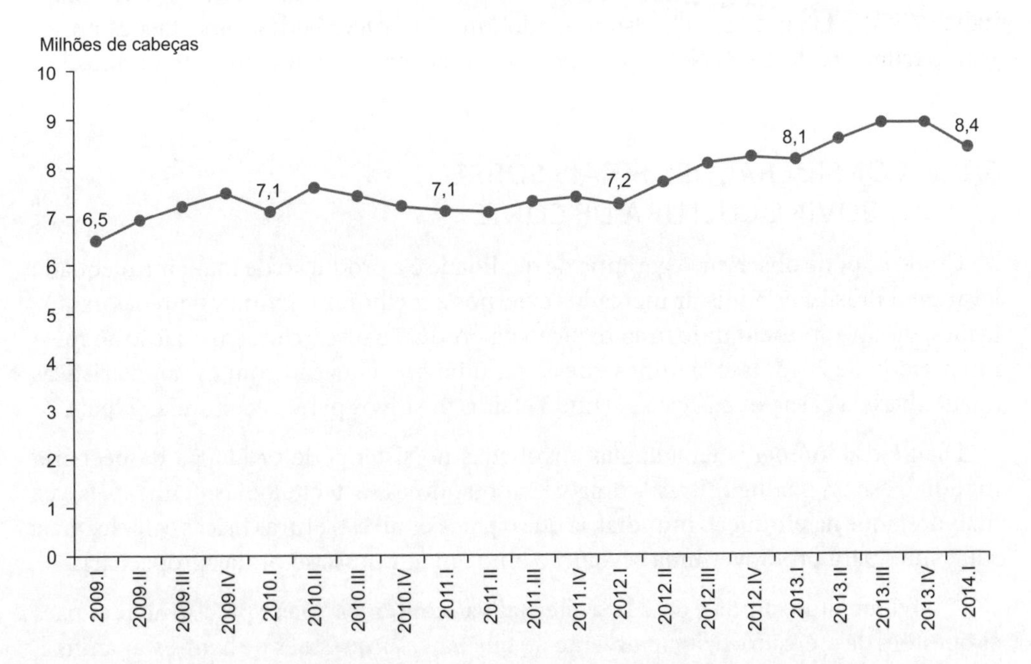

Figura 6.3 – Evolução do abate de bovinos por trimestre no Brasil – trimestres de 2009 a 2014.

Fonte: Beefpoint (2016), a partir de dados do IBGE.

Ainda segundo a publicação do mesmo órgão, verificou-se que houve aumento do volume exportado de carne bovina *in natura* no segundo trimestre de 2014 em relação ao mesmo período do ano anterior. Entretanto, houve decréscimo em comparação com o primeiro trimestre de 2014 (Tabela 6.3). Assim, o aumento no faturamento verificado nesse último comparativo deveu-se exclusivamente ao aumento do preço médio da carne bovina exportada.

Tabela 6.3 – Abate de bovinos e exportação de carne bovina *in natura* no Brasil – trimestres selecionados de 2013 e 2014

Bovinos abatidos, produção de carcaça e exportação de carne bovina	2013	2014	
	2º trimestre	1º trimestre	2º trimestre
Bovinos abatidos (cabeças)	8.536.749	8.366.914	8.516.887
Carcaças produzidas (t)	2.008.043	1.951.019	2.006.267
Carne *in natura* exportada (t)	274.363	305.461	292.615
Faturamento da exportação (milhões de US$)	1.229	1.345	1.384
Preço médio (US$/t)	4.480	4.403	4.729

Fonte: IBGE ([20--]).

Além desses dados, o IBGE ([20--]) publicou que os dez principais países importadores da carne bovina *in natura* brasileira foram Rússia (25,8%), China (20,5%), Venezuela (16,3%), Egito (9,1%), Irã (5,4%), Chile (3,6%), Argélia (2,3%), Líbia (2,2), Itália (1,7%) e Líbano (1,5%), respondendo juntos por 88,5% das importações no segundo trimestre de 2014. Nesse período, 65 países importaram o produto do Brasil.

6.1.6 CONSIDERAÇÕES FINAIS SOBRE A BOVINOCULTURA DE CORTE

Como se pode observar, a garantia de qualidade e a produção de maneira adequada levaram o Brasil a conquistar mercados externos e melhorar o faturamento nas exportações, mesmo apresentando uma redução na produção de carcaça em relação ao mesmo período de 2013. Isso significa que existe uma preocupação com as características qualitativas da carne que já está surtindo efeitos positivos para a economia do país.

Diante das inúmeras tecnologias envolvidas no sistema de produção da pecuária mundial, espera-se que o Brasil, uma vez adotando essas tecnologias, tenha cada vez mais destaque na produção mundial, já que o país possui estruturas físicas e intelectuais suficientes para promover uma revolução ainda maior nesse setor da agropecuária.

A bovinocultura ainda é uma boa alternativa econômica, mas é preciso atentar para as questões de mercado, principalmente no que tange às questões de bem-estar animal, como será discutido no Capítulo 13, "O papel do bem-estar animal e as tendências de ambiência animal".

6.2 BOVINOCULTURA DE LEITE

O futuro da pecuária leiteira no Brasil tem mostrado bom potencial, mas isso ainda vai depender da estabilidade econômica futura e do modo de gerenciamento das propriedades. O país, entretanto, deve manter sua presença atual no comércio mundial, ou seja, não se tornará um grande exportador e continuará importando produtos específicos, como queijos e mesmo leite em pó, mas não em quantidades crescentes.

Em decorrência do aumento da população mundial, que consequentemente gera mais demanda por alimentos, o Brasil no mercado internacional tem boas condições de expansão, seja pelo aumento do rebanho, seja pelos ganhos de produtividade advindos do uso mais intensivo de tecnologia.

O agronegócio brasileiro é considerado um dos melhores do mundo. O país é um dos principais produtores e exportadores de alimentos, como soja e milho, e de proteína animal, como carne bovina, suína e de aves. Porém, um de seus produtos, o leite, em razão da baixa produtividade e carência de maior organização, é encarado como o "patinho feio" do segmento, como a "quinta divisão" - palavras ditas pelo professor associado do Insper e da Universidade de Missouri, nos EUA, Fabio Ribas Chaddad, em palestra no 18º Encontro Técnico do Leite, no centro de Convenções Rubens Gil de Camillo, em Campo Grande. Para entender um pouco mais sobre a cadeia produtiva do leite é preciso investigar mais detalhes, como faremos a seguir.

6.2.1 CADEIA PRODUTIVA DO LEITE

Uma importante atividade da Bovinocultura refere-se à produção do leite que, além de poder ser consumido "*in natura*", permite a produção de vários derivados, como o queijo e demais laticínios. A Figura 6.4 apresenta a cadeia produtiva do leite.

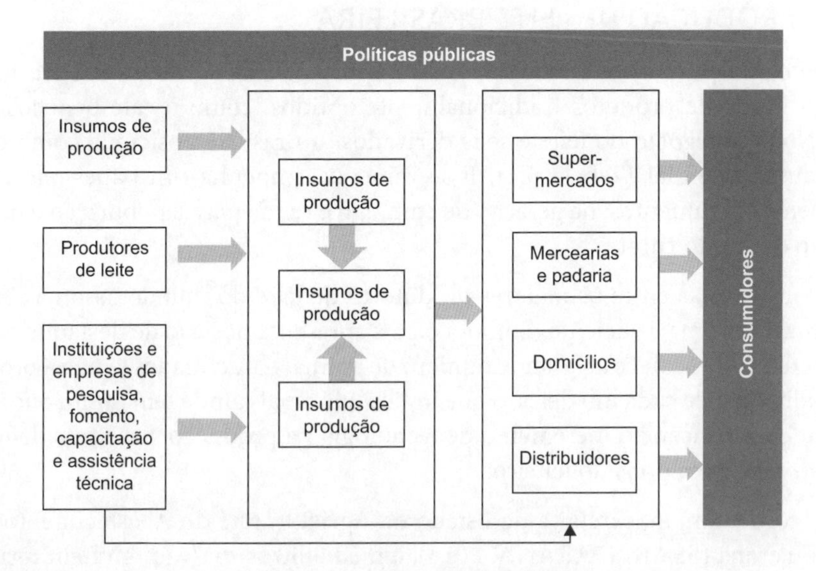

Figura 6.4 – Cadeia produtiva do leite.

Fonte: Banco do Brasil (2010).

A cadeia de produção do leite inicia com a aquisição e a entrada dos insumos no processo produtivo. Esses insumos podem variar de fatores básicos de produção, como energia, água e pastagens, até produtos mais trabalhados, como rações, vacinas e melhoradores. Esses insumos são direcionados aos produtores rurais ou às cooperativas.

O produtor rural tem como papel na cadeia cuidar do animal e produzir o leite a ser coletado pelas cooperativas, associações e laticínios. Geralmente, ao produtor cabe o risco principal do negócio, pois seus resultados estão diretamente ligados à quantidade e à qualidade do leite produzido.

No elo-base da cadeia produtiva também se encontram as instituições de fomento e assistência técnica, como bancos e universidades, que objetivam financiar e melhorar a produção dos diversos produtores rurais.

O segundo grande elo da cadeia produtiva envolve cooperativas, associações de produtores e laticínios que beneficiam o leite produzido segundo os padrões de mercado e fabricam produtos derivados, como queijos e iogurtes.

Finalmente, o último grande elo é o mercado, que distribui e comercializa os produtos lácteos e derivados aos consumidores.

Como é possível perceber, cada elo tem um papel essencial para o sucesso da cadeia produtiva do leite, razão pela qual é essencial conhecê-los. A competitividade da cadeia produtiva do leite brasileiro depende da gestão eficiente e eficaz desses elos para que se possa alavancar sua produção, agregar valor aos produtos e aumentar as receitas de todos os envolvidos.

6.2.2 PRODUÇÃO DE LEITE BRASILEIRA

O leite está entre os seis produtos mais importantes da agropecuária brasileira, ficando à frente de produtos tradicionalmente obtidos, como o café beneficiado e o arroz. No agronegócio do leite e seus derivados, o Brasil se posiciona como o quinto produtor mundial (Tabela 6.4). Esse ramo desempenha um papel relevante no suprimento de alimentos, na geração de emprego e renda para a população e no impedimento do êxodo rural.

Apesar de estar entre os maiores produtores de leite do mundo, isso não faz com que o Brasil seja mais eficiente. Embora o país apresente posição de destaque no cenário mundial, esta se deve ao grande número de animais ordenhados, e não à produtividade individual de cada um deles, o que indica que o país ainda tem muito que investir no setor com relação ao incremento de tecnologia na produção, nas áreas de manejo, nutrição e genética do gado leiteiro.

De acordo com a Secretaria de Estado da Agricultura e do Abastecimento do Estado do Paraná (SEAB) (PARANÁ, 2014), a média litros/dia/vaca gira em torno de 4 litros de leite. No entanto, é preciso salientar que essa média é calculada incluindo matrizes da pecuária de corte. Uma das razões disso é que 90% das propriedades conduzem a atividade ainda como extrativista, de baixo nível tecnológico e sem a aplicação de conceitos científicos para elevar a produção e, consequentemente, a rentabilidade, tanto na pecuária de corte como de leite.

Tabela 6.4 – Produção de leite em 2011

Posição	País	Produção de leite (milhões de t)	Leite entregue (milhões de t)
1	Índia	121,0	20,5
2	Estados Unidos	89,0	88,5
3	Paquistão	35,6	1,1
4	China	37,4	32,8
5	Brasil	33,0	22,5
6	Alemanha	30,3	29,3
7	Rússia	31,7	16,4
8	França	25,3	24,7
9	Nova Zelândia	18,9	18,9
10	Reino Unido	14,1	13,8

Fonte: IFCN (2012).

Contudo, é preciso destacar que a média de produção de leite está ligada à inclusão de técnicas inovadoras na produção e na administração. De acordo com levantamento feito pela MilkPoint (2015), os cem maiores produtores de leite do Brasil crescem 9,4% ao ano e atingem uma média de 15,16 kg de leite por dia.

Ainda segundo levantamento da MilkPoint, o sistema de produção mais utilizado pelos produtores foi o de confinamento das vacas, presente em 61 propriedades. Dentre as fazendas que possuem o sistema confinado, 72% utilizam *free stall* e 28% confinam utilizando piquetes de terra. Dentre as 39 fazendas restantes, 23 utilizaram o sistema de semiconfinamento, e 16, o de pastejo rotacionado. O sistema *compost barn* de confinamento também foi citado por alguns produtores, porém sem se constituir no sistema principal das propriedades que o mencionaram. A Figura 6.5 apresenta a evolução desses sistemas de produção nos cem maiores produtores de leite ao longo do tempo.

É preciso ainda confrontar os dados anteriormente fornecidos com a média nacional de litros de leite produzidos por animal por dia. No Brasil, tem-se praticamente em todos os estados brasileiros produtores de leite produzindo acima de 8 mil litros diários. O que isso quer dizer? Quer dizer que essa produção é possível graças aos avanços tecnológicos e de gestão dentro de uma propriedade, independentemente do clima, topografia e sistema de produção.

Para ter acesso à inovação, o produtor não precisa produzir milhares de litros por dia, e sim gerar leite com qualidade e aproveitar com mais eficiência sua propriedade, de maneira que implante e organize finanças, controle de gastos e fluxo de caixa e que faça anualmente o inventário de seus bens, controle e registre os dados zootécnicos.

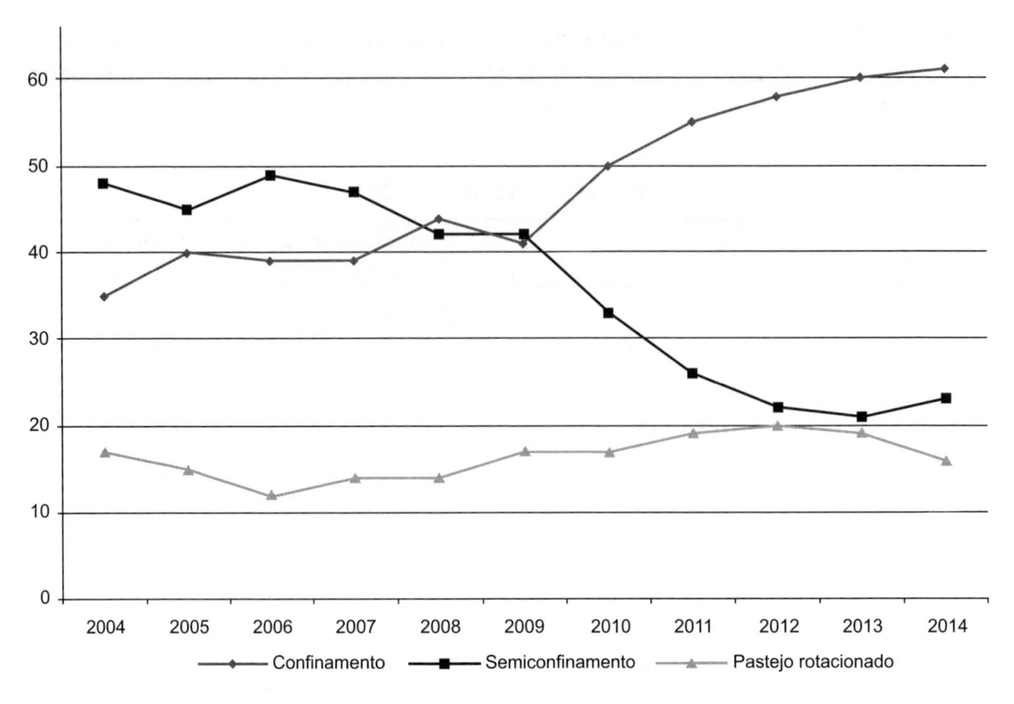

Figura 6.5 – Evolução dos sistemas de produção do gado leiteiro.

Fonte: adaptada de MilkPoint (2015).

O sistema de produção brasileiro, ainda que ineficiente, atinge crescimento de 4% ao ano, acima do registrado pelos maiores produtores de leite do mundo. Esse avanço na produção é considerável, e um exemplo dele são as cem maiores propriedades de leite. Porém, não se pode esquecer que o sistema de produção de leite no Brasil ainda possui um longo caminho de crescimento, o qual precisa ser constante e otimizado, já que o país é dono do maior rebanho comercial do mundo, sem quotas de produção e sem limitação de expansão de área, como ocorre na União Europeia e Nova Zelândia, por exemplo.

A Figura 6.6 apresenta uma projeção de crescimento da produção de leite, que deve ser de 42%, passando dos 50 milhões de litros em 2025 (FIESP, 2011). Esse crescimento está ligado aos avanços do agronegócio na área tecnológica, conhecimentos e acesso às informações na produção, nutrição e manejo dos rebanhos (BNDES, 2015).

Numa análise retrospectiva, a produção brasileira de leite aumentou 150% desde meados da década de 1970. O volume produzido passou de 8 bilhões de litros no ano de 1975 para 19,8 bilhões de litros em 2000. Esse crescimento se justifica pela abertura de novas fronteiras, como o estado de Goiás, por exemplo, e as regiões do Triângulo Mineiro e Alto Paranaíba em Minas Gerais, além de outros estados como Rondônia, Mato Grosso e a região sul do Pará. Além do crescimento do rebanho e de vacas ordenhadas, houve também aumento no índice de produtividade, o que contribuiu para a elevação da produção. Em 1970, a produtividade das vacas leiteiras em rebanhos especializados era inferior a 700 litros vaca/ano; porém, esse número havia praticamente dobrado ao final dos anos 1990 (CAIXETA et al., 2010).

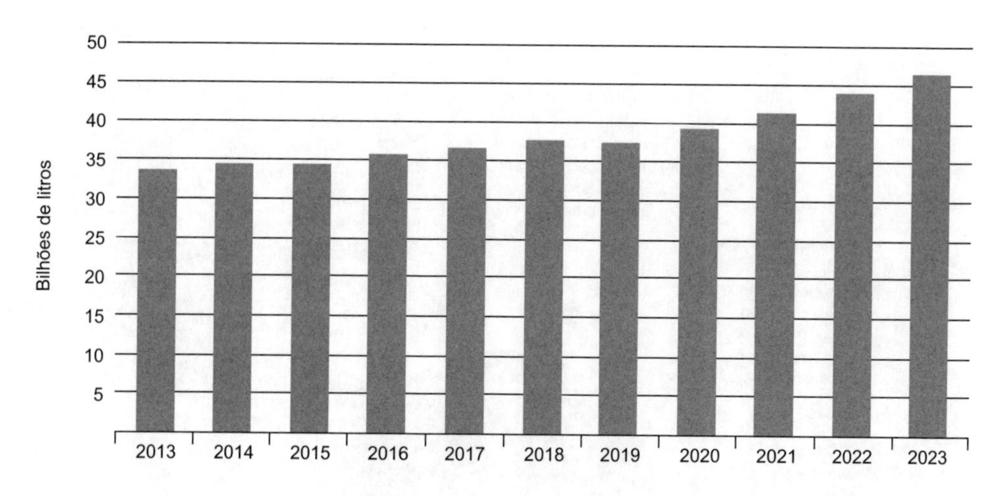

Fonte: Fiesp (2011).

Figura 6.6 – Produção leiteira brasileira – projeção.

6.2.3 FATORES LIMITANTES PARA O DESENVOLVIMENTO DA PRODUÇÃO DE LEITE

Não se pode falar de projeções para o futuro do mercado de lácteos sem abordar a eficiência da produção de bovinos de leite. A atividade com bovinos de leite é um processo muito delicado, em função das inúmeras variáveis existentes no setor (Figura 6.7). Fatores como mercado, máquinas, manejo, clima, homem, entre outros, afetam diretamente o resultado do processo produtivo.

Como se pode observar na Figura 6.7, uma eficiente produção de leite depende da interação de muitos fatores, cabendo ao produtor desenvolver conhecimento técnico de produção, mercadológico, manejo, climático, entre outros. Este é um enorme desafio, principalmente para pequenos produtores com baixo grau de instrução e que não possuem os recursos necessários para a contratação de profissionais, dependendo em muito de instituições de apoio e de universidades.

A pecuária brasileira sempre foi predominantemente extrativista. No entanto, são perceptíveis as mudanças que têm ocorrido, mesmo que lentamente. Essas mudanças acontecem graças à progressão de conhecimentos científicos e tecnológicos. Assim, é preciso destacar os fatores de elevação da rentabilidade.

É preciso monitorar e melhorar a sanidade dos rebanhos no que se refere ao bem-estar e conforto animal, principalmente em rebanhos a pasto, já que o conhecimento existente nos países desenvolvidos pouco pode ser aproveitado, dadas as condições tropicais inexistentes na maioria desses países. Além disso, é necessário prover uma nutrição adequada e com base nas exigências de cada animal e nas condições da propriedade. Esses dois pontos movimentam-se juntos e, se bem manejados, permitem o melhoramento da fertilidade do rebanho e a diminuição do intervalo entre partos (FERREIRA; MIRANDA, 2007).

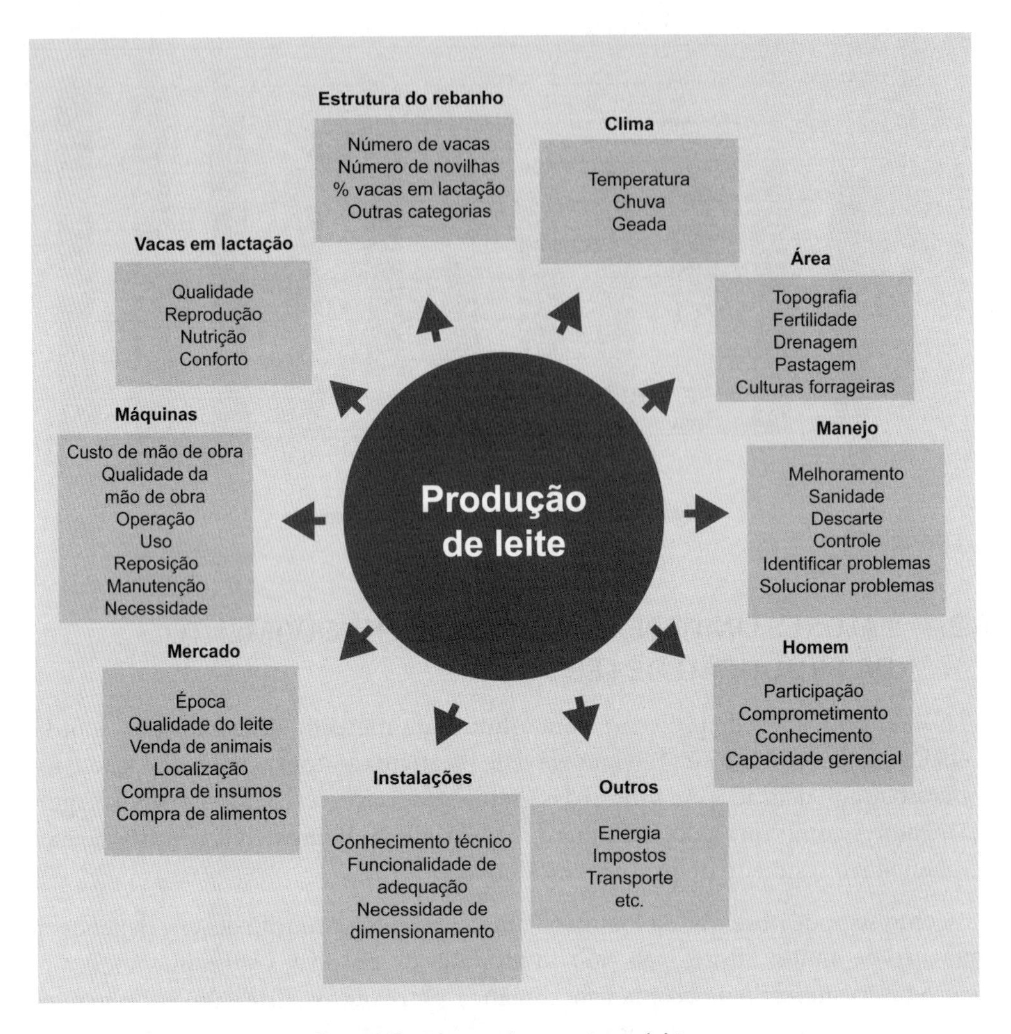

Figura 6.7 – Fatores produtivos no sistema de leite.

Fonte: Vidal Pedrosa de Faria (apud Banco do Brasil, 2010).

Na Tabela 6.5 são mostrados alguns índices de desempenho produtivos e reprodutivos considerados ideais, bons ou regulares, bem como a média desses índices verificados nos rebanhos bovinos leiteiros do Brasil. Com base nessas informações, pode-se definir algumas metas realistas.

Numa recente pesquisa feita pela MilkPoint (2015) (Figura 6.8), os produtores de leite foram questionados sobre quais aspectos consideravam mais importantes para o sucesso da fazenda no futuro. A gestão de pessoas foi o item mais citado pelos produtores como um aspecto importante para o sucesso da atividade, presente em 28% das respostas.

Tabela 6.5 – Índices de desempenho produtivo e reprodutivo para rebanhos bovinos leiteiros

Índices	Ideal	Bom	Regular	Média brasileira
Intervalo de partos (dias) (meses)	Até 380 (12,5)	381 - 425 (12,5 - 14)	426 - 471 (14 -15,5)	> 19
Período de serviço (dias)	Até 100	101 - 145	146 - 190	> 285
Intervalo entre parto e 1º cio (dias)	20 - 30	31 - 50	51 - 70	> 100
Prenhez ao 1º serviço (%)	65 - 75	58 - 64	50 - 57	< 50
Nº de serviços por concepção	Até 1,5	1,6 - 1,7	1,8 - 1,9	> 2,0
Escore corporal ao parto	4	4 (-)	3,5	< 3,0
Idade ao 1º parto (meses) HPB Mestiças HZ	 24 - 26 29 - 31	 27 - 30 32 - 34	 31 - 33 35 - 36	 > 36 > 42
Idade cobrição novilhas (meses) HPB Mestiças HZ	 15 - 17 21 - 22	 18 - 21 23 - 25	 22 - 24 26 - 27	 > 27 > 33
Pv mestiças: 6 meses 12 18 24	120 kg 200 kg 280 kg 320 kg	-	-	-
Problemas reprodutivos (%)	< 10	11 - 13	14 -16	> 40
Período lactação (meses)	10 -12	9 - 10	8 - 9	< 8
Vacas em lactação (%)	80 - 83	70 -79	60 - 69	≤ 50
Descarte vaca/ano (%)	20 - 25	15 - 20	10 - 15	-
Produção vaca/ano (1.000 kg) HPB Mestiças HZ	 6 - 7 3,5 - 4	 5 - 6 2,5 - 3,5	 4 - 5 1,5 - 2,5	 - < 1,5
Produção por dia de ip (kg) HPB Mestiças HZ	 15 - 16 10 - 11	 14 - 15 9 - 10	 13 - 14 8 - 9	 - ≤ 3
Persistência produção (%) 4º mês pp = 50% a 60% produção secagem = 45 – 55 % produção ao pico	89 - 90	70 - 80	60 - 70	< 60

Fonte: adaptada de Ferreira et al. (2002).

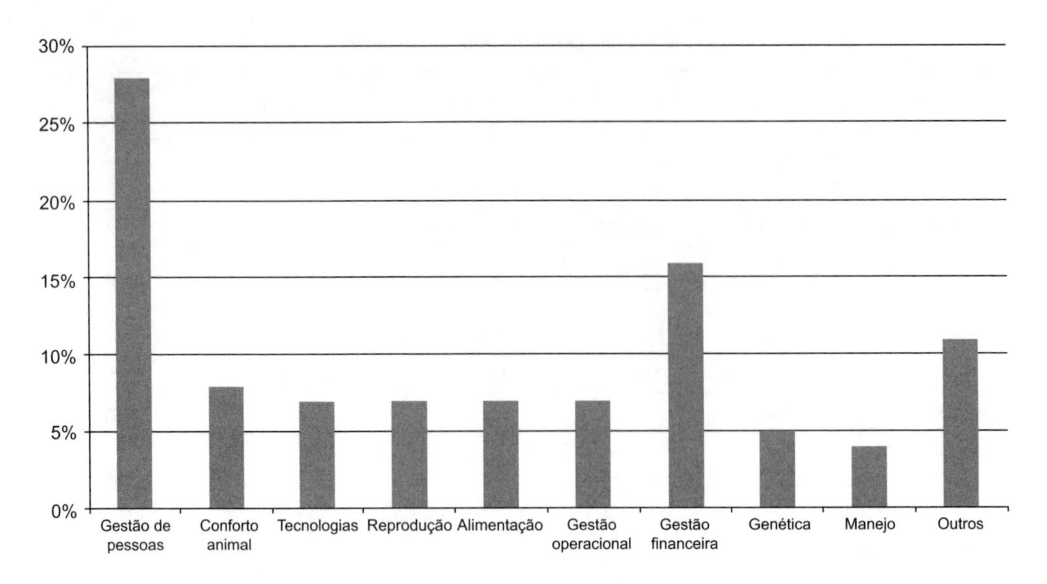

Figura 6.8 – Aspectos considerados pontos-chave para futuro da propriedade rural.

Fonte: adaptada de MilkPoint (2015).

Pode-se apontar ainda uma gradual mudança no perfil requerido para os trabalhadores rurais, havendo necessidade crescente de pessoas com condições de lidar com informática e com máquinas e tecnologias mais complexas, bem como com gestão de dados. Destaca-se que a migração da área rural para a área urbana é um dos principais fatores para a taxa de crescimento negativa da população da área rural (Figura 6.9).

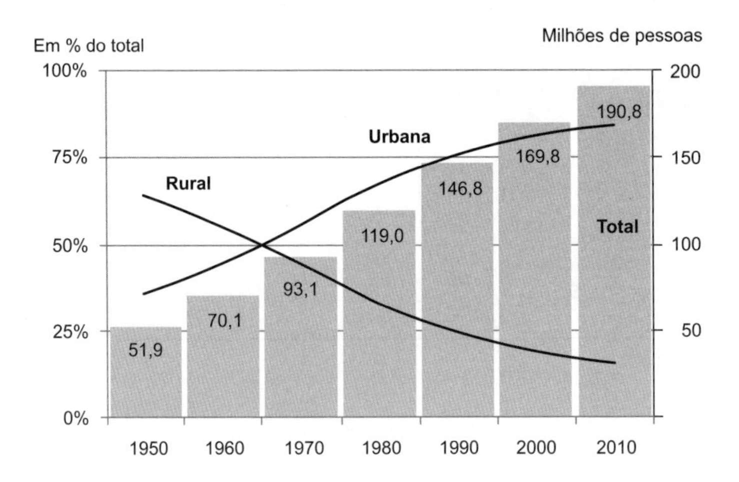

Figura 6.9 – População urbana e rural do Brasil de 1950 a 2010.

Fonte: Fiesp (2011), com dados do IBGE.

A Figura 6.9 demonstra claramente a ida dos trabalhadores para áreas urbanas. As pessoas buscam qualidade de vida e melhores condições de educação para seus filhos. É exatamente a esses pontos que a propriedade deve se atentar para manter seu funcionário. Portanto, é preciso criar condições de trabalho e remuneração capazes de manter o trabalhador no campo.

Outro aspecto é aumentar as taxas de inseminações e concepções, que são muito baixas. No país, inseminam-se somente 10% das matrizes, enquanto nos EUA e no Canadá esse número chega a 90%. Portanto, é necessário melhorar a eficiência reprodutiva, pois esta é a principal técnica para promover o melhoramento genético. Integrando essa tecnologia com a melhoria de sanidade, conforto e nutrição adequada, as taxas de inseminação ascenderão (ARAÚJO, 2007).

Somando todos os pontos mencionados, a consequência será um melhoramento genético mais acelerado, a elevação da qualidade do leite, menos problemas com doenças e a obtenção da eficiência dos países desenvolvidos e dos maiores produtores de leite do país.

6.2.4 CONSIDERAÇÕES FINAIS SOBRE A BOVINOCULTURA DE LEITE

O mercado para os produtos lácteos vai continuar crescendo, e as perspectivas para o futuro podem ser positivas. Além disso, o crescimento da demanda mundial de alimentos deve fazer os preços aumentarem em razão da lei de oferta e procura.

Quando as expectativas são favoráveis, as pessoas tendem a consumir mais. Leite e derivados são produtos que reagem muito ao comportamento da economia. Quando o cenário é favorável, o consumo é aquecido. Quando o cenário é de tensão, de risco, o consumo de lácteos desaquece (MARTINS, 2014).

Hoje, para que a propriedade não se torne mais um ponto engolido pelas crises nos gráficos de estatísticas globais, o foco é ter uma posição estratégica na cadeia e escolher o modelo mais apto para o crescimento, buscando reduzir o risco e o custo de capital, além de aumentar a rentabilidade.

Estar preparado, qualificado, pesquisando constantemente, em conversas nas cooperativas e com técnicos, questionando-os sobre o mercado econômico é essencial. Além disso, um bom foco e uma boa administração de recursos são indispensáveis.

BIBLIOGRAFIA

ABIEC – ASSOCIAÇÃO BRASILEIRA DAS INDÚSTRIAS EXPORTADORAS DE CARNES. *Cadeia produtiva da pecuária cresce 27% e movimenta R$ 483,5 bilhões em 2015*. ABIEC, 2016. Disponível em: <http://www.abiec.com.br/NoticiasTexto.aspx?id=1488>. Acesso em: 15 jun. 2017.

ARAÚJO, M. J. *Fundamentos de agronegócios*. 2. ed. São Paulo: Atlas, 2007.

BANCO DO BRASIL. *Bovinocultura de leite*. Brasília, DF, 2010.

BEEFPOINT. *Confira os resultados de produção de bovinos do Brasil no 1º trimestre de 2014 – IBGE.* Disponível em: <http://www.beefpoint.com.br/cadeia-produtiva/giro-do-boi/confira-os-resultados-de-producao-de-bovinos-do-brasil-no-1o-trimestre-de-2014-ibge/>. Acesso em: 12 jul. 2016.

BNDES – BANCO NACIONAL DE DESENVOLVIMENTO ECONÔMICO E SOCIAL. *Perspectivas do investimento 2015-2018 e panoramas setoriais.* Disponível em: <www.bndes.gov.br/bibliotecdigital>. Acesso em: 18 out. 2015.

CAIXETA, W. R. et al. Análise socioeconômica da pecuária leiteira e o desenvolvimento da atividade: um estudo dos produtores filiados ao sindicato rural de Orizona/GO. *Boletim Conjuntural,* n. 16, p. 33-42, 2010.

CARVALHO, M. P. *Possíveis mudanças no perfil da produção de leite no Brasil.* 2011. Disponível em: <http://www.milkpoint.com.br/cadeia-do-leite/editorial/possiveis-mudancas-no-perfil-da-producao-de-leite-no-brasil-76897n.aspx>. Acesso em: 15 out. 2015.

DIAS-FILHO, M. B. *Diagnóstico das pastagens no Brasil.* Belém: Embrapa Amazônia Oriental, 2014.

EMBRAPA – EMPRESA BRASILEIRA DE PESQUISA AGROPECUÁRIA. *Boas práticas agropecuárias – bovinos de corte.* Campo Grande, 2007.

FARIAS, O. A. C. *Perspectivas do mercado internacional de leite.* 2015. Disponível em: <http://www.milkpoint.com.br/cadeia-do-leite/artigos-especiais/2015-perspectivas-do-mercado-internacional-de-leite-93297n.aspx>. Acesso em: 15 out. 2015.

FERREIRA, A. M. *Manejo reprodutivo de rebanhos leiteiros.* [S.d.] Disponível em: <http://www.cnpgl.embrapa.br/totem/conteudo/Reproducao/Outras_publicacoes/Manejo_reprodutivo.pdf>. Acesso em: 12 jul. 2016.

FERREIRA, A. M. et al. Manejo reproductivo de rebanos lecheros. In: MARTINS, C. E. et al. (Ed.). *Tecnologias para la producción de leche em los trópicos.* Juiz de Fora: Embrapa Gado de Leite, 2002. p. 99-114.

FERREIRA, A. M.; MIRANDA, J. E. C. Medidas de eficiência da atividade leiteira: indices zootécnicos para rebanhos leiteiros. *Comunicado Técnico Embrapa*, n. 54, p. 1-8, 2007.

FIESP – FEDERAÇÃO DAS INDÚSTRIAS DO ESTADO DE SÃO PAULO. *Censo Demográfico 2010 IBGE.* 2011. Disponível em: <http://www.fiesp.com.br/indices-pesquisas-e-publicacoes/censo-demografico-2010/>. Acesso em: 16 out. 2015.

______. *Outlook Fiesp 2025:* projeções para o agronegócio brasileiro. São Paulo, 2015.

GIRARDI, E. P. *Atlas da questão agrária brasileira.* Disponível em: <http://www2.fct.unesp.br/nera/atlas/caracteristicas_socioeconomicas_b.htm>. Acesso em: 16 out. 2015.

HOFFMANN et al. Produção de bovinos de corte no sistema de pasto-suplemento no período da seca. *Nativa*, v. 2, n. 2, p. 119-130, 2014.

HOMMA, A. K. O. et al. *Criação de bovinos de corte no estado de Pará.* Belém: Embrapa Amazônia Oriental, 2006.

IBGE – INSTITUTO BRASILEIRO DE GEOGRAFIA E ESTATÍSTICA. *Produção da Pecuária Municipal 2013.* Rio de Janeiro: IBGE, v. 41, 2014a.

______. *Pecuária de corte*. 2014b. Disponível em: <http://www.agricultura.pr.gov.br/arquivos/File/deral/Prognosticos/corte_2012_13.pdf> Acesso em: 18 out. 2015.

______. *Produção da Pecuária Municipal*. Rio de Janeiro, [20--]. Disponível em: <http://www.ibge.gov.br/home/estatistica/pesquisas/pesquisa_resultados.php?id_pesquisa=21>. Acesso em: 4 nov. 2015.

______. *Estatística da Produção Pecuária*. [S.d.]. Disponível em: <http://www.ibge.gov.br/home/estatistica/indicadores/agropecuaria/producaoagropecuaria/>. Acesso em: 11 jun. 2016.

IEL/CNA/Sebrae. *Estudo sobre a eficiência econômica e competitividade da cadeia agroindustrial da pecuária de corte no Brasil*. Brasilia, DF, 2000.

IFCN – INTERNATIONAL FARM COMPARISON NETWORK. *A summary of results from the IFCN Dairy Report 2012*. Kiel, 2012.

LANGEMEIER, M. *Benchmarking da eficiência de trabalho e produtividade das fazendas*. 2015. Disponível em: <http://www.milkpoint.com.br/radar-tecnico/gerenciamento/benchmarking-da-eficiencia-de-trabalho-e-produtividade-das-fazendas-96838n.aspx>. Acesso em: 18 out. 2015.

LEMOS, F. K. *A evolução da bovinocultura de corte brasileira:* elementos para a caracterização do papel da ciência e da tecnologia na sua trajetória de desenvolvimento. 2013. 239 f. Dissertação (Mestrado em Engenharia de Produção) – Escola Politécnica, Universidade de São Paulo, São Paulo.

MACEDO, L. O. B. Modernização da pecuária de corte bovina no Brasil e a importância do crédito rural. *Informações Econômicas*, São Paulo, v. 36, n .7, jul. 2006.

MARTINS, P. *Prevendo 2015?* 2014. Disponível em: <http://www.milkpoint.com.br/mypoint/paulomartins/p_prevendo_2015_soja_eua_prevendo_semestrais_importacoes_embrapa_comportamento_cotacao_leite_e_derivados_mercado_5703.aspx>. Acesso em: 15 out. 2015.

MILKPOINT. *Levantamento Top 100 2015:* os 100 maiores produtores de leite do Brasil. 2015. Disponível em: <http://www.milkpoint.com.br/top100-2015-lp/>. Acesso em: 12 jul. 2016.

NOGUEIRA, S. F. *A pecuária extensiva no Brasil*. 20 abr. 2012. Disponível em: <http://www.geodegrade.cnpm.embrapa.br/web/geodegrade/blog/-/blogs/a-pecuaria-extensiva-no-brasil>. Acesso em: 10 out. 2015.

PARANÁ. Secretaria de Estado da Agricultura e do Abastecimento. *Análise da conjuntura agropecuária 2013/14*. 2014. Disponível em: <http://www.agricultura.pr.gov.br/arquivos/File/deral/Prognosticos/leite_2013_14.pdf> Acesso em: 18 out. 2015.

PEIXOTO, A. M. Evolução histórica da pecuária de corte no Brasil. In: Pires, A.V. (Ed.). *Bovinocultura de corte*. Piracicaba: FEALQ, 2010. p. 3-10.

PIRES, A. V. *Bovinocultura de corte*. Piracicaba: FEALQ, v. I, 2010.

SIDONIO, L. et al. Panorama da aquicultura no Brasil: desafios e oportunidades. *BNDES Setorial*, n. 35, p. 421-463, 2012a.

SIDONIO, L. et al. Experiências internacionais aquícolas e oportunidades de desenvolvimento da aquicultura no Brasil: proposta de inserção do BNDES. *BNDES Setorial*, n. 36, p. 179-218, 2012b.

VILELA, D. *Importância econômica, social e nutricional do leite*. 2011. Disponível em: <http://germinaregeografico.xpg.uol.com.br/a-importancia-economica-social-e-nutricional-do-leite-6-ano.html>. Acesso em: 16 out. 2015.

ZOCCAL, R. Meio século do leite brasileiro. *Revista Balde Branco*, n. 50, 2014.

CAPÍTULO 7
SETOR SUCROENERGÉTICO

Edison Sotolani Claudino
João Gilberto Mendes dos Reis

7.1 INTRODUÇÃO

O Brasil tem sido reconhecido mundialmente pela sua produção de açúcar e, mais recentemente, de etanol. O açúcar tem sido um dos principais produtos brasileiros desde o tempo da colonização, enquanto o etanol surgiu da necessidade de combustíveis alternativos.

As principais iniciativas da produção do etanol, até então conhecido como álcool, ocorreram na década de 1930, sendo que nos anos 1970, com o advento do programa brasileiro do álcool - o "Proálcool" -, o combustível ganhou grande impulso, predominando nos anos 1980.

Após um encolhimento da produção de etanol nos anos 1990, com a enorme redução na frota de veículos movidos a esse combustível, o advento dos carros flexíveis (ou seja, veículos movidos tanto a gasolina como a etanol), no início do século XXI, fez com que toda uma cadeia ressurgisse.

Embora o uso do etanol venha crescendo ano a ano, a decisão foi continuar utilizando o mesmo processo produtivo, junto com o açúcar, conforme fora feito nos anos 1970. O resultado é uma competição entre o açúcar e o etanol no processo produtivo, direcionada sempre segundo o desempenho de cada um no mercado.

O início deste século trouxe também a necessidade de energias limpas e renováveis, que pudessem reduzir a poluição e otimizar o processo produtivo. Assim, os biocombustíveis e a bioenergia surgiram como alternativas viáveis.

Neste capítulo, estuda-se o setor sucroenergético e seus principais produtos: açúcar, etanol e bioeletricidade. São apresentados os principais aspectos do setor e a sua cadeia produtiva.

7.2 SISTEMA AGROINDUSTRIAL DA CANA-DE-AÇÚCAR OU CADEIA PRODUTIVA

O sistema agroindustrial da cana-de-açúcar envolve os entendimentos das etapas necessárias ao processo para a produção do açúcar, do etanol e da bioenergia. Assim, pode-se se entender que o sistema agroindustrial nada mais é do que a cadeia produtiva sucroalcooleira.

É importante destacar que o estudo das cadeias produtivas no agronegócio deve envolver vários níveis de análise, ou seja, na empresa, interempresas, cadeias de valor, mercados, cadeias de suprimento etc. O Sistema Agroindustrial (SAG) da cana é compreendido como uma estrutura complexa formada por agentes atuando em diversos subsistemas, ligados a mercados bastante distintos, como biocombustíveis, alimentos, bioeletricidade, petroquímico, farmacêutico, entre outros. A Figura 7.1 descreve o SAG da cana.

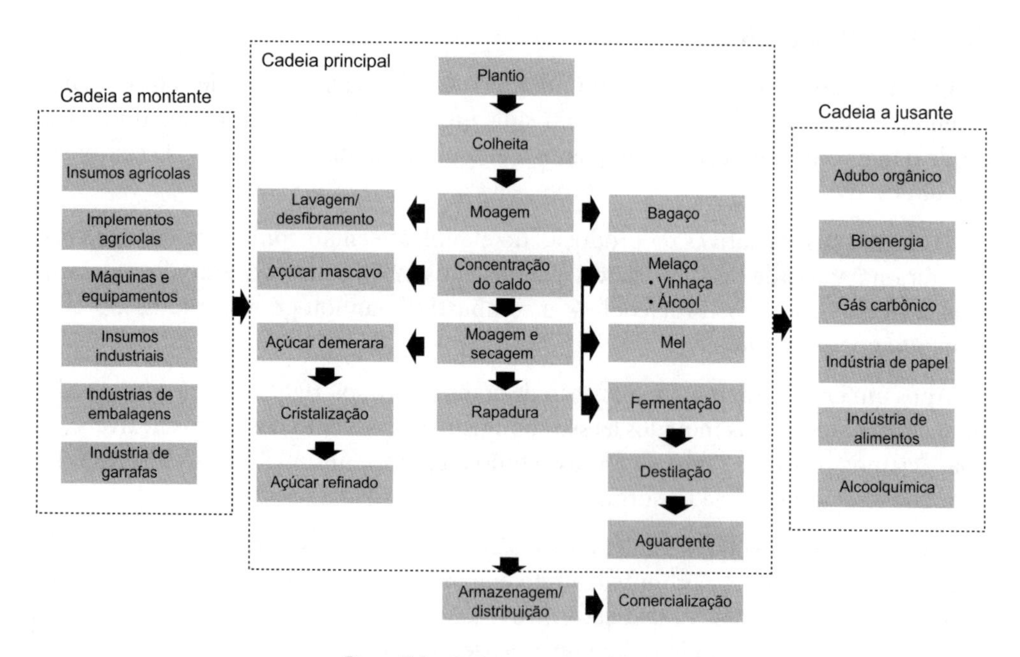

Figura 7.1 – Sistema agroindustrial da cana.

Fonte: Sebrae (2008).

A cadeia da cana é dividida em três etapas: a montante, a jusante e cadeia principal. A montante se encontram os elos responsáveis pelos insumos produtivos e tecnológicos. A cadeia principal envolve os elos de produção agrícola e industrial. A jusante se encontram o varejo e os mercados de comercialização de cada produto. Mais adiante neste capítulo, será apresentado em detalhes o processo produtivo.

O estudo do SAG da cana, assim como o dos demais sistemas do agronegócio, necessita ser elaborado a partir das suas particularidades. Sporleder e Boland (2011) destacam características que tornam as cadeias agroalimentares distintas das demais:

- o risco que emana da natureza biológica nas cadeias de suprimento agroalimentar;
- o papel de estoques reguladores dentro da cadeia de abastecimento;
- a base científica da inovação na produção agrícola tem migrado do químico para o biológico;
- as influências da tecnologia da informação e do ciberespaço sobre as cadeias de abastecimento agroalimentar;
- a relativa troca da força de mercado ao longo das cadeias de suprimentos agroalimentares das indústrias de alimentos para os varejistas de alimentos; e
- a globalização da agricultura e das cadeias de abastecimento agroalimentares.

Desse modo, as agroindústrias e as cadeias alimentares globais estão diante de grandes desafios. Boehlje, Roucan-Kane e Bröring (2011) sugerem três questões críticas para o setor:

- as decisões precisam ser tomadas em um ambiente de aumento do risco e incerteza;
- o desenvolvimento tecnológico e a adoção de constantes inovações são críticos para o sucesso financeiro de longo prazo; e
- respostas a mudanças na estrutura da indústria e ao panorama competidor e os limites da indústria são essenciais para a manutenção da posição de mercado.

Assim, diante desse cenário, o SAG da cana precisa enfrentar os desafios de prover alimento (açúcar), ao mesmo tempo que produz uma opção mais limpa de combustível (etanol) e cria alternativas para os seus resíduos com a geração de produtos alternativos (bioeletrecidade).

7.3 AGROINDÚSTRIA DA CANA-DE-AÇÚCAR

A atividade canavieira brasileira é estreitamente ligada ao desenvolvimento do país, tendo seu cultivo se iniciado por volta de 1530, tornando-se uma das mais importantes atividades econômicas do Brasil pelo contexto social e histórico.

Segundo o Ministério da Agricultura, Pecuária e Abastecimento – Mapa (2014), no Brasil, até abril de 2014, existiam 390 agroindústrias cadastradas no Departamento de

Cana-de-açúcar e Agroenergia. Desse total, 61,53% (204 unidades) são unidades mistas, ou seja, produzem açúcar e etanol; 31,28% (122 unidades) são destilarias, pois produzem apenas etanol; e apenas 3,8% (15) são produtoras apenas de açúcar. Quarenta e nove unidades não foram identificadas conforme a classificação, o correspondente a 12,56%.

Além disso, de acordo com a União da Indústria de Cana-de-Açúcar – UNICA (2014), no ano de 2012 o setor sucroenergético gerou uma receita anual superior a US$ 36,0 bilhões, com receitas de exportação de US$ 16 bilhões em produtos derivados da cana-de-açúcar (açúcar e etanol). Ocupando o segundo lugar nas exportações do agronegócio brasileiro, após o complexo da soja, o setor sucroenergético contribui significativamente para o equilíbrio corrente das finanças públicas, além de gerar aproximadamente 1,15 milhão de empregos diretos no país.

A agroindústria da cana é vista como uma grande oportunidade para o desenvolvimento econômico, social, ambiental e industrial em muitos países produtores de cana. Importantes mudanças surgiram no setor sucroalcooleiro nas últimas décadas, transformando as usinas de açúcar, antes produtoras apenas de alimentos, em fábricas de produção diversificada.

Atualmente, as usinas podem ser vistas como fábricas multiuso, produzindo alimentos, energia, leveduras, etanol não energético para outras indústrias e biocombustíveis, entre outros.

No Brasil, a produção de bioetanol de cana é efetuada em unidades agroindustriais (usinas) que produzem também açúcar, a partir de mostos fermentáveis oriundos do melaço gerado pelo esmagamento da cana. Inicialmente, a cana desfibrada é enviada para os ternos de moenda para extração do caldo em uma operação contínua em ternos. O caldo resultante da moagem é enviado para o setor de produção de açúcar ou álcool em proporções definidas de acordo com as tendências do mercado. Ao final desse processo, resultará o bagaço da cana, que é enviado por meio de esteiras cobertas até as caldeiras, onde é queimado e é produzido o vapor utilizado na geração de energia elétrica, processo chamado de cogeração. A Figura 7.2 descreve de forma sucinta o processo de produção sucroalcooleiro.

O processo industrial consome significativa quantidade de energia térmica e elétrica. Contudo, essas demandas podem ser supridas por um sistema de produção de calor e potência (sistema de cogeração) associado à própria usina. Esse sistema utiliza o bagaço como fonte de energia elétrica e gera excedentes para a rede pública.

Além das recentes inovações nas agroindústrias da cana, novas tecnologias inovadoras têm sido propostas para a utilização da cana como insumo industrial e energético. Essas tecnologias, ainda em estágio de desenvolvimento, envolvem processos voltados à transformação de materiais lignocelulósicos, mediante sua hidrólise ou gaseificação, e a produção de plásticos biodegradáveis. As tecnologias de hidrólise envolvem o fracionamento dos polissacarídeos da biomassa em açúcares fermentescíveis e sua posterior fermentação para produção de etanol.

7.4 INTERNACIONALIZAÇÃO DO SETOR

Além dos riscos inerentes à produção da cana, desde a crise de 2008, o mundo assistiu a um aumento significativo de capitais especulativos em todos os mercados

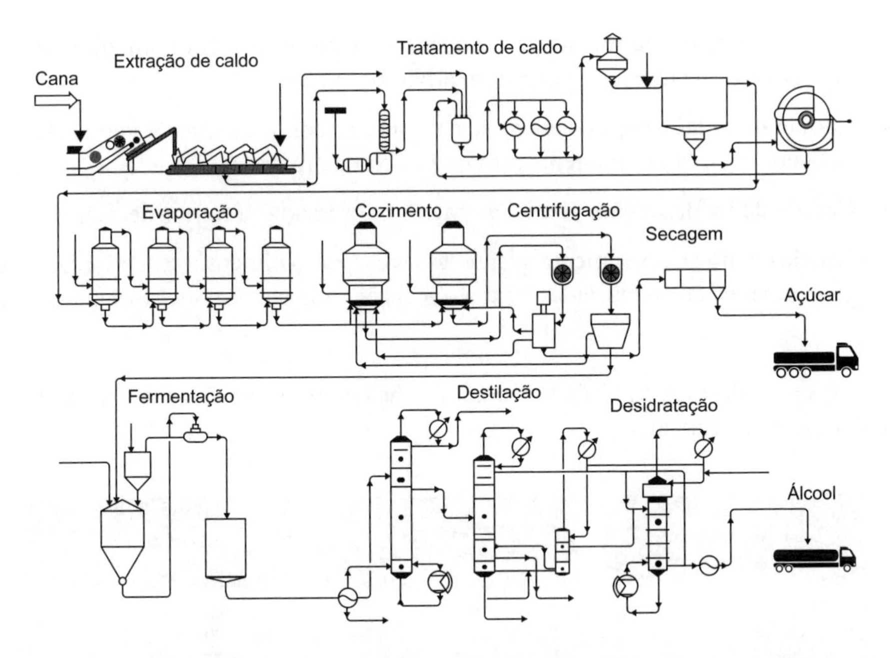

Figura 7.2 – Diagrama de fluxo de processo simplificado da produção conjunta de açúcar e etanol.

Fonte: Atala (2016).

futuros de *commodities* agrícolas. Esses movimentos especulativos contribuíram para o aumento da variação de preços das *commodities*, como é o caso do açúcar e do etanol, produtos que exigem uma correta tomada de decisão acerca da sua comercialização, e respostas rápidas ao mercado são cada vez mais importantes.

A forte crise financeira mundial de 2009 que atingiu o setor propiciou a entrada de grandes grupos ecônomicos internacionais (principalmente petroleiras e *trading companies*), que começaram a comprar e/ou fundir-se com empresas já estabelecidas, buscando ativos subvalorizados em vez de construir novas capacidades produtivas. Silva et al. (2013) destacam que houve grande euforia na cadeia sucroalcooleira no início dos anos 2000, com investimentos maciços na construção de novas unidades *greenfields*, além do capital externo que entrou no país buscando diversificar seus negócios, adquirindo usinas menores e independentes.

Desde seu início, a cadeia sucroalcooleira apostou sempre em um processo de internacionalização, com o estabelecimento de diversas parcerias, *joint ventures*, fusões e aquisições, em especial até o ano de 2009.

Nos últimos anos, grandes grupos internacionais fizeram aquisições de indústrias brasileiras, em sua maioria geridas por grupos familiares. No entanto, essas aquisições não implicaram a instalação de novas usinas, mas, sim, a expansão das já existentes.

De fato, a internacionalização dos grupos agroindustriais gerou uma gestão mais profissionalizada, buscando agregar valor aos produtos. Bezuidenhout e Baier (2009) identificaram que os sistemas agroindustriais passaram a ser vistos considerando aspectos como:

- **Cadeia de valor:** preocupações de agregação de valor, perda de valor e distribuição de riqueza por meio da cadeia.

- **Cadeia de movimentação de materiais:** relacionada a equipamentos físicos e processos utilizados que permitam adicionar valor.
- **Cadeia de colaboração:** centra-se na maneira como os *stakeholders* colaboram e cogerenciam a atividade de movimentação de materiais.
- **Cadeia de informação:** auxilia as partes interessadas a tomar decisões.
- **Cadeia de inovação:** somente quando todas as quatro dimensões anteriores são compreendidas e bem gerenciadas é que as inovações no sistema podem ser consideradas.

A Figura 7.3 destaca os tópicos vinculados às cinco dimensões do sistema de produção da cana-de-açúcar.

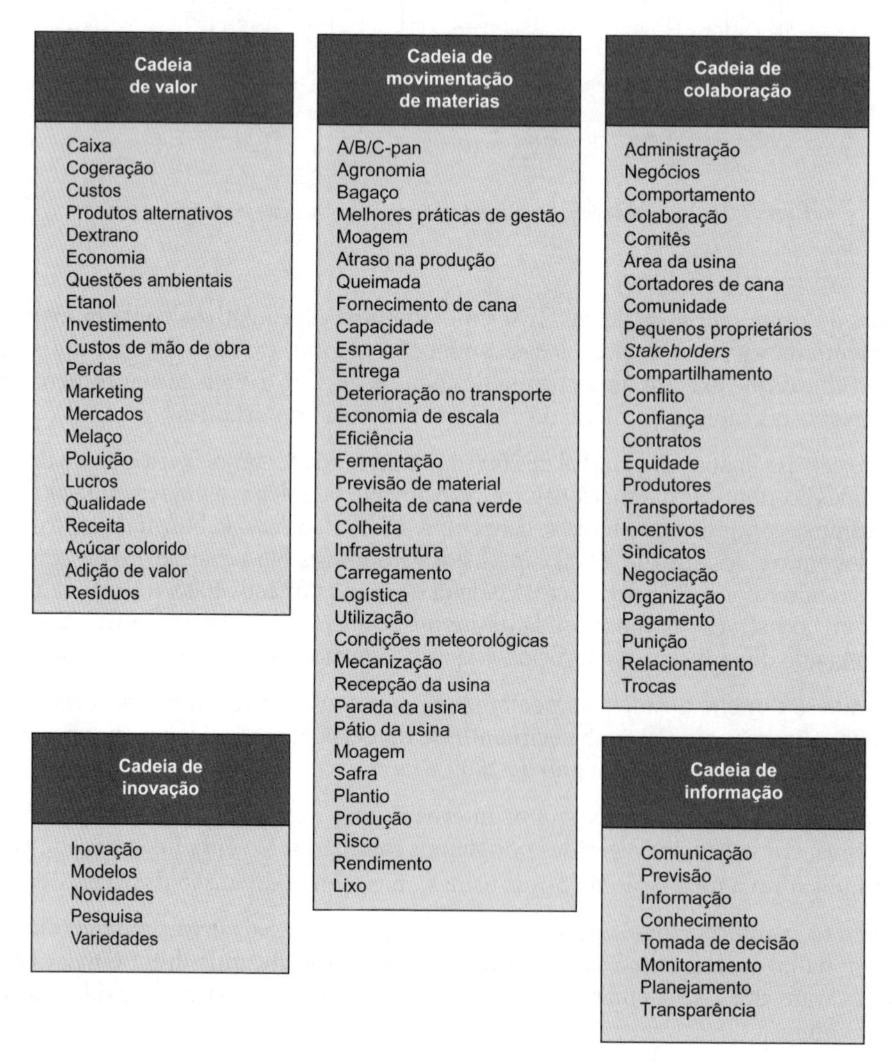

Figura 7.3 – Descritores do sistema ou atributos ligados às cinco dimensões da cadeia de suprimento da cana-de-açúcar.
Fonte: adaptada de Bezuidenhout e Baier (2009).

7.5 ETANOL

O etanol é produzido por meio da fermentação de produtos agrícolas como cana, milho, trigo, beterraba, batata entre outros. Contudo, a grande maioria do etanol produzido no mundo provém da cana, especialmente no Brasil, e do milho nos Estados Unidos.

O ponto decisivo para o estabelecimento da produção de etanol no Brasil foi o Programa Nacional do Álcool (Proálcool), lançado em 1975 como proposta de reduzir a importação de petróleo por meio da produção do etanol de cana.

A principal diferença do etanol em relação aos combustíveis derivados de petróleo é o elevado nível de oxigênio, que constitui cerca de 35% da sua massa. Assim, as características do etanol proporcionam uma combustão limpa e melhor desempenho dos motores (ciclo de Otto), reduzindo as emissões de poluentes. Nos motores flexíveis (*flex-fuel*), com grande penetração no mercado brasileiro, o etanol pode ser utilizado em misturas na gasolina com qualquer teor.

A Figura 7.4 compara a produção de cana e dos dois principais tipos de etanol (anidro e hidratado) do Brasil.

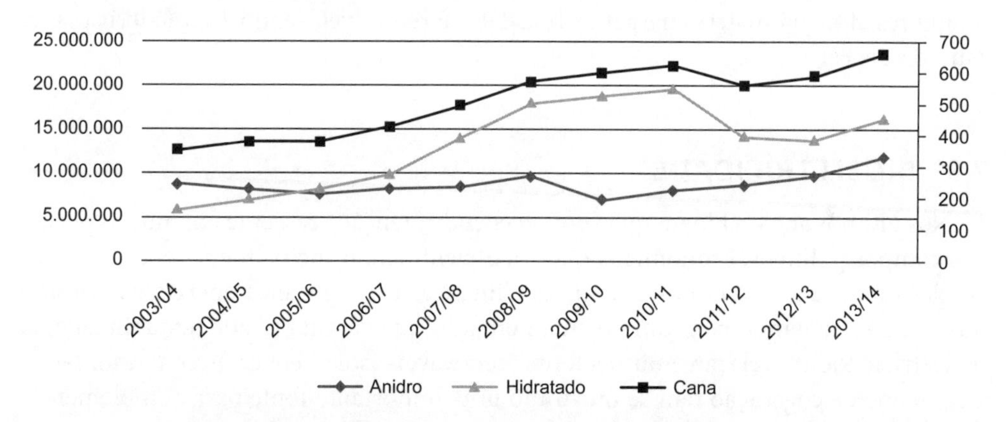

Figura 7.4 – Comparação entre a produção de cana e a produção de etanol no Brasil.

Fonte: elaborada pelos autores com base nos dados de Mapa (2014).

Como se pode observar na Figura 7.4, a produção de cana tem crescido entre as safras 2003/04 e 2013/14, com ligeira queda nas safras 2010/11 e 2011/12. O etanol hidratado, que é utilizado nos veículos leves, após período de crescimento, sofreu grande queda nas safras 2010/11 e 2011/12, em decorrência da crise econômica em 2008, que reduziu a produção e a comercialização de veículos nos anos seguintes, além da influência da redução da produção de cana-de-açúcar. Já o etanol anidro, misturado à gasolina, permaneceu em crescimento por causa do aumento dos percentuais de etanol na gasolina no Brasil.

O governo brasileiro, por meio do Ministério de Relações Exteriores, tem atuado em favor do reconhecimento dos benefícios econômicos, sociais e ambientais da produção de bioenergia, além de garantir condições para o estabelecimento de um mercado internacional livre para biocombustíveis. Essa política baseia-se no entendimento de que a bioenergia é uma alternativa de energia sustentável e mais facilmente acessível aos países em desenvolvimento, o que permitiria, portanto, aumentar a sua segurança energética em médio e longo prazos, ao gerar riquezas no país, especialmente por meio da exportação de combustíveis líquidos, como o etanol e o biodiesel, e pela substituição de combustíveis fósseis importados.

Entretanto, a grande dificuldade ainda são os problemas de distribuição do produto, o que encarece o processo e os preços, tornando o etanol viável apenas em alguns estados da Federação. Por exemplo, o estado de Mato Grosso do Sul, embora seja produtor de etanol, tem um preço do etanol não competitivo em relação ao da gasolina. O combustível produzido no estado precisa ser testado e preparado no estado de São Paulo, para depois retornar ao estado de Mato Grosso. Esse sistema de garantia de qualidade faz com que os custos de transporte e ICMS inviabilizem o preço do combustível no estado.

Apesar dessas considerações, Soccol et al. (2010) afirmam em seu estudo que a política brasileira de biocombustíveis resultou em menos dependência dos combustíveis fósseis. A adição de mais 25% de etanol à gasolina evitou a importação de 550 milhões de barris de petróleo e diminuiu a emissão em 110 milhões de toneladas de CO_2. Para os autores, 44% da matriz energética brasileira é renovável, sendo 13,5% derivada da cana-de-açúcar.

7.6 BIOELETRICIDADE

Nos últimos anos, a bioenergia vem recebendo atenção crescente em muitos países, nos campos políticos, econômicos e técnico-científico, principalmente em decorrência das preocupações com as mudanças climáticas e a segurança energética. Mesmo o Brasil não contando com uma regulamentação que garanta maior rentabilidade da bioeletricidade em relação a outras fontes renováveis (solar, eólica etc.) no momento, a atividade de cogeração tem se mostrado uma importante fonte para complementar as receitas das usinas.

Assim, existe uma tendência no gerenciamento ambiental das usinas visando à redução da poluição a partir da prevenção de queimada com o uso de resíduos agrícolas, gerando vantagens competitivas e possibilitando um ciclo limpo de energia por meio da utilização de biomassa (palha). Além disso, a redução de fontes poluentes também vem sendo considerada um importante instrumento para melhoria da saúde da população e qualidade de vida em grandes centros urbanos, enquanto contempla o bom uso do Mecanismo de Desenvolvimento Limpo (MDL).

Dados da Empresa de Pesquisa Energética – EPE (2014) indicam que a fonte biomassa – que inclui bagaço/palha da cana, lenha, lixívia e outras biomassas – atingiu uma geração total de 39.679 GWh, valor equivalente a um terço do consumo anual residencial no Sistema Interligado Nacional (SIN) em 2013. Do total produzido pela fonte biomassa, dados da Câmara de Comercialização de Energia Elétrica mostram que 17.148 GWh foram destinados ao sistema interligado nacional (43% do total) e a diferença, 22.531 GWh (57%), para o autoconsumo das unidades industriais cogeradoras de biomassa.

No caso das unidades sucroalcooleiras, o estágio de evolução na geração elétrica ainda é primário. Portanto, é possível prever não apenas a melhoria da eficiência energética das unidades atuais como também um crescimento contínuo, por muitos anos, da extensão dos canaviais cultivados e da disponibilidade de bagaço a ser queimado em suas caldeiras. O limite dessa capacidade de geração, quase imprevisível hoje, depende de um conjunto de variáveis econômicas, decisões empresariais e, também, da edição de políticas públicas inteligentes que ajudem a transformar as possibilidades em resultados concretos.

Segundo Claudino e Reis (2015), em pesquisa na qual avaliaram a capacidade de geração de 171 usinas brasileiras, classificadas como Produtores Independentes de Energia (PIE) conforme o Banco de Informações de Geração (BIG), é possível notar que apenas 19,29% das usinas (33 unidades) possuem capacidade de produção outorgada superior a 80 mW. Desse modo, conforme o cenário tecnológico criado para uma produção otimizada de energia em Usinas Termelétricas (UTE) anexa à produção de açúcar e etanol das usinas, observa-se uma conjuntura de baixa produção de energia a partir da tecnologia existente na grande maioria das usinas brasileiras. Ainda conforme os dados da pesquisa, observa-se que 39,08% da amostra (68 unidades) possuem capacidade outorgada igual ou menor a 30 mW. Com isso, é possível notar que o atual cenário tecnológico para cogeração de energia pelas usinas brasileiras ainda é bastante incipiente e imaturo. A Figura 7.5 apresenta a geração de energia em kW das usinas brasileiras.

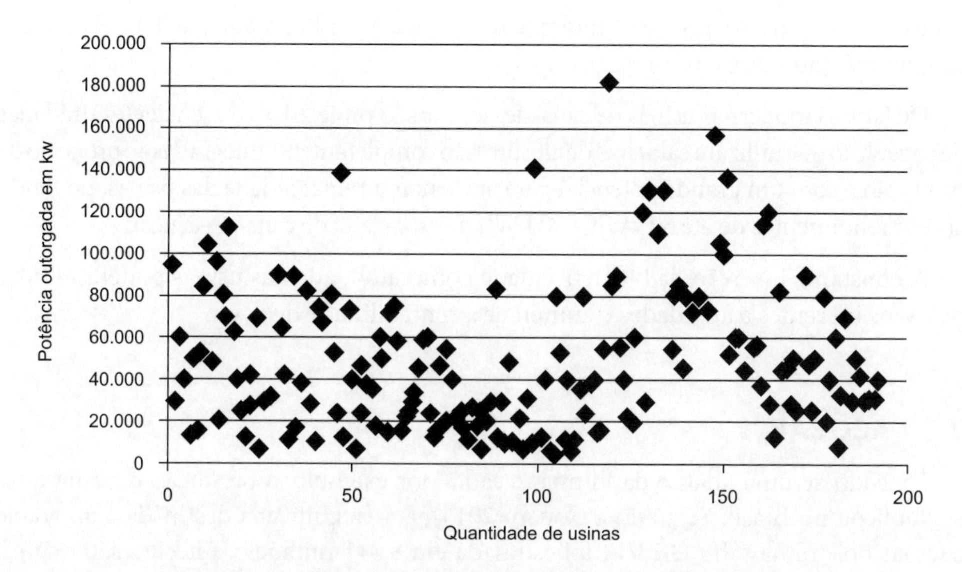

Figura 7.5 – Potencial de geração de energia em kW das usinas brasileiras.

Fonte: elaborada pelos autores a partir dos dados de EPE (2014) e Mapa (2014).

Um levantamento feito pela Companhia Nacional de Abastecimento - Conab (2011) demonstra que existe um grande potencial energético a ser explorado no setor. Isso é notado pela análise feita pela Conab no aproveitamento do poder energético do bagaço, que pode ser resumida na observação de um indicador simples: a quantidade de energia elétrica gerada (medida em kW) por tonelada de bagaço queimado. Nas unidades que já fizeram a troca de seus equipamentos tradicionais por modelos mais potentes, e vendem energia por meio da rede integrada, a quantidade média de energia produzida por cada tonelada de bagaço queimado está em 188,2 kW, enquanto nas unidades que continuam operando com seus equipamentos tradicionais de baixa capacidade esse número cai para 85,8 kW.

A eletricidade de biomassa de cana tem se destacado como uma importante fonte de diversificação de geração de energia no país, por ser renovável, produzida de forma distribuída e próxima aos centros consumidores. Além disso, em razão de a colheita da cana ocorrer no período de seca da região centro-sul, a biomassa canavieira se apresenta como uma fonte complementar ao parque hidroelétrico, complementando a geração justamente no período mais crítico de oferta hídrica.

Além das vantagens para a oferta de energia elétrica, a maior inserção da bioeletricidade aumenta a resiliência, ou seja, a capacidade de se manter operando, do setor sucroenergético, visto que, em razão da alta volatilidade dos preços do etanol e do açúcar, a presença de uma receita estável e de longo prazo no ambiente de contratação regulada ou livre, que é composto geralmente de contratos de 25 anos ou mais, proveniente da venda de eletricidade, melhora o perfil econômico-financeiro do setor.

Porém, é necessário enfrentar desafios para obter eficiência no uso da biomassa como fonte energética, como a concessão de uso de linhas de distribuição e dos contratos de venda de energia no Ambiente de Contratação Regulada (ACR) e Ambiente de Contratação Livre (ACL).

De fato, as modernas usinas de cana-de-açúcar são projetadas com eficientes unidades de cogeração que utilizam caldeiras de alta pressão completamente integradas ao processo de produção e com um grande potencial para aumentar a rentabilidade das usinas, podendo atingir rendimentos de até 60 kWh a 80 kWh por tonelada de cana-de-açúcar.

A constante inserção da bioeletricidade como atividade das usinas poderá reduzir os riscos inerentes a atividades e aumentar a rentabilidade do setor.

7.7 AÇÚCAR

Fazendo-se uma análise da última década, por exemplo, a produção de cana quase duplicou no Brasil. Segundo a Conab (2014), a área cultivada destinada à atividade sucroalcooleira na safra 2013/14 foi estimada em 8,811 milhões de hectares, o que representa 1,03% da área total do país no ciclo. O estado de São Paulo é o maior produtor, com 51,7% (4.552 mil ha) de área plantada, seguido por Goiás, com 9,3% (818,4 mil ha),

Minas Gerais, com 8,0% (779,8 mil ha), Mato Grosso do Sul, com 7,4% (654,5 mil ha) e Paraná, com 6,7% (586,4 mil ha).

Segundo Soccol et al. (2010), da área total de 851 milhões de hectares disponíveis no país, aproximadamente 550 milhões (54%) são preservados, incluindo a floresta Amazônica (350 milhões de hectares). Considerando apenas a área total disponível para agricultura (340 milhões), apenas 2,6% são ocupados pelo cultivo da cana, o que mostra um grande potencial para expansão, especialmente em área de pastagens degradadas. No cenário produtivo nacional, dados da Conab (2014) apontam que, na safra 2013/14, a cultura da cana continua em expansão, com um acréscimo de 3,8% na área de cultivo, o que representa 326,4 mil hectares a mais em relação à safra 2012/13.

O Brasil é o maior produtor e exportador mundial de açúcar. Segundo a Conab (2013), o Brasil responde por cerca de 48% das exportações mundiais, com mais de 30 milhões de toneladas exportadas na safra 2013/14.

O açúcar foi e continua sendo o principal produto produzido pelas usinas sucroalcooleiras. A quantidade de açúcar a ser produzida depende de fatores como quantidade de açúcares totais recuperáveis (ATR) presentes na cana, contratos prévios e preço do açúcar no mercado.

As vantagens das usinas em produzir açúcar estão no preço e na produtividade. Enquanto destinar uma tonelada de cana para a produção de etanol permite conseguir em média 85 litros de etanol, a mesma quantidade de cana possibilita o valor de 135 kg de açúcar. Além disso, o valor recebido pelas usinas no etanol é bem menor do que no açúcar, já que o primeiro acaba tendo muitos intermediários.

Esses fatores, aliados a uma *expertise* secular na produção de açúcar, favorece a produção desse produto. De modo geral, o processo produtivo nas usinas ao moer a cana usa os primeiros caldos para produção de açúcar em razão de seu teor, ficando o restante direcionado à produção de etanol. Entretanto, de certo modo existe um *trade-off* que afeta o processo de decisão nas usinas. Esse assunto será detalhado no tópico a seguir.

7.8 *TRADE-OFF* AÇÚCAR E ETANOL

Os setores agrícola e industrial da cana para produção de biocombustíveis e açúcar têm emergido como um dos mais proeminentes mercados nos países em desenvolvimento. Varrichio (2012) enfatiza em seu estudo que o valor adicionado no Brasil por essa cadeia foi maior que o da aeronáutica, maior que o da petroquímica e da mesma magnitude do da automobilística.

Neves e Trombin (2014) estimam o PIB do setor sucroenergético, ou seja, todas as movimentações financeiras realizadas pelo setor com as exportações, as atividades nas áreas agrícola e industrial, a comercialização e a distribuição dos produtos, em US$ 43,4 bilhões na safra 2013/14 no país. Entretanto, diferentemente de outras cadeias de suprimento que competem com cadeias rivais, a produção de cana-de-

-açúcar é influenciada por uma competição interna entre a produção do açúcar e do etanol que se baseia nos níveis de ATR da cana e no preço dos produtos nos mercados consumidores.

Um importante aspecto das usinas brasileiras está na predominância industrial das unidades mistas com produção de açúcar e etanol (anidro e/ou hidratado). Essa possibilidade de destinar a mesma matéria-prima (o caldo da cana) para a fabricação de produtos alternativos se traduz em evidentes benefícios empresariais e econômicos na gestão das usinas, pois torna possível dar preferência ao produto que tenha, no momento, a melhor relação custo/benefício.

Analisando-se mais detalhadamente o *trade-off* na escolha da destinação do ATR, torna-se necessário verificar a possibilidade técnica e econômica à disposição das usinas. É essa possibilidade técnica que dita o limite da flexibilidade empresarial entre produzir mais ou menos açúcar e/ou mais ou menos álcool. Essa flexibilidade é inerente à natureza dos produtos que fazem parte das atividades das usinas.

Como as usinas sempre possuem volume de cana-de-açúcar definido a ser moído no período de safra (em torno de seis a sete meses) e uma capacidade nominal diária limitada de fabricação de açúcar e de álcool, não é factível concentrar a produção em um único produto, sob pena de remanescer cana madura e pronta para o corte. Desse modo, as condições operacionais inerentes ao processo produtivo das usinas obrigam essas unidades mistas a produzir, simultaneamente, açúcar e etanol.

Outro fator que influencia na tomada de decisão acerca do *mix* de produção é o período de chuvas, inerente às atividades agroindustriais da cana ou qualquer outra atividade agrícola, que acaba interferindo no processo produtivo. Assim, a usina poderá flexibilizar seu processo produtivo ao obter o máximo de rendimento econômico da seguinte maneira:

- na época chuvosa e de muita umidade, quando o rendimento em sacarose apresenta baixos níveis, é preferível atingir o limite máximo de produção de álcool etílico e reduzir ao mínimo necessário a produção de açúcar;
- no período seco, quando o rendimento em sacarose está no auge, a decisão pode ser inversa e privilegiar a produção de açúcar

A eficiência das usinas também depende da variável localização, na medida em que o estado de São Paulo apresenta condições climáticas mais favoráveis à extração de uma cana com maior teor de sacarose, que, consequentemente, pode influenciar na eficiência operacional de usinas de cana-de-açúcar.

Decerto, pode-se concluir que o ATR tem sido a principal medida para determinar a quantidade de produção de açúcar e etanol. Ao mesmo tempo, a competitividade desses dois produtos no mesmo processo produtivo evita um crescimento mais efetivo da produção de etanol e a adoção em maior escala desse combustível, pois o açúcar ainda é o produto que mais gera valor nesse sistema agroindustrial.

7.9 CONSIDERAÇÕES FINAIS

No Brasil, Neves e Trombin (2014) estimam que as usinas faturaram com a comercialização de seus produtos o montante de US$ 38,45 bilhões na safra 2013/14. No ciclo 2013/14, o etanol foi responsável por 54,20% das receitas das usinas brasileiras, enquanto o açúcar ficou com 43,32%, sendo esses produtos os carros-chefes das usinas brasileiras. A cogeração de energia e outros produtos representaram apenas 2,24% das receitas. Contudo, a diversificação no portfólio das usinas com a produção de bioplásticos, diesel, bioquímicos, leveduras, entre outros, é uma importante estratégia de negócio para o setor no longo prazo.

No Brasil, 61,53% das usinas são mistas, ou seja, podem produzir tanto o açúcar como o etanol. Assim, existe uma "concorrência interna" entre os dois produtos, com mercados bem distintos. O primeiro tem seus preços baseados no mercado internacional, especialmente nas cotações da bolsa de Nova York, e sofre forte influência da produção do Brasil, que é o principal exportador mundial. Já o segundo é direcionado pela política de preços para combustíveis no país.

Apesar da flexibilidade operacional das usinas, que permite que elas migrem proporções do caldo para produção entre o etanol e o açúcar, o processo decisório das usinas quanto à porcentagem do *mix* de produtos não leva em consideração somente a paridade de preços entre açúcar e etanol. É preciso também observar compromissos de venda e financiamento que impactam diretamente a produção, como:

- Na mudança da produção do açúcar para o etanol existem custos, como o de *washout* (custo para deixar de entregar o volume de um contrato, geralmente de açúcar para exportação), que variam de acordo com as partes envolvidas e a situação do mercado do açúcar no momento. Além disso, alguns bancos exigem contratos de exportação como contrapartida para financiamentos com base em moeda estrangeira.
- No caso de se alterar o *mix* de mais "alcooleiro" para mais "açucareiro", há que se pensar nos possíveis compromissos de entrega e estocagem de etanol (como a Resolução n. 67/2011, da ANP) ou, até mesmo, na necessidade de caixa da usina, uma vez que o mercado de açúcar tende a ter uma liquidez menor do que a do etanol.
- Ainda, deve-se considerar as dificuldades e limites técnicos, sendo que é de se esperar que na época de maior moagem e melhor qualidade da cana obtenha-se uma maior produção de açúcar do que durante as fases inicial e final da safra, quando é mais simples produzir etanol.

Um fator direcionador da produção de etanol está ligado à política de preços adotada no Brasil para combustíveis fósseis. Isso ocorre porque o etanol hidratado, cujo limite de preço na bomba é de cerca de 70% do preço da gasolina, não pode passar pelos necessários reajustes de preços, diante dos seguidos aumentos dos custos nos últimos anos. Segundo Neves e Trombin (2014), o aumento dos custos advém principalmente de fatores como elevada carga tributária, forte valorização do real, infraestrutura precária de escoamento da produção, entre outros. Assim, é preciso analisar essa cadeia de modo abrangente, considerando diversos aspectos relacionados.

Neste capítulo, fez-se uma abordagem geral da cadeia sucroalcooleira, a fim de possibilitar ao leitor um melhor entendimento desse importante setor, o qual também pode se beneficiar muito do conhecimento proveniente da engenharia de produção.

BIBLIOGRAFIA

ANEEL – AGÊNCIA NACIONAL DE ENERGIA ELÉTRICA. *Banco de Informações de geração:* Capacidade de geração do Brasil. Disponível em: <http://www.aneel.gov.br/aplicacoes/capacidadebrasil/capacidadebrasil.cfm>. Acesso em: 5 fev. 2015.

ATALA, D. I. P. *Automação da Planta Piloto Móvel para produção de bioetanol a partir da cana-de-açúcar*. 2016. Disponível em: <http://sine.ni.com/cs/app/doc/p/id/cs-13582#>. Acesso em: 14 jul. 2016.

AZEVEDO, H. J. et al. *Uma análise da cadeia produtiva da cana-de-açúcar na região Norte Fluminense*. Campos dos Goytacazes: WTC Editor, 2004.

BEZUIDENHOUT, C. N. Review of sugarcane material handling from an integrated supply chain perspective. In: *Proceedings of the Annual Congress-South African Sugar Technologists' Association.*South African Sugar Technologists' Association, 2010, p. 63-66.

BEZUIDENHOUT, C. N.; BAIER, T. A global review and synthesis of literature pertaining to integrated sugarcane production systems. In: *Proceedings of the Annual Congress-South African Sugar Technologists' Association*. South African Sugar Technologists' Association, 2009, p. 93-101.

BNDES – BANCO NACIONAL DE DESENVOLVIMENTO ECONÔMICO E SOCIAL. *Bioetanol de cana-de-açúcar*: energia para o desenvolvimento sustentável. Rio de Janeiro, 2008.

BOEHLJE, M.; ROUCAN-KANE, M.; BRÖRING, S. Future agribusiness challenges: strategic uncertainty, innovation and structural change. *International Food and Agribusiness Management Review*, vol. 14, issue 5, p. 53-81, 2011

CHANDRA, C.; GRABIS, J.*Supply chain configuration:* concepts, solutions and applications. New York: Springer, 2007.

CLAUDINO, E. S.; REIS, J. G. Mecanismo de Desenvolvimento Limpo (MDL): Perspectivas da Produção de Bioeletricidade pelo Setor Sucroenergético Brasileiro. In: INTERNATIONAL WORKSHOP ADVANCES IN CLEANER PRODUCTION, 5, 2015, São Paulo. *Proceedings of the Fifth Workshop*, v. 5, p. 225, 2015.

CONAB – COMPANHIA NACIONAL DE ABASTECIMENTO. *A geração termoelétrica com a queima do bagaço de cana-de-açúcar no Brasil.* Brasília, DF, 2011. Disponível em: <http:www.conab.bov.br./OlalaCMS/uploads/arquivos/1105_05_15_45 _40_geracão _termo_ baixa_ res.pdf>. Acesso em: 29 jan. 2015.

______. *Perfil do setor do açúcar e do álcool no Brasil.* Brasília, Conab, v. 5 – Safra 2011/2012, 2013.

______. *Acompanhamento da safra brasileira cana-de-açúcar safra 2013/2014, quarto levantamento, abril/2014.* Brasília, DF, 2014.

CZINAR, M. M. Setor sucroalcooleiro: sinais distorcidos e agroanalysis. *Revista Eletrônica da FGV*, v. 33, n. 10, p. 26, 2014.

DEMATTÊ, J. L. I. Variedades de cana estão devendo. *Idea News Cana & Indústria*, ano 11, n. 41, p. 16-24, ago. 2012.

DIAS, A. C. A. e M. et al. Flexibility and uncertainty in agribusiness projects: investing in a cogeneration plant. *Revista de Administração Mackenzie*, v. 12, n. 4, p. 105-126, 2011.

EPE – EMPRESA DE PESQUISA ENERGÉRTICA. *Balanço Energético Nacional – 2014.* Disponível em: <https://ben.epe.gov.br/>. Acesso em: 1 jul. 2014.

FIESP – FEDERAÇÃO DAS INDÚSTRIAS DO ESTADO DE SÃO PAULO. *Outlook Fiesp 2023:* projeções para o agronegócio brasileiro. São Paulo: Fiesp, 2014. Disponível em: <http://apps2.fiesp.com.br/outlookDeagro/pt-BR>. Acesso em: 10 nov. 2015.

FAÇANHA, S. L. de O. *Aquisições, fusões e alianças estratégicas na configuração da cadeia sucroenergética brasileira.* 2012. 339f. Tese (Doutorado), Universidade de São Paulo, São Paulo, 2012.

FURTADO, A. T.; SCANDIFFIO, M. I. G.; CORTEZ, L. A. B. The Brazilian sugarcane innovation system. *Energy Policy*, v. 39, n. 1, p. 156-166, 2011.

GERMEK, H. A. et al. Analysis decision about the sugarcane straw recovery for cogeneration in unity operation industry. *Bioenergia em Revista*, v. 3, n. 2, p. 9-17, 2014.

GOLDEMBERG, J.; COELHO, S. T.; GUARDABASSI, P. The sustainability of ethanol production from sugarcane. *Energy Policy*, v. 36, n. 6, p. 2086-2097, 2008.

GUNASEKARAN, A.; NGAI, E. T. The future of operations management: An outlook and analysis. *Int. J. Production Economics*, v. 135, p. 687-701, 2012.

HIGGINS, A. et al. Opportunities for value chain research in sugar industries. *Agricultural Systems*, v. 94, n. 3, p. 611-621, 2007.

LAGO, A. A. C. International negotiations on bioenergy sustainability. In: *Sustainability of sugarcane bioenergy*. Updated edition. Brasília, CGEE, 2012.

MACEDO, I. A. Main trends on sustainability of sugarcane production systems. In: *Sustainability of sugarcane bioenergy*. Updated edition. Brasília, DF: CGEE, 2012.

MAPA – MINISTÉRIO DA AGRICULTURA, PECUÁRIA E ABASTECIMENTO. *Acompanhamento da produção sucroalcooleira*: Brasília. Disponível em: <http://www.agricultura.gov.br/assuntos/sustentabilidade/agroenergia/acompanhamento-da-produção-sucroalcooleira>. Acesso em: 15 de nov. 2014.

______. *Relação de instituições no departamento de cana-de-açúcar e agroenergia.* Brasília, DF, 2014.

MILANEZ, A. Y. et al. O déficit de produção de etanol no Brasil entre 2012 e 2015: determinantes, consequências e sugestões de política. *BNDES Setorial*, v. 35, 2012.

MILANEZ, A. Y. et al. A produção de etanol pela integração do milho-safrinha às usinas de cana-de-açúcar: avaliação ambiental, econômica e sugestões de política. *Revista do BNDES*, n. 41, p. 147-208, 2014.

MOTA, J. C. V. da; MACHADO, A. G. C.; MORAES, W. F. A. de. Condicionantes para exportação no setor sucroenergético brasileiro. *Revista de Economia e Sociologia Rural*, v. 52, n. 4, p. 705-724, 2014.

NEVES, M. F.; TROMBIN, V. G. *A Dimensão do Setor Sucroenergético Mapeamento e Quantificação da Safra 2013/14*. Ribeirão Preto: Markestrat/Fundace/FEA-RP/USP, 2014.

NG, D.; SIEBERT, J. W. Toward better defining the field of agribusiness management. *International Food and Agribusiness Management Review*, v. 12, n. 4, p. 123-142, 2009.

NOGUEIRA, L. A. H.; LEAL, M. R. L. V. Main trends on sustainability of sugarcane production systems. In: *Sustainability of sugarcane bioenergy*. Updated edition. Brasília: CGEE, 2012.

NYKO, D. et al. Determinantes do baixo aproveitamento do potencial elétrico do setor sucroenergético: uma pesquisa de campo. *BNDES Setorial*, v. 33, p. 421-476, 2011.

NYKO, D. et al. A evolução das tecnologias agrícolas do setor sucroenergético: estagnação passageira ou crise estrutural. *BNDES Setorial*, v. 37, p. 399-442, 2013.

PACHECO, J. M.; HOFF, D. N. Fechamento de ciclo de matéria e energia no setor sucroalcooleiro. *Sustentabilidade em Debate*, v. 4, n. 2, p. 215-236, 2013.

PIPPO, W. A.; LUENGO, C. A. Sugarcane energy use: accounting of feedstock energy considering current agro-industrial trends and their feasibility. *International Journal of Energy and Environmental Engineering*, v. 4, n. 1, p. 1-13, 2013.

PIRES, S. R. I. *Gestão da cadeia de suprimentos:* conceitos, estratégias, práticas e casos. São Paulo: Atlas, 2009.

ROH, J.; HONG, P.; MIN, H. Implementation of a responsive supply chain strategy in global complexity: The case of manufacturing firms. *International Journal of Production Economics*, v. 147, p. 198-210, 2014.

SALGADO JUNIOR, A. P.; CARLUCCI, F. V.; NOVI, J. C. Aplicação da análise envoltória de dados (AED) na avaliação da eficiência operacional relativa entre usinas de cana-de-açúcar no território brasileiro. *Revista de Engenharia Agrícola*, v. 34, n. 5, p. 826-843, set.-out. 2014.

SATOLO, E. G.; CALARGE, F. A.; MIGUEL, P. A. C. Experience with an integrated management system in a sugar and ethanol manufacturing unit: Possibilities and Limitations. *Management of Environmental Quality: An International Journal*, v. 24, n. 6, p. 710-725, 2013.

SEBRAE – SERVIÇO BRASILEIRO DE APOIO ÀS MICRO E PEQUENAS EMPRESAS. *Cadeia produtiva da indústria sucroalcooleira:* cenários econômicos e estudos setoriais. Recife: Sebrae, 2008. 52p.

SILVA, A. T. B. et al. Cenários prospectivos para o comércio internacional de etanol em 2020. *Revista de Administração*, v. 48, n. 4, p. 727-738, 2013.

SHIKIDA, P. F. A.; AZEVEDO, P. F.; VIAN, C. E. F. Desafios da agroindústria canavieira no Brasil pós-desregulamentação: uma análise das capacidades tecnológicas. *Revista de Economia e Sociologia Rural*, v. 49, n. 3, p. 599-628, 2011.

SOCCOL, C. R. et al. Bioethanol from lignocelluloses: status and perspectives in Brazil. *Bioresource Technology*, v. 101, n. 13, p. 4820-4825, 2010.

SOUZA, S. Geração de Biomassa representou 1/3 do consumo residencial do Brasil em 2013. *Agro Olhar*, 20 jun. 2014. Disponível em: <http://www.olhardireto.com.br/agro/noticias/exibir.asp?noticia=geracao-da-biomassa-representou-13-do-consumo-residencial-no-brasil-em-2013&edt=9&id=15977>. Acesso em: 10 ago. 2014.

SPORLEDER, T. L; BOLAND, M. A. Exclusivity of agrifood supply chains: seven fundamental economic characteristics. *International Food and Agribusiness Management Review*, v. 14, n. 5, p. 27-51, 2011.

TORQUATO, S.; RAMOS, R. C. Biomassa da cana-de-açúcar e a geração de bioeletricidade em São Paulo: usinas signatárias ao Protocolo Agroambiental Paulista. *Informações Econômicas*, v. 43, n. 5, set.-out. 2013.

TRAYLEN, D. Heading South. *Biofuels International*, mar.-abr. 2014.

UNICA – UNIÃO DAS INDÚSTRIAS DE CANA-DE-AÇÚCAR. *Sugarcane Industry in Brazil*. 2014. Disponível em: <http://http://www.unica.com.br/documentos/publicacoes/sid/25714988/>. Acesso em: 11 jan. 2015.

VALENTE, M. S. et al. Bens de capital para o setor sucroenergético: a indústria está preparada para atender adequadamente o novo ciclo de investimentos em usinas de cana-de-açúcar. *BNDES Setorial*, v. 36, p. 119-178, 2012.

VARRICHIO, P. C. *Uma análise dos condicionantes e oportunidades em cadeias produtivas baseadas em recursos naturais:* o caso do setor sucroalcooleiro no Brasil. 2012. Tese (Doutorado). Universidade Estadual de Campinas, Campinas, 2012.

VONDEREMBSE, M. A. et al. *Designing supply chains:* Towards theory development. International Journal of Production Economics, v. 100, n. 2, p. 223-238, 2006.

CAPÍTULO 8

PLANEJAMENTO E CONTROLE DA PRODUÇÃO (PCP) APLICADO AO AGRONEGÓCIO

Fábio Papalardo
Sivanilza Teixeira Machado
José Benedito Sacomano

8.1 INTRODUÇÃO

O planejamento e controle da produção (PCP) é uma das funções administrativas mais importantes do ponto de vista das atividades produtivas. As atividades de planejar e posteriormente controlar, como o próprio nome sugere, não são tarefas simples, mas bastante complexas, pois levam em consideração um número considerável de variáveis.

Uma das grandes dificuldades de um PCP não é planejar, mas controlar a produção, pois perturbações e incidentes muito comuns em um processo produtivo podem desviar o programa original, causando atrasos e custos adicionais. Busca-se um planejamento que tenha controle de produção proativo e não reativo. Para viabilizar esse PCP, será preciso efetuar um estudo da sua evolução ao longo do tempo e das causas que motivaram a modificação. Essas causas indicarão a influência de todos os setores envolvidos no processo produtivo e de que maneira esses setores interagem.

As relações entre os setores envolvidos no processo produtivo devem ser estudadas e quantificadas com a finalidade de determinar um modelo de gestão que torne o PCP realmente controlável, pois, em geral, no PCP das empresas produtivas o planejamento da produção é relativamente exequível, porém, seu controle é por vezes grande problema para os gestores da produção.

Ao longo dos anos, é possível identificar as causas da evolução do PCP regional e internacionalmente. As mudanças dessa evolução são sentidas pelas empresas que envolvem mais setores na interação com o PCP ou até mesmo criam novos setores. A conceituação do PCP evolui sempre como função inter-relacional que comanda e coordena a produção, ou como função que planeja e controla os suprimentos de materiais, ou ainda de modo que o programa preestabelecido seja atendido com eficiência e economia.

Desvios e incidentes durante a execução de um processo ocorrem a todo momento, mas as perturbações são detectadas quase sempre reativamente, o que torna o planejamento mais lento e caro do que o propósito original. Esses fatores são o grande problema de um gestor e se traduzem como erros de execução e consequente retrabalho, horas extras, problemas de balanceamento na linha, manutenção não prevista, entre outros. O controle seria visto esquematicamente como um jogo de forças que atuam sobre uma balança: um lado exerce influência melhorando os prazos e minimizando os custos; o outro exerce sua ação em sentido oposto (Figura 8.1).

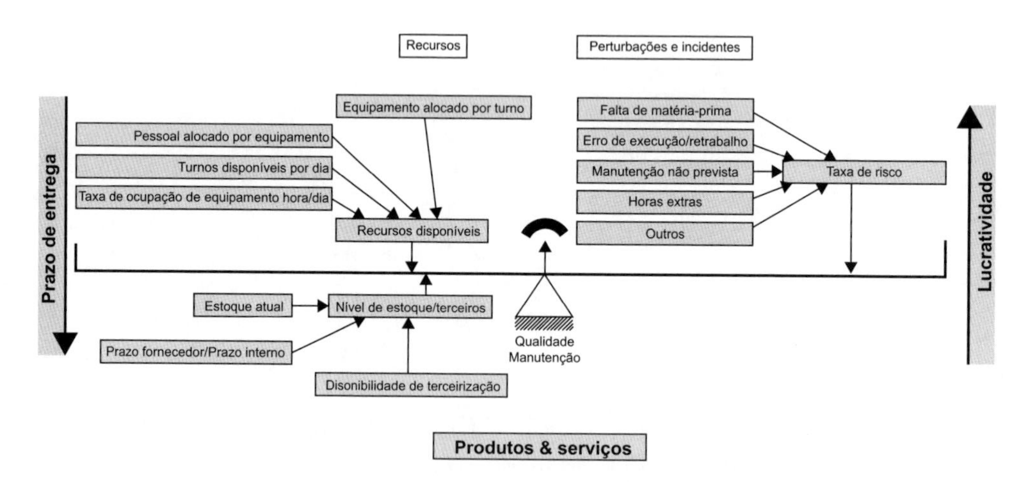

Figura 8.1 – Recursos alocados *versus* incidentes e perturbações.

Aparentemente, o PCP parece diferente nos casos de fabricação sob encomenda (*one of a kind*) e de fabricações seriadas, pelas distintas características de manufatura de cada um. Na produção seriada, por exemplo, o planejamento da produção tem produções repetitivas como característica e há particularidades, como equipamentos dedicados e viradas de linha (*set up*). Nas empresas de produção sob encomenda, o planejamento da produção apresenta características de fabricação unitária, com equipamentos universais.

8.2 PLANEJAMENTO E CONTROLE DA PRODUÇÃO: CONCEITO E IMPORTÂNCIA

O PCP é uma função que administra os recursos "materiais", "humanos" e de "tempo" de um processo produtivo e que se antecipa às perturbações e incidentes que interferem no planejamento inicial, redirecionando o plano original de maneira a atender às metas de custo, prazo e desempenho exigidos.

As modificações tecnológicas e novas tendências de mercado têm transformado o conceito de PCP ao longo do tempo. Entre as diversas definições existentes, o trabalho de alguns importantes autores na área merecem ser destacados. Zaccarelli (1979), por exemplo, assegurava que a função do PCP envolveria comandar o processo produtivo e coordená-lo com os diversos setores administrativos da empresa. Já para Burbidge (1981), o PCP refere-se à função que administra o planejamento, a direção e o controle do suprimento de materiais em uma empresa. Pires (1995) ressalta que o PCP é definido como um conjunto de atividades gerenciais a serem executadas com a finalidade de se concretizar a produção de um produto. Por fim, Slack et al. (1997), reconhecidos pesquisadores na engenharia de produção, afirmam que a meta do PCP visa garantir que a produção ocorra de maneira eficaz e eficiente e produza bens e serviços seguindo o planejamento previamente estabelecido.

Assim, na literatura, nota-se que não há um modelo único compartilhado por todos os autores. Apesar de não haver consenso, existe um pensamento comum na direção da eficiência e da eficácia nos sistemas de produção.

Os autores citados concordam que o PCP é um sistema de suporte à produção que gerencia e coordena o processo produtivo, visando cumprir o planejamento e a programação dos processos de maneira eficaz, a fim de satisfazer os requisitos de tempo, qualidade e quantidades.

A necessidade de as empresas acompanharem as mudanças tecnológicas e de mercado para se manterem competitivas promove uma série de adequações nos processos de produção e, consequentemente, do PCP.

Diante desse cenário e pontos de vista diferenciados, e adaptando-se às exigências de mudanças tecnológicas e do mercado, Vollmann et al. (2006) afirmam que "o aspecto mais importante do contexto de desenvolvimento e manutenção de um sistema de controle e planejamento da produção talvez seja a mudança contínua no seu ambiente competitivo, e essas mudanças variam do campo tecnológico ao estratégico e legal"; e definem três áreas fundamentais de influência no projeto de um sistema de PCP:

- **Grau de internacionalização:** o aumento do intercâmbio entre países influencia cada vez mais a elaboração e execução de sistemas de planejamento e controle da produção, gerando necessidades de adaptação, tornando as organizações mais internacionalizadas, transparentes e com logísticas mais efetivas.
- **Importância do cliente no sistema:** as novas expectativas dos clientes, geradas pela competição entre organizações, a fim de oferecer sempre novos produtos e serviços, possuem papel determinante no planejamento e controle da produção, pois essas expectativas demonstram como a empresa deve adaptar-se ao mercado consumidor, garantindo sua presença no mercado e criando a necessidade de trabalhar no atendimento das solicitações. Para atender sempre às novas demandas e necessidades, as organizações devem tornar-se flexíveis, ou seja, os processos devem ser rapidamente modificados para o atendimento da grande variedade de produtos e serviços a serem oferecidos, o que exige um sistema de

controle e planejamento de grande complexidade, capaz de gerenciar as mudanças. A gestão das mudanças de demandas do mercado gera tarefas complexas de coordenação, transmissão de informações e logísticas.

- **Utilização da tecnologia de informação:** a tecnologia da informação é uma resposta à exigência de comunicação e coordenação. A possibilidade de haver procedimentos e protocolos compatíveis para a gestão da informação, compartilhamento de dados e intercâmbio de informações com eficiência, internamente nas organizações e entre organizações, gerou os sistemas de ERP, que empreenderam grande modificação dentro dos sistemas de planejamento e controle da produção. Gerados a partir de uma base de dados comum, os sistemas de informação permitem a integração de unidades intraorganizacionais e interorganizacionais, que operam de maneiras diversas, com diferentes culturas, situadas nos mais variados locais, formando uma espécie de rede integrada.

O advento da globalização significou o intercâmbio entre diversos sistemas produtivos, com um consequente aumento do número de pontos de vendas, clientes, fornecedores, novas logísticas e distâncias a serem percorridas, além de diferentes legislações locais e transportes modais, formando uma cadeia de suprimento que está relacionada à ideia de rede entre organizações ou entidades.

Visto sob a ótica de redes, o PCP não é função administrativa estática. Essa função depende de uma série de premissas, como recursos disponíveis, exigências de prazos, restrições orçamentárias, legislação vigente, capacitação de pessoal etc. Essas condições podem ser modificadas durante a execução da produção em decorrência das variações nas premissas citadas, ou, ainda, por incidentes, como falhas de processo, atrasos de fornecedores, variações do câmbio de moedas etc.

A administração da função PCP envolve, portanto, fases distintas: anteprojeto; planejamento; controle e replanejamento. Particularmente, as fases de controle e replanejamento são pontos críticos em uma administração da produção, pois sem elas o PCP seria uma função estática, ou seja, sem modificações para adequação da produção aos incidentes e perturbações ocorridos durante a execução. A essa administração dinâmica chamamos de governança (Figura 8.2).

Uma das características da governança é a admissão de que, em uma rede, incidentes e perturbações ocorrem de maneira imprevisível, introduzindo nessa rede uma desordem. Pode-se prever um contingenciamento de recursos para mitigar os impactos dos incidentes sobre os prazos e custos planejados, porém esse contingenciamento depende muitas vezes da experiência aprendida em produções similares anteriores; em geral, parte de critérios não precisos, os quais podem ser insuficientes, o que não atenua os impactos das perturbações; por outro lado, podem ser excessivos, aumentando as previsões de orçamentos e acarretando um aumento nos preços, o que interferiria nas vendas.

Sistemas produtivos são avaliados por sua organização interna. Essa organização tem por finalidade permitir que os recursos e aportes de energia ou materiais sejam utilizados eficientemente, de acordo com sua estrutura organizacional.

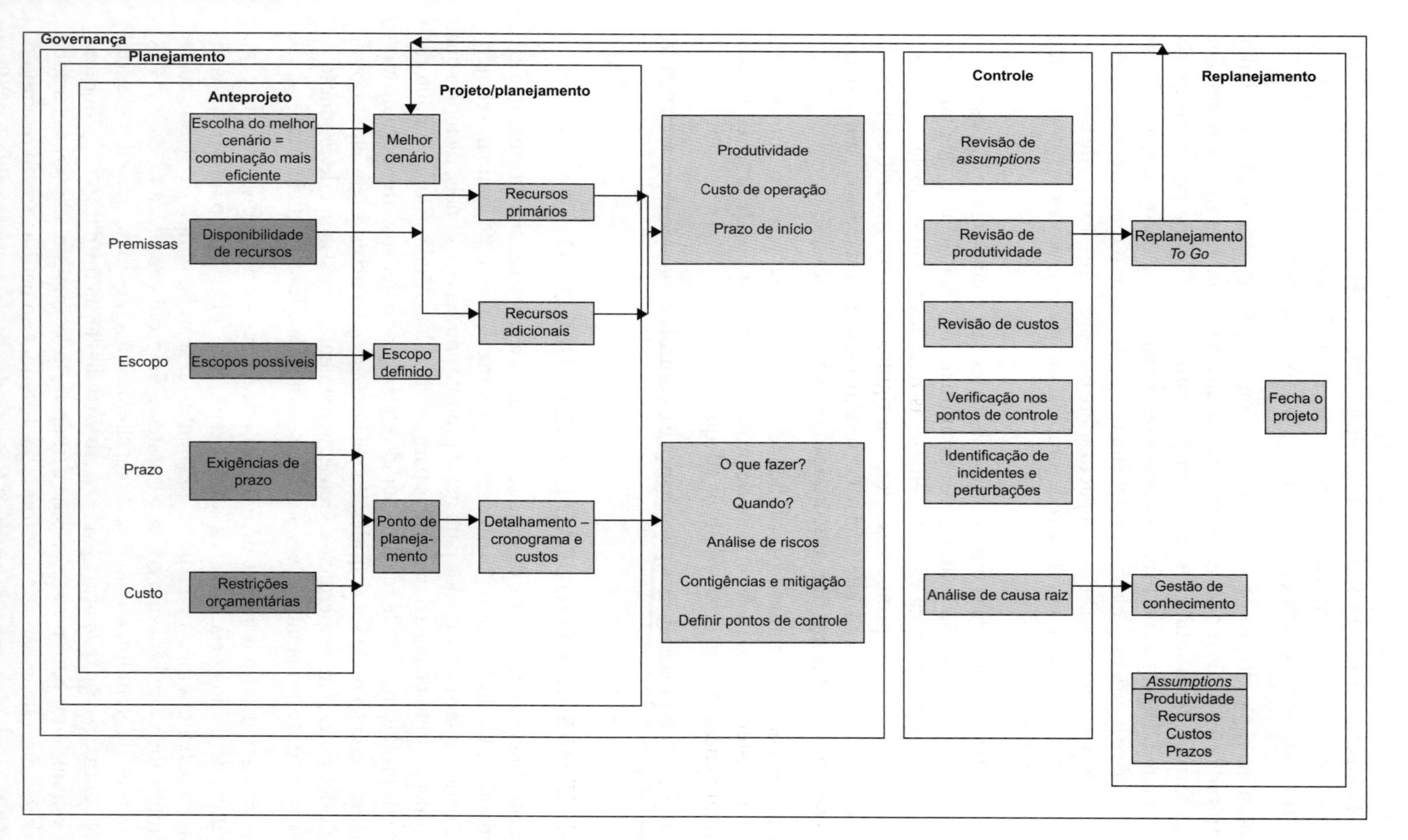

Figura 8.2 – Governança.

Em uma rede entre empresas, em geral, os protocolos têm maior eficiência, pelo fato de que empresas firmam contratos a fim de garantir a relação entre elas. Em uma rede intraorganizacional é mais comum as relações terem certa informalidade, o que permite maior número de variações na execução de procedimentos.

Um bom exemplo de protocolo é a linha de montagem, desenvolvida por Henry Ford e utilizada em vários modelos de empresas industriais. Embora alguns protocolos não sejam formais, mas intuitivos, caso um processo tenha alguma perturbação, ela é imediatamente detectada no próximo posto de trabalho, o que exerce um controle automático sobre o processo e requer imediata correção. Quanto mais breve for a correção de um desvio, menores serão o impacto sobre os recursos e o tempo de execução. O modelo fordista baseia-se em uma rede simples, na qual os setores ou atores estão em sequência rígida.

Em outros tipos de sistemas empresariais as redes são complexas, e sua estrutura administrativa por vezes não é de caráter piramidal, mas matricial, o que aumenta ainda mais a complexidade da rede. Porém, se as relações forem estabelecidas entre os setores de modo que os protocolos sejam tão rígidos quanto o modelo de linha de montagem, haverá a mesma eficiência. O desafio está em estabelecer um sistema de protocolos de controle em uma organização de rede complexa.

Para a existência de alguma possibilidade prática para se evitar o aumento da desordem do sistema, o estabelecimento de protocolos entre atores de uma rede possibilita a manutenção de entropia em níveis adequados.

Em ambiente empresarial, essa governança é o controle e a gestão do planejamento.

8.3 SISTEMAS DE PRODUÇÃO DO AGRONEGÓCIO

Conceitualmente um sistema de produção se refere a entradas, transformação e saídas. Fernandes e Godinho Filho (2010) definem sistema de produção como um conjunto de elementos inter-relacionados para gerar produtos ou serviços finais, de modo que o valor supere o total de custos incorridos para produzi-los. Ainda segundo os autores, o sistema de produção só pode ser considerado eficaz se os objetivos forem de fato atingidos, assim como só pode ser considerado eficiente se os recursos forem utilizados de maneira otimizada, sem desperdícios. Consequentemente, um sistema de produção só será efetivo se conseguir atender a essas duas premissas de eficácia e eficiência.

A decisão gerencial por adotar uma dessas estratégias – ou, dependendo da gama de produtos oferecidos pela empresa, adotar estratégias diferentes para produtos diferentes – reflete no tempo de resposta ao cliente, ou seja, no tempo de atendimento. Por exemplo, uma empresa que adota a estratégia de produção *make to stock* (MTS) tem um tempo de atendimento ao pedido do cliente mais rápido do que empresas que utilizam a estratégia *make to order* (MTO), em virtude de sua produção ser programada para estoque com base na previsão de demanda; logo, quando a empresa recebe a ordem do cliente, esta consulta seu estoque para atender ao pedido, sendo o tempo de atendimento apenas o tempo de entrega. No caso das empresas que adotam o MTO, estas só iniciam o processo de produção do produto quando recebem o pedido do cliente, assim, o tempo de atendimento inclui o tempo de produção do produto mais o tempo de entrega.

Box 8.1 – Classificação e estratégias dos sistemas de informação

Os sistemas de produção podem ser classificados de acordo com a estratégia de negócio adotada. Fernandes e Godinho Filho (2010) apresentam seis estratégias que podem ser adotadas pelos empresários:

1. *Make to stock* (MTS): produção programada para estoque com base na previsão de demanda.
2. *Quick response to stock* (QRTS): produção programada para estoque com base numa rápida reposição do estoque.
3. *Assemble to order* (ATO): montagem sob encomenda.
4. *Make to order* (MTO): produção programada sob encomenda, com a existência de estoque de insumos.
5. *Resources to order* (RTO): insumos sob encomenda.
6. *Engineering to order* (ETO): projeto sob encomenda.

Os tipos de produção ou manufatura são classificados classicamente da seguinte maneira: manufatura em série, manufatura enxuta, customização em massa, manufatura responsiva e manufatura ágil.

A manufatura em série, surgida no início do século XX e utilizada exemplarmente por Henry Ford, apresenta diferenças em relação à manufatura artesanal até então empregada na produção de bens, como a divisão de trabalho por etapa do processo, alta repetibilidade e baixo custo de produção, explorando a economia de escala. Tem como principal característica tecnológica a criação de máquinas *transfer*, que permitem larga escala produtiva, porém quase sem nenhuma flexibilidade, pois esta, no momento em que a máquina foi concebida, não era demandada pelo mercado ou pela concorrência (GODINHO FILHO, 2004).

Já a manufatura enxuta surgiu na indústria japonesa no início da segunda metade do século XX para ser competitiva frente à manufatura em massa. Inicialmente aplicada na indústria automobilística, conhecida como sistema Toyota de produção, disseminou-se pela Europa e Estados Unidos com o nome de produção enxuta. As principais diferenças em relação à produção em massa são a ênfase na melhoria contínua das operações, a eliminação de desperdícios e a diminuição da preparação de máquinas (*set up*), com o objetivo de obter lotes menores, porém com aumento da variedade de produtos. Surge a ideia de flexibilidade na produção (GODINHO FILHO, 2004).

A customização em massa, por sua vez, vem como evolução natural da manufatura enxuta. Surge a ideia de uma manufatura ágil e flexível, integrando os processos e gerando custos mais baixos com relação à produção feita em sistemas transferidos. Inicia-se a utilização de sistemas numéricos computadorizados (NC). A ideia de flexibilidade, com o advento dos equipamentos comandados por computadores CNC (controle numérico computadorizado), gera um novo conceito de manufatura, em que a variedade de novos produtos torna-se fator-chave de sucesso para as empresas (Figura 8.3).

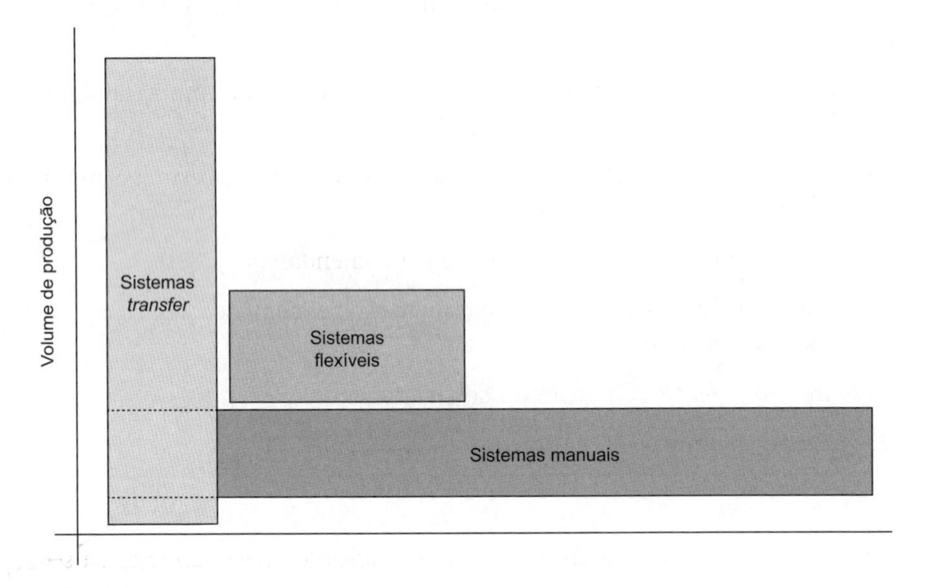

Figura 8.3 – Sistemas de manufatura 1.

Para incrementar a participação nos mercados, a manufatura responsiva vem aumentar a variedade de produtos, a fim de, ao aumentar as opções de aquisição, criar a necessidade de velocidade de produção e pontualidade de entrega, antes que a concorrência o faça. De acordo com Godinho Filho (2004), a pontualidade e a alta variedade são denominadas responsividade.

Finalmente, a manufatura ágil foi desenvolvida nos Estados Unidos por um grupo de professores da Lehigh University no final do século XX. Tem como objetivo responder a mudanças rápidas demandadas pelo mercado com um tempo (*timing*) de resposta adequado, de maneira que as mudanças se tornem oportunidades de inovar e estar na vanguarda (GODINHO FILHO, 2004). Os dois novos conceitos, manufatura responsiva e manufatura ágil, acrescentariam outro eixo, o que tornaria o PCP gradativamente composto por elementos que têm interferência no planejamento.

Define-se PCP como a função que administra os recursos materiais, humanos e de tempo de um processo produtivo, e que se antecipa às perturbações e incidentes que interferem no planejamento inicial, redirecionando o plano original de maneira a atender às metas de custo, prazo e desempenho exigidas. Neste estudo, a criação de suínos pode ser classificada como um tipo de manufatura responsiva, pois atende rigorosamente aos prazos; e também como manufatura enxuta, pois atende à qualidade do ponto de vista da sanidade animal e do peso requerido do produto.

No agronegócio, a produção dos produtos agropecuários se vale basicamente da estratégia MTS, baseada na demanda de mercado futuro ou na previsão de demanda.

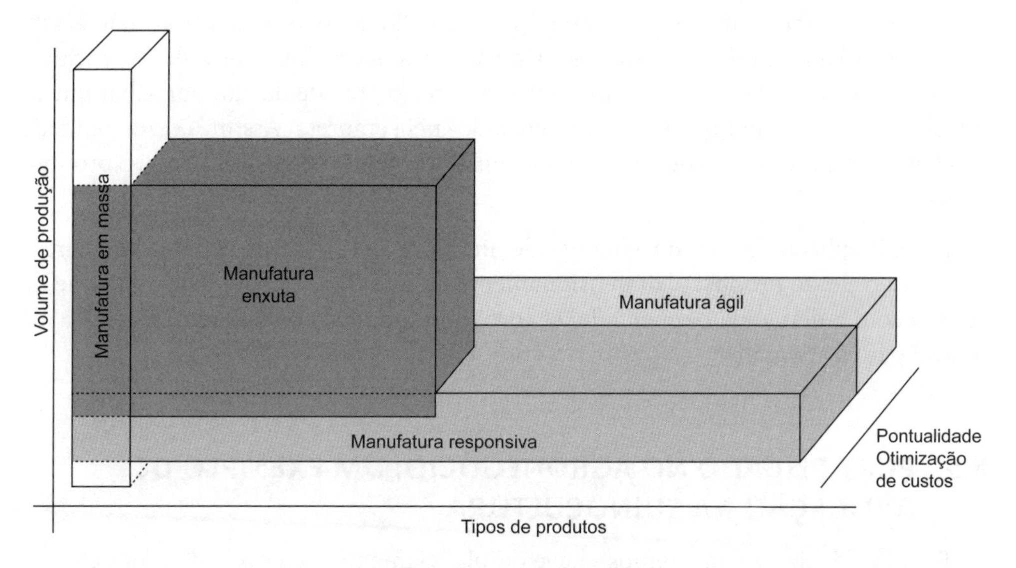

Figura 8.4 – Sistemas de manufatura 2.

8.4 PLANEJAMENTO E CONTROLE DA PRODUÇÃO (PCP) INSERIDO NA ESTRATÉGIA DE AGRONEGÓCIO

Estrategicamente, a aplicação dos conceitos de PCP no agronegócio se dá *a priori* na busca pela redução de custos associados à produção agropecuária, que está suscetível a diversos fatores controláveis e não controláveis. O risco do produtor, ou melhor, do empresário rural, é superior ao do empresário industrial quando o foco é o "processo de produção".

O processo de produção do empresário rural, muitas vezes, está exposto às condições adversas do clima, da qualidade do solo, do poder de germinação da semente, da capacidade de adaptação do animal submetido a condições adversas, entre outros. De acordo com Pedroso e Corrêa (1996), a busca por competitividade entre as empresas está relacionada à competição por custos de estoques e à variação da capacidade produtiva, além da melhoria do nível de serviço.

O PCP pode ser aplicado a qualquer atividade produtiva, no intuito de otimizar recursos e oferecer produtos mais competitivos. O agronegócio abrange uma gama de produtos primários com baixo valor agregado, cada produto muito específico e com características próprias de produção, o que requer um planejamento voltado à redução de custos de produção e melhor qualidade, para competir no mercado.

É importante que o empresário entenda que os produtos estão classificados em dois tipos: os produtos funcionais e os produtos inovadores. Saber qual a classificação do seu produto é interessante para o planejamento, pois o mercado consumidor não aceita, por exemplo, defeitos de produtos funcionais. Essa percepção de os produtos funcionais está enraizada no imaginário do consumidor em razão de os produtos funcionais já estarem há bastante tempo no mercado; logo, o consumidor não aceita nenhuma falha no produto. O mesmo não vale para os produtos inovadores lançados no mercado, para os quais o consumidor aceita certo grau de defeito por saber que se trata de novos produtos que serão aperfeiçoados pela empresa. Assim, a confiabilidade do cliente na marca dos produtos está relacionada ao nível de qualidade que o produto oferece.

O PCP aplicado ao agronegócio pode ajudar os empresários rurais a reduzirem recursos, ciclo de produção, dimensionamento da atividade, capacidade e estoque de acordo com a demanda de mercado, se tornando uma ferramenta administrativa essencial para a atividade.

8.5 PCP APLICADO NO AGRONEGÓCIO: UM EXEMPLO DE APLICAÇÃO NA SUINOCULTURA

Para evidenciar alguns pontos-chave do planejamento e controle da produção[1] de suínos no Brasil, utilizam-se dados de duas granjas comerciais de suínos localizadas na região Sudeste do Brasil. Assim, um produtor de suínos que queira utilizar as ferramentas do PCP no planejamento de sua atividade pode perfeitamente planejar e controlar sua produção, usufruindo dos conhecimentos apresentados neste capítulo. Para tanto, tal produtor precisa conhecer sua atividade em "números" e fazer algumas observações que são de importância no momento da tomada de decisão. Neste capítulo, apresenta-se um estudo de caso com alguns índices técnicos e produtivos estimados das granjas utilizadas (Tabelas 8.1 e 8.2), buscando didaticamente oferecer uma base de conhecimento para o produtor de suínos aplicar o PCP de maneira simples.

A suinocultura brasileira apresenta, basicamente, dois tipos de produtores: independentes e integrados. Os produtores integrados são aqueles que possuem contratos de compra e venda e de parceria com as indústrias de processamento. Geralmente, nesses contratos de parceria entre produtor e indústria são determinadas as responsabilidades de cada um, com a indústria absorvendo uma parte dos custos de produção, passando a ser responsável pelo fornecimento de leitões ou material genético, ração, vacinas e medicamentos, orientação técnica, entre outros.

[1] Processo pelo qual bens e serviços são gerados por meio da transformação de recursos (FUSCO; SACOMANO, 2007).

Tabela 8.1 – Informações gerais de uma granja independente

Sistema de produção	Intensivo de ciclo completo
Classificação do produtor	Independente
Classificação da produção e comercialização	Mista (empurrada e puxada)
Rebanho	Híbridos de Landrace e Large White[2]
Número de matrizes alojadas	960
Ciclo produtivo da matriz	142 dias
Ciclo de desempenho da matriz	5
Número de leitegadas/ano	2,5
Taxa efetiva de parição	89%
Valor médio de leitões/parto	11,2
Ciclo produtivo do cevado	156 dias
Lotes de cevados/ano	2,3
Peso de abate dos leitões	120 a 130 kg
Responsabilidade pelo transporte	Produtor (cotação CIF)
Frota de veículos	Própria

Tabela 8.2 – Informações gerais de uma granja integrada

Sistema de produção	Intensivo – unidade de terminação
Classificação do produtor	Integrado
Classificação da produção e da comercialização	Mista (empurrada e puxada)
Rebanho	Híbridos de Landrace e Large White[2]
Ciclo produtivo do cevado – terminação	90 a 100 dias
Lotes de cevados/ano	3,5
Peso de abate dos leitões	120 a 130 kg
Responsabilidade pelo transporte	Integrador (cotação FOB)
Frota de veículos	Própria
Frigorífico	Próprio

Por sua vez, o produtor entra com a mão de obra, o espaço (instalação), energias e fornecimento de água, entre outros recursos necessários à produção. Nesse tipo de sistema, a indústria determina o tamanho do lote, o tipo de produto (animal), o nível de tecnologia aplicada e o mercado de abastecimento. Para o produtor, as vantagens desse sistema estão na redução dos custos de produção, na absorção total da produção

[2] A granja utiliza em seu plantel suínos desenvolvidos pela Agroceres, empresa que atua no ramo de inovação e desenvolvimento genético de suínos. Para conhecer melhor esse assunto, ver http://www.agrocerespic.com.br.

pela indústria e no grau de risco assumido, que se torna baixo em razão do contrato de parceria. As desvantagens do sistema estão na limitação do poder de decisão do produtor sobre "sua produção", bem como na falta de conhecimento do seu mercado.

O modelo clássico desse tipo de produção remete a uma reflexão sobre o sistema de programação: puxada ou empurrada? A programação puxada de produção se caracteriza pelo modo como o produtor conduz a produção para atender às necessidades do mercado, observando características particulares do pedido em relação ao produto. Entretanto, no molde em que a suinocultura está inserida, não se pode afirmar claramente que a sua produção é puxada, mas empurrada. A programação empurrada é a mais adequada para definir a produção suinícola, pelo fato de as características da produção do cevado não sofrerem muitas alterações em seu "formato" e de a produção ser realizada em lotes com tamanho-padrão, mesmo quando há diferentes lotes de produção, como programação de lote tender, normal e parma. Porém, pode-se também dizer que, do ponto de vista da comercialização, a produção é puxada, pois é programada pela demanda gerada pelo mercado. Em outras palavras, a programação da produção puxada atende a um pedido do mercado, envolvendo as características do produto, a quantidade e o prazo de atendimento, o que se conhece na prática como MTO. Considerando que há um impasse quanto a esse assunto, sugere-se a classificação de sistema misto, ou seja, tanto empurrada como puxada, já que a suinocultura apresenta características dos dois sistemas de produção.

Por outro lado, existem os produtores independentes, que são aqueles que trabalham no sistema de compra e venda e não estabelecem contratos de parceria com a indústria. Esses produtores assumem o risco da atividade, pois são responsáveis pela aquisição de todos os recursos necessários para a produção e também pela tomada de decisão sobre programação de produção, material genético utilizado, tamanho de lote, tipo de ração e medicamentos utilizados, contratação de orientação técnica e treinamento, para atender ao mercado. Para sobreviver, o produtor independente deve estar atento às oscilações do mercado e deve decidir entre aumentar ou reduzir a sua produção; para tanto, um bom planejamento da atividade se faz necessário.

Diferentemente dos produtores integrados, os produtores independentes podem decidir sobre a programação de produção que pretendem trabalhar, se puxada ou empurrada. Se adotarem a produção puxada, os produtores independentes seguirão os mesmos passos dos produtores integrados, com a diferença que serão eles os responsáveis pela aquisição dos recursos de produção, mas terão que atender às características de produto exigidas pelo cliente, bem como tamanho do lote, além de obedecer aos prazos determinados. Entretanto, se os produtores adotarem a programação de produção empurrada, estes deverão ter domínio e conhecimento sobre o mercado de atuação a fim de "empurrar" toda a sua produção para ser absorvida pelo mercado. Nesse sistema, o produtor conduz sua produção obedecendo as exigências do mercado no geral. Posteriormente, busca vender sua produção para seus diversos clientes no mercado.

A produção de suínos no Brasil segue o modelo cíclico, alternando períodos de alta e baixa rentabilidade, afetada pelo preço do milho, soja e do suíno (ROCHA; MOURA; GIROTTO, 2007). Dessa maneira, o planejamento da produção de produtores independentes e integrados responde à elasticidade da demanda, já que sua variação é afetada pelos preços sazonais do milho e da soja, aumentando ou reduzindo a rentabilidade da atividade.

Nesse caso, o produtor independente assume todos os riscos da sua produção e realiza a tomada de decisão de compra e venda no mercado. Contudo, possui contratos de compra e venda com clientes que determinam as características específicas dos seus produtos, como tamanho do lote, peso dos animais, características genéticas, prazos de entrega e quantidades etc.; por isso, adota uma programação de produção puxada, pois, antecipadamente, o cliente diz "o que quer e quanto quer", cabendo ao produtor empenhar todo o esforço de seus recursos para atender às necessidades do cliente.

A indústria de processamento da carne suína busca garantir o fluxo contínuo de abastecimento de produtos com as melhores condições possíveis, como padrões de qualidade predefinidos, por meio do desenvolvimento de fornecedores (produtores), por contratos de curto ou longo prazo.

Para melhor entendimento do que será discutido neste capítulo, tem-se que entender que, diferentemente da produção industrial de bens e serviços, a agroindústria segue um modelo de produção inversa. A palavra "inversa", aqui, busca refletir o modelo da linha de produção. No sistema de produção de bens, a indústria adquire diversos materiais que se transformarão em um único produto. Logo, o sistema de produção dispõe de diversas entradas de materiais, além do processamento desses materiais para a saída de um único item. No sistema agroindustrial de produção de proteína animal, a linha de produção da granja segue de modo semelhante à da indústria de bens e serviços (entrada de vários recursos para obtenção do suíno), mas a indústria de processamento segue uma linha de produção voltada para a desmontagem, ou seja, a entrada de um material (suíno) para a aquisição de diversos produtos (diferentes partes e cortes da carne suína), como mostra a Figura 8.5.

Antes de continuar com a abordagem do PCP, é preciso recordar que um sistema de produção basicamente se constitui por entradas, processamento (transformação) e saídas (FUSCO; SACOMANO, 2007). Isso não é diferente na produção pecuária. Por exemplo, a produção de suínos requer diversas entradas de determinados recursos que, processados, resultarão num determinado tipo de saída. Assim, pode-se tentar identificar, dentro do processo de produção de um suíno, quais seriam as entradas (recursos utilizados), que tipo de processamento esse recurso sofreria e que resultados seriam gerados (Tabela 8.3).

Analisando detalhadamente, percebe-se que, dentro de um sistema de produção, diversos outros subsistemas estão acontecendo para que o sistema geral seja concluído sem problemas. Desse modo, os sistemas de produção podem ser classificados como principais e secundários. Por exemplo, se o produtor de suínos deseja obter um leitão melhorado, logo esse produtor deverá buscar materiais genéticos melhorados combinados, ou seja, sêmen e aparelho reprodutor da fêmea que processarão o leitão almejado.

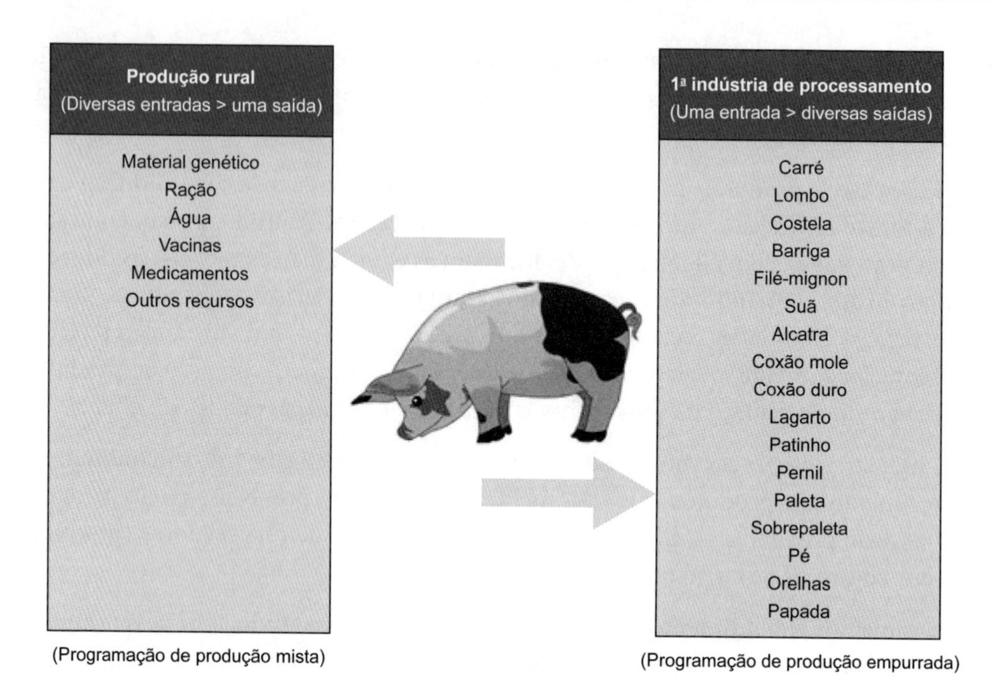

Figura 8.5 – Sistema e programação da produção para a cadeia suinícola.

Tabela 8.3 – Sistema de produção de um suíno

Entradas	Processamento	Saídas
Sêmen + aparelho reprodutivo fêmea	Melhoramento genético	Leitão melhorado
Mão de obra + qualificação	Conhecimento e habilidade	Competência
Água	Hidratação e nutrição	Leitão saudável/termorregulação
Milho + soja	Conversão alimentar	Ganho de peso/carne
Vacinas e medicamentos	Imunização	Sanidade
Equipamentos	Energia	Produção
Instalação	Intensivo	Tempo
Ambiência	Conforto térmico	Produtividade
Boas práticas	Bem-estar	Qualidade
Outras (Quanto?)	Outros (Quando, onde, como?)	Outras (O quê?)

O produtor deseja trabalhar com mão de obra mais ou menos competente? Se mais competente, precisa contratar mão de obra qualificada ou investir na qualificação da mão de obra já existente. Isso é válido em particular para sua função direta nas atividades de reprodução, maternidade, creche ou terminação, por serem realizadas por meio de treinamentos específicos ou cursos completos voltados à produção suinícola.

As informações adquiridas poderão ser aprimoradas e transformadas em conhecimentos e desenvolvimento de habilidade para a função, resultando em competência técnica, melhor desempenho e produtividade.

Do mesmo modo, se o produtor deseja obter um cevado saudável, nutrido com ganho de peso diário adequado, precisará oferecer ao animal água fresca para processar a hidratação e nutrição corporal, bem como ajudar o animal na termorregulação corporal, e ainda fornecer ração balanceada e adequada que, por meio da conversão alimentar, resultará em ganho de peso do animal, ou, em outras palavras, conversão de ração em carne.

Ainda segundo esse entendimento, se o produtor deseja reduzir a taxa de perdas por doenças e outros fatores, deverá fornecer vacinas e medicamentos que servirão para a imunização do animal, contribuindo para a sanidade do animal, que ficará livre de doenças. A entrada de equipamentos na produção de suínos processa a otimização e gera a energia necessária para garantir o sistema produtivo. Além disso, o alojamento dos animais em instalações processa a cria de animais intensivamente, resultando em ganho de tempo de produção e maior controle do rebanho. O controle da ambiência nas instalações de suínos processa o conforto térmico dos animais, que contribui para maior produtividade animal. Assim, a aplicação de boas práticas no manejo de suínos processa o bem-estar animal na produção e contribui para a qualidade do produto final: a carne.

O entendimento dos subsistemas que compõem o sistema geral de um processo produtivo é fundamental, pois a partir do que se almeja obter em cada saída é que o produtor poderá decidir sobre sua produção: planejar, controlar e programar.

Claro que o nível tecnológico da atividade é afetado pela decisão do produtor, pois ele pode optar por subsistemas mais ou menos avançados. Por exemplo, em regiões de clima ameno, adequadas a atividade suinícola, o produtor não necessita de materiais genéticos melhorados para regiões de climas quentes, que possuem maior resistência às condições de estresse térmico por calor, nem precisa de equipamentos avançados de controle intensivo de ambiência, apenas os equipamentos básicos para garantir o conforto térmico dos animais.

Assim, os fatores primordiais para o sucesso do PCP aplicado na atividade estão nas mãos do produtor, na sua capacidade de compreender e conhecer as necessidades do mercado, na sua capacidade de produção e na dos concorrentes, nos custos e nos riscos envolvidos na sua atividade, entre outros. Contudo, o produtor não precisa ser um especialista para aplicar as ferramentas de PCP e conseguir apoio nas suas tomadas de decisão. Basta que siga o passo a passo apresentado neste capítulo para ser capaz de dimensionar sua produção de maneira simples e fácil.

Para começar, a Figura 8.6 trata do fluxo primário de informações para aplicação do PCP.

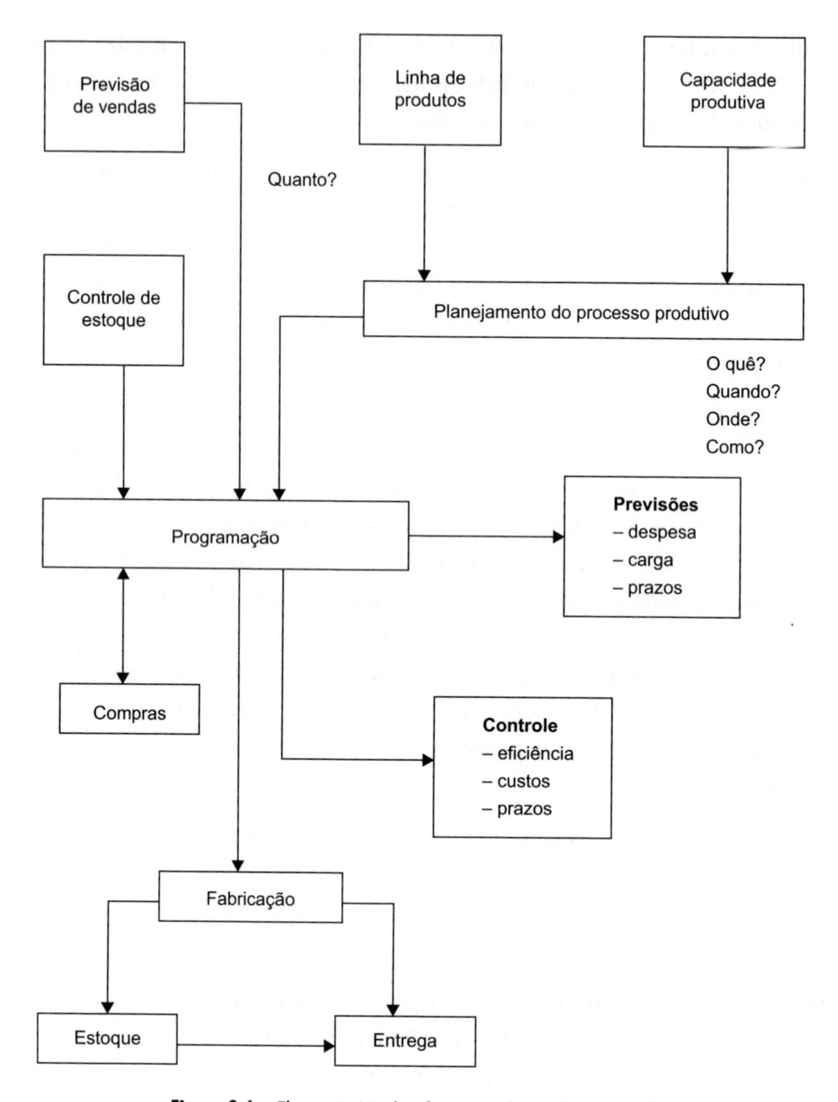

Figura 8.6 – Fluxo primário de informações da atividade suinícola.

Fonte: adaptada de Fusco e Sacomano (2007).

a) **Previsão de vendas:**[3] é o processo mais importante para a gestão de demanda (CORRÊA; GIANESI; CAON, 2011). O planejamento e controle da produção requer uma estimativa de quanto as vendas podem aumentar ou reduzir-se em relação a um determinado período analisado, contribuindo para os ajustes dos

[3] As previsões são a alma de qualquer processo de planejamento e requerem informações como: dados históricos de vendas período a período, informações sobre comportamentos atípicos de vendas anteriores, dados de variáveis correlacionadas às vendas passadas, situação atual de variáveis que podem afetar as vendas futuras, previsão da situação futura, conhecimento sobre a conjuntura econômica atual e previsão futura, informações de clientes potenciais, informações sobre a atuação dos concorrentes, informações sobre as decisões da área de vendas (CORRÊA; GIANESI; CAON, 2011).

processos internos. Para realizar uma previsão de vendas, é necessário conhecer o mercado, estabelecendo prognósticos de curto e/ou longo prazo. A previsão de vendas se baseia nos dados anteriores de vendas, possibilitando uma projeção para os meses futuros. Existem diversas técnicas de previsão de vendas, entre elas a análise de séries temporais, que considera pontos importantes para a previsão, como sazonalidade, aleatoriedade, tendência e ciclo. Basicamente, a previsão de vendas busca responder à questão "Quanto?", ou seja, qual a estimativa futura de vendas para a programação "ideal" da produção.

b) **Linha de produtos:** os produtos de uma empresa são, geralmente, classificados por famílias. As famílias de produtos são agrupadas de acordo com as características similares apresentadas entre eles. De modo geral, os produtores de suínos podem oferecer às indústrias de processamento três produtos diferentes, como: o tender suíno, pesando entre 70 a 80 kg; o normal, com 110 a 120 kg, e o parma suíno, apresentando de 130 a 140 kg. No estudo de caso apresentado, trabalha-se com o planejamento da linha de produtos referente ao suíno normal (110 a 120 kg).

c) **Capacidade produtiva:** a capacidade instalada da granja está relacionada à disposição dos recursos para a produção de leitões, como: equipamentos, quantidade de galpões, área disponível, entre outros. Assim, a suinocultura considera como equipamentos: número de baias de parição, a disposição de bebedouros e comedouros, silos para armazenamento da ração, sistema de aspersão etc. Já a área disponível está relacionada à densidade de animal por área. Geralmente, recomenda-se a disposição de um bebedouro tipo chupeta para até dez suínos na fase de creche, recria e terminação. Além disso, a quantidade de comedouros deve está adequada ao grupo de suínos e dentro das especificações para não desperdiçar ração. Tais indicações estipulam um comedouro semiautomático com duas bocas para atender entre dez e vinte suínos. Comedouros com quatro bocas podem servir até quarenta animais (BELLAVER; GARCEZ, 2000; DALLA COSTA et al., 2000). Desse modo, para o dimensionamento das instalações (número de baias para maternidade, creche, recria e terminação), bem como para calcular a densidade de animais por área por fase de produção, recomenda-se a leitura do *Manual brasileiro de boas práticas agropecuárias na produção de suínos*, de Dias et al. (2011), publicado pela Associação Brasileira de Criadores de Suínos (ABCS). Um dos fatores críticos de sistemas de produção de animais em confinamento é a disposição da área, que afeta o bem-estar dos animais e seu conforto. No nosso estudo de caso, o produtor adotou uma densidade de 1,2 m^2/suíno na fase de crescimento e terminação.

d) **Controle do estoque:** geralmente para manter as fases do processo produtivo independentes uma da outra, se aplica a gestão de estoque, ou seja, acúmulo de recursos para garantir a entrada destes no sistema produtivo (CORRÊA; GIANESI; CAON, 2011). Os estoques são classificados em estoque de matéria-prima, partes intermediárias, estoque em trânsito e estoque de produtos acabados. No caso da suinocultura, tendo como foco o produtor rural, o estoque referido é o de matéria-prima para produção do cevado. Dessa maneira, quais matérias-primas o produtor precisa gerir para manter sua produção? Pode-se citar a ração dos animais, as vacinas, os medicamentos, os consumíveis em processo, como água e energia. Além disso, se o produtor se valer das técnicas de inseminação para reprodução animal, é importante manter um estoque de sêmen. O produtor deve conhecer e manter o controle dos custos de cada item do estoque para saber quando realizar o pedido de reposição, além de realizar o cálculo de lote econômico de compra para aquisição da quantidade certa ao menor custo possível, com o objetivo de atender a um determinado período de abastecimento.

e) **Planejamento do processo produtivo:** o processo de planejamento exige a definição de respostas para questões como: i) o que produzir?; ii) quando produzir?; iii) onde produzir?; e iv) como produzir?. Ao tratar da suinocultura, para responder à primeira questão, o suinocultor pode definir sua produção em suíno tender, normal ou parma; ou, ainda, dependendo de sua capacidade produtiva, distribuir sua planta produtiva para atender aos três tipos de produtos diferentes. Outra colocação que se faz essencial para esse questionamento diz respeito à produção especializada, ou seja, produtores que só produzem animais reprodutores; unidades de produção de leitões (UPL); unidades de crescimento e terminação (UT). Quanto à segunda questão, o processo de planejamento determina quando produzir, prevendo o período de produção de produtos especializados. Por exemplo, numa situação imaginária, durante o ano inteiro se produz suíno normal, contudo, em datas comemorativas como dia das mães e festas de fim de ano, há uma tendência para o aumento da produção de tender suíno, devido ao aumento da demanda. Saber onde produzir é essencial. Aqui, o suinocultor deve pensar na localização estratégica da granja; verificar se há facilidades de acesso a vias de distribuição do seu produto, em que estão localizados seus principais clientes. A má localização de um negócio pode aumentar os custos logísticos e favorecer o prejuízo financeiro. A última questão do planejamento refere-se ao *know-how* do suinocultor. Assim, o conhecimento e a experiência do produtor farão diferença em relação aos concorrentes. Atualmente, as exigências pela produção de suínos sob a ótica do bem-estar animal e da sustentabilidade têm exigido mais do produtor, como treinamento de funcionários e formação de equipes de controle para monitorar as práticas de bem-estar dentro da granja.

f) **Programação:** execução do planejamento, realização de atividades por funcionários designados, para atender o planejado na quantidade certa e no tempo certo. A programação da produção geralmente é realizada por meio de sistemas de informação gerencial que auxiliam na tomada de decisão e na manutenção do controle do que está sendo produzido por meio do cumprimento de um plano mestre de produção (PMP). Nas palavras de Pedroso e Corrêa (1996), a programação da produção trata do planejamento de curto prazo, pois consiste em determinar quais atividades produtivas devem ser executadas, quando devem ser realizadas (prioridades) e quais recursos devem ser utilizados para atender à demanda.

g) **Previsão:** refere-se à previsão do custo da produção programada, do prazo de produção etc. Assim, qual o custo para produzir um cevado desde o nascimento até a terminação? Quanto o cevado irá consumir de ração, água, energia, vacina e medicamentos durante o seu ciclo de produção? Quantas pessoas estão envolvidas na produção? Qual o tempo estimado de produção? A previsão de custos e prazos da produção é importante para o suinocultor saber o quanto irá gastar (despesas fixas e variáveis), bem como o prazo de produção para tomada de decisão sobre os investimentos na produção e atendimento dos prazos determinados pelas ordens dos clientes.

h) **Compras:** aquisição dos recursos necessários para manter o fluxo de produção. Por exemplo, a compra de ração para disponibilizar a quantidade certa de alimentação aos cevados durante o processo produtivo, assegurando a dieta adequada em cada fase de produção, no intuito de obter o animal final no peso adequado para abate, conforme especificações das ordens dos clientes. O não fornecimento dos recursos necessários à produção do cevado afeta o prazo de terminação do animal, gerando mais custos de alojamento ao empresário.

i) **Controle:** essencial para garantir o atendimento dos custos previstos e dos prazos determinados na programação da produção. A falta de controle do processo produtivo gera ineficiência, aumenta os custos e dificulta o cumprimento das metas. Desse modo, o gerente da granja ou funcionário responsável pelo controle da produção deve estar sempre atento às atividades, se estão sendo realizadas no prazo ou se está ocorrendo alguma eventualidade, atrasando o fluxo de produção planejado. O controle surge como uma ferramenta para tomada de decisão a fim de solucionar rapidamente problemas que possam ocorrer durante o processo. Os problemas devem ser registrados, bem como as alternativas adotadas para sua solução.

j) **Fabricação:** refere-se à produção em si. É a "fabricação" do cevado. Todos os itens anteriores são realizados para garantir que o processo de fabricação ocorra o mais eficiente e eficazmente possível, a fim de atender à demanda de mercado.

k) **Estoque:** importante ferramenta de gestão para controle do atendimento aos pedidos colocados pelos clientes. A existência de estoque garante o atendimento dos pedidos dos clientes sem atraso. Contudo, o seu mau dimensionamento resulta em altos custos para o empresário, razão pela qual se recomenda gerir os estoques. No caso da produção agropecuária, especialmente tratando de suínos, o ideal é que não se mantenham estoques vivos, ou seja, de animais acabados, prontos para abate. Nesse caso, recomenda-se que, após a terminação do cevado, este seja vendido para a indústria, pois a existência de estoque vivo acarreta mais custos com ração, medicamentos e espaço em razão de aumento do tempo de alojamento, custos com mão de obra, entre outros custos agregados. Além disso, o estoque vivo pode alterar o padrão do produto (animal), por exemplo, de tender ou normal para parma, por causa do ganho de peso médio diário (GMD). O estoque de suínos vivos pode acabar ocorrendo por variações no mercado ligadas à queda no volume de abate, provocando a queda de preço do peso vivo no mercado e, consequentemente, encorajando a geração de estoques de suínos vivos. Assim, é importante que o empresário rural esteja sempre monitorando o mercado para ajustar a programação da produção quando for necessário, reduzindo a quantidade de suínos produzidos.

l) **Entrega:** Após a "fabricação" do suíno, este está pronto para entrega ao cliente. A entrega é o processo de transferência da planta de produção para o cliente. O processo de entrega considera o planejamento das operações logísticas adotado pela granja. Comumente, as operações logísticas de entrega podem ocorrer sob a responsabilidade do produtor ou do cliente, a depender do acordo estabelecido entre as partes. Além disso, o processo de entrega está relacionado à determinação do local de entrega, que deve estar claro para ambas as partes na negociação do pedido. Por exemplo, se a entrega, ou seja, o transporte dos animais, for da responsabilidade do produtor, devendo este entregar o produto no local do cliente (na planta de abate, unidade de terminação etc.), o produtor estará realizando uma venda CIF, ou seja, os custos da operação logística (frete de transporte e seguro) serão pagos pelo produtor; logo, o preço do animal deverá considerar tais custos. Do mesmo modo, se a entrega dos animais for no local do produtor (granja), sendo o transporte da responsabilidade do cliente, que assumirá os custos e o risco da operação logística, o produtor deverá realizar uma venda FOB, ou seja, o preço do animal não embute os custos logísticos.

8.5.1 ESTIMATIVA DOS CUSTOS DE PRODUÇÃO ENTRE EMPRESÁRIOS INDEPENDENTES E INTEGRADOS

As unidades produtivas competem entre si em custos e qualidade. Esses dois parâmetros da produção têm sido alvo de estudos de diversas áreas do conhecimento. Assim, custo e qualidade são termos que devem obrigatoriamente fazer parte do escopo do planejamento, controle e produção. Focando em custos de produção, o empresário deve conhecer bem os custos fixos e variáveis do negócio em que atua, para calcular o ponto de equilíbrio de produção de tal maneira que equilibre suas receitas e despesas. Além disso, deve proporcionar a visão sobre o quanto precisa vender para obter lucros.

Neste tópico, apresenta-se o ponto de equilíbrio para as duas granjas do estudo de caso, considerando o sistema independente e integrado de produção. Os valores apresentados na Tabela 8.4 foram estimados com base nas informações fornecidas, para fins didáticos. Para o cálculo do ponto de equilíbrio, aplicou-se a Equação (8.1).

$$Ponto\,de\,equilíbrio = \frac{Custos\ fixos}{\left(Faturamento - Custos\,variáveis\right)} \qquad (8.1)$$

A partir da comparação realizada, considerando as situações dos empresários independente e integrado, pode-se observar que o ponto de equilíbrio para o empresário independente é de 1.248 cabeças de suínos e para o empresário integrado de 5.842

cabeças. Além disso, observando os dados, é possível perceber que o empresário independente apresenta um custo maior por animal do que o empresário integrado, e apesar do lucro por animal ser maior para o empresário independente, a margem de lucro é menor do que a do empresário integrado.

Tabela 8.4 – Estimativa do ponto de equilíbrio para os sistemas independente e integrado

Parâmetros	Independente	Integrado
Ciclo de produção (mensal)	277	100
Venda mensal (cabeças)	1.960	7.680
Média de peso (kg)	120	120
Preço (R$/kg)	3,25	2,81
Preço (R$/cabeça)	390,00	337,50
Faturamento (R$/mês)	764.400,00	2.592.000,00
Despesas fixas (R$/mês)	247.376,00	445.101,60
Despesas variáveis (R$/mês)	375.904,00	1.654.380,00
Custo total (R$/mês)	623.280,00	2.099.481,6
Custo por animal (R$/mês)	318,00	273,37
Lucro (R$/mês)	141.120,00	492.518,4
Lucro por animal (R$/mês)	72,00	64,13
Ponto de equilíbrio (cabeças)	1.248	5.842

8.6 CONSIDERAÇÕES FINAIS

O planejamento da produção – o que, quando, onde e como produzir – e a programação dos recursos para operacionalizar o sistema de produção, com um sistema de controle dos custos e prazos, para monitorar o fluxo de produção e corrigir os desvios, seja na indústria ou no campo, são essenciais para um bom gerenciamento do atendimento às demandas de mercado.

O domínio de informações confiáveis que possam embasar as previsões de venda, permitindo responder a quanto produzir, alinhado ao planejamento, é o início para a busca por maior produtividade, redução dos custos de produção e maior margem de lucros.

A aplicação do PCP nas atividades agropecuárias fornece ao produtor/agroindústria os dados necessários para a elaboração do PMP contendo as diretrizes do processo de produção. A consolidação das informações sobre demanda e sobre os recursos necessários à produção auxilia os gestores na tomada de decisão, e também a buscarem o melhor direcionamento possível para a obtenção dos melhores resultados.

BIBLIOGRAFIA

BELLAVER, C.; GARCEZ, D. C. P. *Comedouros para suínos em crescimento e terminação. Comunicado Técnico*, Embrapa Suínos e Aves, n. 248, p. 1-7, 2000.

BURBIDGE, J. L. *Planejamento e controle da produção*. São Paulo: Atlas, 1981.

CORRÊA, H. L.; GIANESI, I. G. N.; CAON, M. *Planejamento, programação e controle da produção:* MRP II/ERP: conceitos, uso e implantação. 5. ed. São Paulo: Atlas, 2011.

DALLA COSTA, O. A. et al. Caracterização do sistema hidráulico e da qualidade da água em granjas de suínos da região Sul do Brasil nas fases creche, crescimento e terminação. *Comunicado Técnico*, Embrapa Suínos e Aves, n. 247, p. 1-5, 2000.

DIAS, A. C. et al. *Manual brasileiro de boas práticas agropecuárias na produção de suínos*. Brasília/Concórdia: ABCS/Mapa/Embrapa Suínos e Aves, 2011.

FERNANDES, F. C. F.; GODINHO FILHO, M. *Planejamento e controle da produção:* dos fundamentos ao essencial. São Paulo: Atlas, 2010.

FUSCO, J. P. A.; SACOMANO, J. B. *Operações e Gestão estratégica da produção.* São Paulo: Arte & Ciência, 2007.

GODINHO FILHO, M. F. *Paradigmas estratégicos de gestão da manufatura.* 2004. Tese (Doutorado em Engenharia de Produção), Universidade Federal de Santa Catarina, Florianópolis, 2004.

HARDING, H. A. *Administração da produção.* São Paulo: Atlas, 1981.

IBGE – INSTITUTO BRASILEIRO DE GEOGRAFIA E ESTATISTICA. *Pecuária 2013.* Disponível em: <http://www.ibge.gov.br/estadosat>. Acesso em: 10 abr. 2015.

PEDROSO, M. C.; CORRÊA, H. L. Sistemas de programação da produção com capacidade finita: uma decisão estratégica? *Revista de Administração de Empresas*, v. 36, n. 4, p. 60-73, 1996.

PEREZ, C.; CASTRO, R.; FURNOLS, M. F. The pork industry: a supply chain perspective. *British Food Journal*, v. 111, n. 3, p. 257-274, 2009.

PIRES, S. R. I. *Gestão estratégica da produção.* Piracicaba: Unimep, 1995.

PLOSSL, G. W. *Production and inventory control:* principles and techniques. 2. ed. Englewood Cliffs: Prentice-Hall, 1985.

ROCHA, D. T.; MOURA, A. D.; GIROTTO, A. F. Análise de risco de sistemas de produção de suínos, integrado e independente, em períodos de alta e baixa rentabilidade. *Revista de Economia e Agronegócio*, v. 5, n. 3, p. 401-424, 2007.

RUSSOMANO, V. H. *PCP:* Planejamento e controle da produção. 5. ed. São Paulo: Pioneira, 1995.

SEBRAE – SERVIÇO BRASILEIRO DE APOIO ÀS MICRO E PEQUENAS EMPRESAS. *Agronegócio:* bom jogo para a suinocultura 2014. Disponível em: <http://www.sebrae2014.com.br/Sebrae/Sebrae%202014/Boletin>. Acesso em: 19 abr. 2015.

SLACK, N. *Vantagem competitiva em manufatura:* Atingindo competitividade nas operações industriais. São Paulo, 1997.

SOMBERGER, G. P.; NANTES, J. F. D. Mensuração e controle dos custos na cadeia interna de valor: um estudo de caso na suinocultura da região norte de Mato Grosso. *Informações Econômicas*, v. 41, n. 7, 2011.

USDA - UNITED STATES DEPARTMENT OF AGRICULTURE; FAS - FOREIGN AGRICULTURAL SERVICE. *Livestock and poultry:* world markets and trade. Abr. 2015. Disponível em: <http://apps.fas.usda.gov/psdonline/circulars/livestock_poultry.pdf>. Acesso em: 14 de abr. 2015.

VOLLMANN, T. E. et al. *Sistemas de planejamento e controle da produção*. Porto Alegre: Bookman, 2006.

ZACCARELLI, S. B. *Programação e controle da produção*. 5. ed. São Paulo: Pioneira, 1979.

CAPÍTULO 9
QUALIDADE APLICADA AO AGRONEGÓCIO

João Gilberto Mendes dos Reis
Pedro Luiz de Oliveira Costa Neto

9.1 INTRODUÇÃO

A qualidade esteve sempre associada às atividades do nosso dia a dia, aos produtos que compramos e à forma como agimos em tudo o que fazemos. Imagine se fôssemos cortar o cabelo e voltássemos carecas ou com o cabelo todo arrepiado contra a nossa vontade. Se comprássemos uma casa e ela caísse por problemas na estrutura. Se fôssemos ao médico e este fizesse uma cirurgia, enquanto na verdade precisássemos de um antigripal. Estes são exemplos que parecem absurdos, mas são cada vez mais comuns na vida moderna. Uma emissora de televisão noticiou que um médico oftalmologista cegou vários de seus pacientes por utilizar material contaminado e não esterilizado antes e depois de cada cirurgia. Claro que não se pretende criar pânico entre os leitores e fazer com que fechem o livro antes de começar a leitura, mas essas são situações que nos ajudam a refletir sobre a importância de adotar a qualidade total em tudo o que fazemos e receber essa mesma qualidade dos produtos e serviços que adquirimos.

Pode-se perceber como a qualidade é essencial aos produtos e serviços, mas o que vem a ser a qualidade? Existem diferentes tipos e estágios da qualidade? Como identificar se algo tem ou não qualidade? São questões como essas que são abordadas ao longo deste capítulo.

O foco aqui, neste livro, é o agronegócio; assim, vamos buscar maneiras de entender a qualidade no dia a dia da fazenda, na vida da agroindústria e ao longo das cadeias agroindustriais. Percebe-se como é importante que a qualidade esteja presente nesses processos. Afinal, se dizem que somos o que comemos, dependemos essencialmente da qualidade dos produtos que consumimos, que é garantida por processos de produção adequados e conformes. A busca pela qualidade, e também pela produtividade, é inerente à qualidade do processo de produção, seja de bens tangíveis, seja de serviços.

Ao longo deste capítulo serão apresentados exemplos e ideias sobre a qualidade no agronegócio, e também maneiras de melhorar as operações da fazenda, da agroindústria ou do varejo.

9.2 CONCEITO

A qualidade tem sido um importante elemento no desenvolvimento da humanidade. Não há como negar que muitas obras importantes jamais seriam possíveis sem o uso de algum recurso para garantir a sua qualidade. Um exemplo são as pirâmides do Egito, que não teriam se sustentado através dos séculos sem que algum sistema de qualidade tivesse sido usado na sua construção.

O desenvolvimento da humanidade fez com que surgissem diversos produtos e serviços. Da construção de casas à fabricação de veículos, das operações de transporte aos serviços especializados de psicologia, o mundo moderno apresenta uma infinidade de variedades de produtos e serviços disponíveis às pessoas. Entretanto, a todos eles uma característica se faz fundamental, a "qualidade". Uma casa deve ser capaz de resistir às diversas intempéries climáticas, ser prática, funcional e durável. Um serviço deve ser prestado de maneira cordial, atenciosa, educada e segura.

A qualidade esteve presente desde a origem do homem, fosse nas primeiras ferramentas de pedra lascada, no desenvolvimento da cerâmica para guarda de alimentos ou nas armas produzidas a partir do metal. É claro que, como em todo processo, houve uma melhoria das características dos produtos. Os romanos, por exemplo, tinham problemas com a deformação das suas espadas após as batalhas e descobriram que o ferro se tornava mais duro quando aquecido por longos períodos e resfriado em salmoura, caracterizando o primeiro processo de têmpera e, consequentemente, melhorando a qualidade de suas espadas.

O trabalho de produção se deu de maneira artesanal em boa parte da existência humana. Os artesãos tratavam diretamente com seus clientes, procuravam captar as necessidades dos consumidores, pois a comercialização de seus produtos dependia muito da reputação de qualidade que se transmitia no "boca a boca". Com a Revolução Industrial e o aumento da escala de produção, levou-se a qualidade para dentro das indústrias, com especificações, precisão dimensional e conformidade com o projeto.

Porém, foi no século XX, com o grande desenvolvimento da indústria, que a qualidade passou a ser estudada mais a fundo e teve estabelecidos padrões que norteiam a sua busca e aperfeiçoamento até os dias atuais. Durante esse processo, foram tentadas diversas maneiras de se definir o que seria, de fato, a qualidade.

Crosby (1979), um dos celebrados gurus da qualidade, em seu livro *Qualidade é investimento*, definiu qualidade como conformação aos requisitos estabelecidos para produtos e serviços, que devem ser cumpridos da melhor maneira possível. Vejamos como a definição de Crosby se apresenta no caso do agronegócio. Consideremos a soja, por exemplo. Quando classificada, espera-se que apresente até 2% de impurezas e que tenha uma umidade máxima de 14%. Essas exigências são, nesse caso, os requisitos de qualidade do produto soja. Se a soja classificada atender a esses requisitos, estará em conformidade com os requisitos estabelecidos entre clientes e fornecedores, tendo o produto a qualidade especificada.

A definição de Crosby é restrita à conformidade. A qualidade, porém, pode ter outras facetas. Para o professor Vicente Falconi Campos (2014), grande guru brasileiro da qualidade, um produto ou serviço de qualidade é aquele que atende perfeitamente, de modo confiável e seguro e no tempo certo, às necessidades do cliente. O autor entende que isto pode se dividir em cinco aspectos:

- Atende perfeitamente = projeto perfeito.
- De forma confiável = sem defeitos.
- De forma acessível = baixo custo.
- De forma segura = segurança do cliente.
- No tempo certo = entrega no prazo certo, no local certo e na quantidade certa.

Pensando o conceito do professor Falconi no agronegócio, o projeto perfeito implica plantar a semente no tempo certo e colher o produto também no tempo certo, com o padrão desejado. Além disso, a armazenagem e o transporte devem ser realizados adequadamente, mediante embalagens em perfeitas condições, para garantir que o grão será entregue também em perfeitas condições ao cliente do agronegócio.

O produto é confiável quando, por exemplo, a salada de alface que consumimos está apropriada ao consumo, sem riscos à saúde do consumidor. Aqui, é importante deixar uma questão para reflexão: será que o excesso de uso de defensivos agrícolas é um padrão de qualidade? Será que esse produto é confiável para o consumidor?

Como em qualquer indagação, sempre podem haver dois lados ou posições. O professor Falconi também afirmou que o produto deve ser de baixo custo. O baixo custo está associado à produtividade do processo de produção, o que, no agronegócio, significa o uso de defensivos agrícolas para combater as pragas e aumentar a produtividade, e consequentemente a disponibilidade, de produtos com redução no seu preço final.

Outro aspecto pontuado pelo professor Falconi é a questão de o produto ser seguro ao cliente. Novamente se pode questionar se o uso de defensivos agrícolas é realmente seguro para o cliente.

Por fim, temos a qualidade logística, ou seja, o produto deve estar no lugar certo e na quantidade certa, o que na fazenda nem sempre é fácil, pois ela é extremamente dependente do clima e do risco de pragas. Tudo isso mostra quanto é preciso avançar na melhoria das atividades agroindustriais para conseguir a tão almejada qualidade.

Um outro grande pensador da qualidade foi Joseph Juran (1993). Esse importante guru da qualidade explica que qualidade nada mais é do que a adequação ao uso, ou seja, que o produto ou serviço atenda às necessidades do cliente ou consumidor. Os produtos agroindustriais geralmente são produtos alimentícios. Portanto, a adequação ao uso reside na sua disponibilidade ao consumidor, que esteja próprio para ser consumido e gere a energia necessária para sobrevivermos.

Em relação ao agronegócio, percebe-se que o homem tem alcançado uma produtividade jamais sonhada na história, mas agora tem de adequar essa produção à questão da qualidade. Por isso, discussões sobre sementes transgênicas, a busca por uma alimentação orgânica, a necessidade de conservação dos alimentos e a melhoria dos processos passam a ser o novo foco da produção agrícola. Se todas as atividades do agronegócio forem realizadas com qualidade, os desperdícios serão reduzidos e a disponibilidade de alimento aumentará, bem como seu fator nutricional. Mais do que a quantidade, devemos nos preocupar com a qualidade do que comemos.

Para finalizar essa digressão pelos conceitos da qualidade, tem-se a definição dada por Armand Feigenbaum (1994) de que o controle da qualidade total, significando que todos na organização devem estar conscientizados e participando desse controle, provê alta satisfação dos clientes em níveis mais econômicos. Alta satisfação: esta é a expressão-chave. Aquelas organizações, sejam do agronegócio ou não, que conseguirem prover alta satisfação aos clientes serão as que sobreviverão no mundo competitivo, em que a qualidade não é um *plus*, mas um requisito para competir.

9.3 DIMENSÕES DE GARVIN

A qualidade também pode ser avaliada por meio de suas dimensões. Garvin (1984) propôs oito dimensões para a qualidade de produtos, nas quais se agregam as visões da qualidade aos indicadores de boa utilização dos produtos ou serviços oferecidos aos clientes e consumidores.

Essas oito dimensões permitem uma avaliação da qualidade do produto (ou serviço) por meio dos diversos aspectos que podem ser considerados relevantes:

- **Desempenho do produto ou serviço:** diz respeito à capacidade do produto ou serviço em questão de atender adequadamente à(s) principal(is) finalidade(s) para a(s) qual(is) foi concebido. Um bom desempenho do agronegócio seria que os produtos produzidos no campo e pelas agroindústrias atendam às necessidades alimentares dos consumidores.
- **Características secundárias:** referem-se às características não essenciais ao desempenho, mas que contribuem para aprimorá-lo. Certamente, utilizar técnicas de bem-estar animal durante o transporte de animais para o abatedouro aumenta a qualidade da carne e demonstra o quanto a empresa busca ser eficiente

em seus processos, reduzindo as perdas e garantindo ao consumidor que o seu alimento foi produzido segundo os mais altos índices de qualidade e atendendo a questões de abate humanitário.

- **Conformidade:** cumprimento das especificações, ou seja, o produto ou serviço deve estar de acordo com os parâmetros especificados pelo projeto e ou especialista. O uso de nutrientes conforme especificado pelos especialistas em alimentação animal durante o crescimento é um exemplo dessa dimensão.
- **Confiabilidade:** refere-se à segurança do uso, à garantia de que o produto não falhará. Um produto agrícola confiável é aquele que pode ser consumido com a certeza de que não trará problemas tanto no curto como no longo prazo. A noção de um efeito de longo prazo é inerente à noção de confiabilidade no agronegócio. Se o consumo de determinado produto no longo prazo levar o consumidor a ter um câncer, por exemplo, isso é uma grave falta de confiabilidade. Infelizmente, como essa causalidade depende de um uso prolongado, é difícil correlacionar a doença ao consumo de determinado produto, mas cabe às organizações de saúde, mediante pressão dos consumidores, garantir princípios éticos na produção de alimentos.
- **Durabilidade:** está relacionada à vida útil do produto. É uma dimensão nem sempre aplicável a produtos de agronegócio, pois muitos produtos são de curta duração. Uma aplicação interessante diz respeito aos vinhos, que exigem condições adequadas de estocagem para garantir uma durabilidade razoável.
- **Assistência técnica:** refere-se ao apoio pós-venda. A assistência técnica nas cadeias agroindustriais geralmente é feita pelas agroindústrias que são responsáveis pelo processamento e que lidam diretamente com o varejo e os consumidores.
- **Estética:** relacionada à aparência do produto e serviço. A qualidade estética dos produtos do agronegócio é fundamental, pois aumenta significativamente o valor de venda do produto. Um bom exemplo são as frutas. Quanto mais vistosas e coloridas, mais o cliente se dispõe a pagar por elas, pois relaciona a estética à qualidade do produto. Isso, por sua vez, faz com que possa haver desperdícios no varejo, que pode preferir descartar as frutas que não atendam ao padrão estético.
- **Qualidade percebida:** diz respeito a como o cliente avalia o produto, que se constitui em uma opinião subjetiva. A qualidade percebida está atrelada à percepção do consumidor, tendo influência direta nas vendas do produto. Se um cliente entende que o produto agrícola orgânico é mais saudável, ele paga a mais pelo produto, por entender que não prejudicará sua saúde.

O conhecimento das dimensões da qualidade de Garvin certamente será útil aos responsáveis pelo agronegócio, com a finalidade de aumentar a aceitação de seus produtos por parte dos seus clientes.

9.4 VISÕES DA QUALIDADE

O conceito de qualidade foi objeto de ampla discussão entre os especialistas durante boa parte do século XX. Conclui-se não ser possível estabelecer um conceito único para qualidade. Entretanto, Garvin (1992) sintetizou essa discussão apresentando cinco visões para a qualidade, hoje praticamente consideradas consenso.

- **Transcendental:** ligada à ideia de excelência do produto ou serviço, com padrões rígidos e alto desempenho, que não pode ser definida precisamente. A qualidade do produto ou serviço é considerada transcendental quando se entende que ela dispensa qualquer avaliação, é inquestionável. Um veículo Rolls-Royce é um exemplo do que se define como qualidade transcendental. No agronegócio, a qualidade transcendental não está atrelada apenas à marca de um fabricante específico, mas muitas vezes a um produto. Um *whisky* da marca Royal Salute, por exemplo, pode ser considerado como tendo qualidade transcendental pelos especialistas nessa modalidade de bebida.
- **Baseada no produto ou serviço:** ligada à ideia de serventia. Essa visão se relaciona a aspectos específicos de produtos ou serviços que possam exercer atração sobre clientes ou consumidores tecnicamente esclarecidos. É o caso, por exemplo, de uma mãe que só dá ao seu filho pequeno leite tipo A, por entender que possui maior quantidade de nutrientes.
- **Baseada no usuário:** ligada às ideias de marketing de atendimento das necessidades dos clientes; considera-se aqui a adequação ao uso na visão do cliente. A qualidade, nesse caso, é subjetiva, referente à percepção do cliente, que pode variar de acordo com o grupo de usuários de determinado produto. Um bom exemplo da percepção do usuário pode ser dado com a relação à carne bovina e aos consumidores portugueses e brasileiros. Os brasileiros preferem adquirir carnes com maior teor de gordura, pois a gordura melhora a experiência do sabor, enquanto os portugueses preferem carnes magras e de novilhos, pois estas têm baixo teor de gordura. O que para nós é boa qualidade, para outros é demérito, ilustrando a subjetividade dessa abordagem.
- **Baseada no processo:** ligada à ideia de conformação ou conformidade, ou seja, quão bem um processo está executando o que foi especificado; considera, pois, a conformidade com as especificações. A opção por um produto agrícola sem o uso de agrotóxicos na sua produção é um exemplo que invoca essa abordagem da qualidade. No agronegócio, entretanto, a qualidade não é vista como resultado do processo, e sim em relação às características do produto e da matéria-prima. Se o processo for ruim, mas a qualidade do produto for satisfatória, não haverá queixas por partes dos clientes.
- **Baseada no valor:** relacionada às considerações econômicas, relação custo *versus* preço, desempenho e conformidade com valor. No agronegócio, é comum produtos terem o enfoque da qualidade com base no valor, o que aumenta o seu preço. O café da Colômbia, por exemplo, adquiriu uma reputação de qualidade que faz com que se pague mais por ele que pelo café brasileiro.

9.5 QUALIDADE EM SERVIÇOS

Todos sabemos o que são serviços. São resultados de atividades humanas que produzem bens não tangíveis, mas que satisfazem necessidades dos clientes ou consumidores. Juran (2002) considera haver três tipos de resultados de produção humana: bens tangíveis, serviços e *softwares*, cuja distinção, por ser clara, deixamos a cargo da percepção do leitor.

Em maior ou menor grau, todo produto está associado a um serviço e vice-versa. Quando em uma loja pretende-se adquirir um produto, existe uma relação de serviço com o atendimento do vendedor, do atendimento ao cliente e a movimentação logística. Do mesmo modo, quando se usa o serviço de um médico, este se vale de aparelhos e nos receita remédios, que são produtos tangíveis.

Há também serviços associados a grande parte das atividades produtivas que também claramente se aplicam ao agronegócio, como manutenção, marketing, serviços médicos, treinamento, planejamento etc.

No agronegócio, o serviço está associado às consultorias, ao desenvolvimento de pesquisas, à prestação de serviços de agrônomos e veterinários, entre outros.

Os serviços possuem características bem particulares. Segundo Nanci e Salles (2008), a indústria de serviços difere da indústria de bens em diversos aspectos:

- enquanto na produção de bens é possível estocar produtos acabados, na produção de serviços o consumo é imediato e ocorre paralelamente à sua produção;
- o alto grau de contato com o consumidor o condiciona a um tempo limitado de espera e influencia diretamente sua satisfação e percepção da qualidade do serviço;
- serviços, em geral, estão sujeitos a maior variabilidade dos fatores de produção (entradas e saídas) e, consequentemente, estão pouco sujeitos à automação;
- a avaliação da qualidade dos serviços é mais complexa do que a mesma avaliação para o caso da produção de bens, dada a subjetividade do consumidor quanto aos resultados esperados.

Os serviços são conhecidos por serem intangíveis, ou seja, não é possível tocá-los, sempre ocorrem na presença do cliente ou de um item que seja de sua posse. O seu consumo é imediato ao fornecimento. Um veterinário presta um serviço quando vacina um bezerro, pois a vacinação é intangível, necessita da presença do bezerro e é produzida e consumida simultaneamente, ou seja, no momento da prestação do serviço.

Dessa maneira, os serviços são experiências que o cliente vivencia, enquanto os produtos são coisas que podem ser possuídas. A intangibilidade dos serviços torna mais difícil para os gerentes, funcionários e mesmo para os clientes avaliarem seu resultado e qualidade.

É importante discutir também que produtos e serviços coexistem, tornando mais complicada a sua diferenciação. Segundo Slack, Chambers e Johnston (2009), cada vez fica mais difícil distinguir serviços e produtos, pois a tecnologia de informação e da comunicação está desafiando algumas consequências da intangibilidade dos serviços. A Figura 9.1 ilustra diversas atividades que envolvem produtos e serviços em diferentes graus.

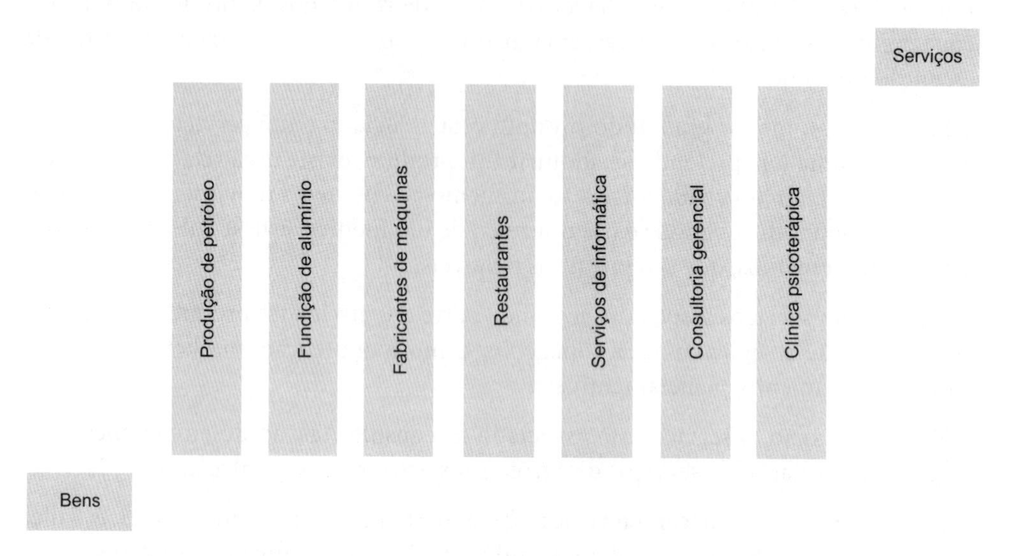

Figura 9.1 – Produtos *versus* serviços.

Fonte: adaptada de Slack, Chambers e Johnston (2009).

Produção de petróleo é quase basicamente produto, enquanto a clínica psicoterápica é basicamente serviço. O restaurante é um intermediário, ou seja, um *mix* dos dois. A produção agroindustrial, considerando o cliente final, oferece produtos, mas existem atividades de serviço ao longo das cadeias agroindustriais.

A qualidade dos serviços tem muito a ver com a percepção que os clientes têm deles. De fato, Rotondaro e Carvalho (2005) entendem a qualidade de serviços como uma subtração:

$$\textit{Qualidade em serviço} = \textit{serviço percebido} - \textit{serviço esperado} \qquad (9.1)$$

Assim, se o serviço percebido é maior que o serviço esperado pelo cliente, melhor será a percepção que este terá da qualidade. Como exemplo, digamos que alguém foi a uma enoteca escolher um vinho especial para presente e esperava ser atendido, após alguma espera, por algum atendente que entendesse pouco sobre vinhos. Ao entrar, porém, foi prontamente atendido por um *sommelier* que resolveu rapidamente o problema. Certamente, a qualidade do serviço para o cliente será positiva.

Aspectos tangíveis referem-se à boa apresentação dos elementos tangíveis necessários à prestação dos serviços, como instalações, pessoal, aspecto, higiene etc. Parasuraman, Zeithaml e Berry (1990) propõem dez dimensões da qualidade referentes à prestação de serviços.

- **Confiabilidade:** envolve a consistência da prestação e a confiança do cliente no serviço. Significa que a empresa cumpre o que promete. Envolve cobrança correta, manutenção correta dos registros, realização do serviço no prazo indicado.
- **Responsividade:** refere-se à disposição ou prontidão dos empregados para a prestação de serviços. Envolve a tempestividade ou a oportunidade do serviço. Inclui também remessa imediata do comprovante, resposta rápida aos telefonemas dos clientes, prestação pronta do serviço.
- **Competência:** significa dispor das habilidades e dos conhecimentos necessários para prestar o serviço, de parte de todos os envolvidos.
- **Acesso:** refere-se à facilidade de se utilizar o serviço. Envolve: disponibilidade de serviço por telefone, tempo razoável para espera de um serviço, horário conveniente, localização conveniente.
- **Cortesia:** significa polidez, respeito, consideração e comportamento amigável do pessoal de contato. Envolve: consideração pelos bens do consumidor, aparência limpa e arrumada do pessoal do contato público.
- **Comunicação:** significa manter os clientes informados em uma linguagem que possam compreender, além de dar ouvidos a eles. Envolve explicar o serviço em si, quanto ele custará e a relação entre serviço e custo e garantir ao cliente que o problema será devidamente encaminhado.
- **Credibilidade**: significa ser digno de confiança e ser honesto. Contribuem para a credibilidade: o nome da empresa, a reputação da empresa, as características pessoais da equipe de contato e o grau de trabalho concentrado na venda e envolvido nas interações com os clientes.
- **Segurança:** significa estar livre do perigo, risco ou dúvida. Envolve: segurança física, segurança financeira e sigilo.
- **Compreensão/conhecimento do cliente:** refere-se aos esforços para entender as necessidades dos clientes. Envolve: aprender as necessidades específicas dos clientes, dar atenção individual e reconhecer clientes habituais.
- **Tangíveis:** são evidências físicas do serviço, como instalações, aparência do pessoal, ferramentas ou equipamentos usados para prestar o serviço. Envolve: representações físicas do serviço, como cartão de crédito.

9.6 SISTEMAS DE GESTÃO DA QUALIDADE

Os sistemas de gestão da qualidade têm se difundido como um modo de garantir a qualidade de produtos, serviços e processos. De metodologias a sistemas auditados, sua importância tem sido fundamental para a obtenção de ganhos de produtividade nos tempos modernos.

Sem esgotar o assunto, quatro desses sistemas são apresentados a seguir.

9.6.1 *TOTAL QUALITY MANAGEMENT* (TQM)

A sigla TQM significa, em inglês, *Total Quality Management* (ou "gestão da qualidade total", em português), e costuma ser difundida como TQC (*Total Quality Control*), entre os japoneses.

O controle da qualidade total é um sistema eficiente que visa empregar esforços para o desenvolvimento, manutenção e aperfeiçoamento da qualidade de vários grupos na organização, de modo a permitir marketing, engenharia, produção e assistência dentro dos níveis mais econômicos e que possibilitem satisfação integral do consumidor (FEIGENBAUM, 1994).

Falconi Campos (2014) afirma que a qualidade total são todas aquelas dimensões que afetam a satisfação das necessidades das pessoas e, por consequência, a sobrevivência da empresa. Logo, importam:

- **Qualidade:** está ligada à satisfação do cliente interno e externo, sendo medida por meio das características da qualidade dos produtos finais e intermediários.
- **Custo:** é analisado não só com base no produto final, mas também nos custos intermediários e no custo médio de compras, recrutamento e outros.
- **Entrega:** são as medidas da qualidade total de entrega de produtos e serviços finais e intermediários, indicadores relacionados à logística, como índices de atrasos de entrega, índices de entrega em local errado e índices de entrega de quantidades certas.
- **Moral:** baseia-se na pirâmide de Maslow, em que se mede o nível médio de satisfação de um grupo de pessoas (ver Costa Neto e Canuto, 2010, p. 87).
- **Segurança:** ligada à integridade física dos funcionários e dos usuários dos produtos.

Costa Neto e Canuto a (2010) citam alguns aspectos da TQM com base em práticas usuais que garantiram o seu sucesso entre os japoneses, as quais depois se difundiram para os demais países:

- **Melhoria contínua (*kaizen*):** consiste na melhoria das operações diariamente, buscando atingir níveis de excelência.
- **Técnicas estatísticas:** como gráficos de controle e histogramas, que permitem controlar o processo produtivo e identificar erros.
- **Decisões baseadas em fatos e dados:** consistem na tomada de decisões mediante fatos estabelecidos e dados tratados.
- **Ciclo PDCA:** propõe que todo processo deve ser planejado, implementado, controlado e melhorado.
- **Círculos de controle da qualidade:** consiste em reunir profissionais de diferentes visões envolvidos na busca de soluções para problemas da qualidade.

Todas essas técnicas podem ser eficazes no agronegócio para melhorar o processo produtivo e a qualidade de produtos e serviços.

9.6.2 SEIS SIGMA

O que atualmente se denomina "seis sigma" surgiu no início de 1987, quando profissionais da empresa Motorola iniciaram uma série de estudos sobre os conceitos estabelecidos pelo professor norte americano William Edwards Deming sobre a variabilidade dos processos de produção, tendo como objetivo melhorar o desempenho por meio da análise de tais variações. Essas iniciativas foram reconhecidas pela direção da Motorola, que apoiou e estimulou a disseminação da nova abordagem proposta, pois visava à implementação em todas as atividades da empresa e enfatizava o conceito de melhoria contínua.

De acordo com Rotondaro (2002), o seis sigma é uma filosofia de trabalho para alcançar, maximizar e manter o sucesso comercial, por meio da compreensão das necessidades dos clientes internos e externos. O seis sigma embute uma metodologia rigorosa (DMAIC) que utiliza ferramentas e métodos estatísticos para:

- **Definir:** os problemas e as situações a melhorar.
- **Medir:** para obter as informações e os dados.
- **Analisar:** as informações coletadas.
- **Incorporar:** os conhecimentos auferidos.
- **Controlar:** os processos ou produtos existentes, com a finalidade de alcançar etapas ótimas.

A filosofia seis sigma, ora considerada como sistema, não é incompatível com as demais técnicas apresentadas, mas se destaca pela ideia da busca incansável pela melhoria dos processos por meio da minimização dos erros e desvios, valendo-se intensamente de métodos estatísticos. A figura do *black belt*, numa analogia ao judô, que lidera uma equipe com outros *belts* (verdes, cinzas), consiste na verdade em um profissional altamente treinado no uso desses métodos e com experiência suficiente para saber empregá-los eficazmente, quando aplicáveis, com o objetivo de conseguir as melhorias desejadas.

A ideia básica na metodologia seis sigma é reduzir praticamente a zero[1] a ocorrência de falhas ou não conformidades, representando uma meta, embora difícil, a ser alcançada.

Da mesma maneira que com a TQM, pode-se pensar nessa metodologia para diminuir a variabilidade nos processos agroindustriais, mesmo sendo difícil estabelecer

[1] A expressão seis sigma, num sistema de tolerâncias, refere-se a 3 p.p.m., ou 3 partes por milhão, ou seja, a falha ou não conformidade só acontece no máximo com essa frequência.

padrões como na indústria tradicional. Quando se pensa nos derramamentos de soja pelos caminhões nas estradas, o seis sigma exigiria o controle real dessas perdas e a análise das variações, buscando levar as perdas a zero, o que contribuiria para o aumento da disponibilidade alimentar e para a redução dos riscos de saúde ocasionados pelo apodrecimento dos grãos nas estradas, que levam à proliferação de roedores.

9.6.3 NORMAS ISO 9000

O mais conhecido sistema de gestão da qualidade atualmente utilizado é preconizado pelo uso das normas da série ISO 9000. De acordo com Maranhão (2001), a sigla ISO refere-se a International Organization for Standardization, ou Organização Internacional para Normalização, com sede em Genebra, na Suíça. Seu objetivo é fixar normas técnicas em âmbito internacional, promovendo a unicidade de padrões, e simplificar a disseminação dos conhecimentos básicos e gerenciais pelos países do mundo, independentemente do seu grau de desenvolvimento. Muitas empresas ligadas ou não ao agronegócio têm buscado certificação.

Dentro da série mencionada, a norma ISO 9001:2015,[2] chancelada no Brasil pela Associação Brasileira de Normas Técnicas (ABNT) como NBR ISO 9001:2015 (ABNT, 2015), é a que mais se destaca, por fornecer os requisitos exigidos na certificação de sistemas da qualidade mediante auditoria por algum organismo credenciado de certificação. O certificado, que tem validade de três anos, é a comprovação final de que a empresa ou entidade certificada possui um sistema de gestão da qualidade compatível com as exigências da norma, o que dá credibilidade ao estabelecimento perante o cliente e o mercado.

A norma estabelece sete princípios para a gestão da qualidade:

- **Foco no cliente:** as organizações dependem de seus clientes, portanto, é recomendável que atendam às necessidades atuais e futuras destes e procurem exceder suas expectativas.
- **Liderança:** líderes estabelecem a unidade de propósitos e o rumo da organização.
- **Envolvimento das pessoas:** pessoas, em todos os níveis, são a essência da organização, e seu total envolvimento possibilita que suas habilidades sejam usadas em benefício da organização.
- **Abordagem de processo:** um resultado desejado é alcançado mais eficientemente quando as atividades e os recursos relacionados são gerenciados como um processo.
- **Melhoria:** do desempenho global da organização, que deve ser um objetivo permanente, condição necessária para a sua competitividade no mercado em que atua.
- **Tomada de decisão baseada em evidências:** as decisões eficazes são baseadas na análise de dados e informações.

[2] A última revisão da norma foi realizada em 2015.

- **Gestão de relacionamentos:** uma organização, seus clientes e seus fornecedores, além de outros intervenientes, são dependentes uns dos outros, e uma relação eficaz e que beneficia a todos aumenta a capacidade de se agregar valores aos resultados do empreendimento.

As normas ISO para a qualidade têm sido muito aplicadas pelas empresas por sua enorme difusão, bem como por exigência de empresas grandes que as implementam e obrigam seus fornecedores a aderirem igualmente, pressionando-os com base na ameaça de não aquisição dos produtos fornecidos.

Acrescenta-se, ainda, que as normas ISO 9000, a cada nova versão, têm aumentado o seu relacionamento com os princípios da TQM para garantir um sistema de gestão da qualidade total.

Na esteira das normas da série ISO 9000, outras surgiram visando complementar aspectos importantes também relacionados à gestão da qualidade nas organizações, como:

- ISO 14001:2015, referente a sistemas de gestão ambiental;
- ISO 26000:2015, referente a sistema de responsabilidade social.

Agrega-se a estas, pela sua importância, a norma OHSAS 18001/2007, voltada à gestão de segurança e saúde no trabalho, cuja sigla significa Occupational Health and Safety Assessment Series.

9.6.4 PRÊMIO NACIONAL DA QUALIDADE

A necessidade de melhoria da competitividade das empresas teve a qualidade como um dos fatores para se alcançar esse objetivo. Isso levou à implementação de sistemas de gestão da qualidade e sua promoção por instituições e governos que percebiam na qualidade o potencial para o desenvolvimento da lucratividade das empresas e, consequentemente, melhoria do produto para o usuário final e aumento dos ganhos governamentais. Isso ocorre porque, quanto mais se melhora a qualidade, mais as empresas vendem e exportam e, por conseguinte, maiores são os ganhos governamentais, como impostos, geração de empregos, desenvolvimento comercial e aumento do superávit.

Diante desse cenário, muitos prêmios voltados à excelência foram criados, como o Malcolm Baldrige National Quality Award, nos Estados Unidos, e o seu congênere, na comunidade europeia. No Brasil não foi diferente, e, em 1992, foi criado o Prêmio Nacional da Qualidade (PNQ), administrado e concedido, inicialmente, pela Fundação para o Prêmio Nacional da Qualidade (FPNQ), hoje Fundação Nacional da Qualidade (FNQ).

Esses prêmios de qualidade se distinguiram das normas da série ISO 9000 por contemplarem a excelência da gestão em todos os seus aspectos, identificando aquelas empresas e organizações ditas de classe mundial. Para ilustrar essa diferença, basta lembrar que no Brasil já foram certificadas pela norma ISO 9001 vários milhares de instituições, enquanto as vencedoras do PNQ são menos de cem.

Os fundamentos da excelência são aspectos-chave do PNQ, e expressam conceitos que traduzem as práticas encontradas em organizações de alto desempenho. Segundo a FNQ (2017), esses fundamentos são:

- **Pensamento sistêmico:** é o modo de entender as relações de interdependência entre os diversos componentes de uma organização, bem como entre as organizações e o ambiente externo. Este talvez seja o maior desafio no agronegócio hoje, fazer com que produtores, agroindustriais e varejistas pensem de maneira sistêmica a cadeia produtiva como um todo, pois só assim é possível garantir a qualidade ao longo de todo o processo.
- **Compromisso com as partes interessadas:** entre as quais se destacam os proprietários ou acionistas da empresa, os fornecedores e os clientes. O bom relacionamento com os fornecedores é fundamental para que as atividades ocorram com qualidade e continuidade, e o conhecimento sobre os clientes e o mercado em que a organização atua é essencial para a sua sobrevivência. Não é difícil perceber a importância deste fundamento para as atividades do agronegócio.
- **Aprendizado organizacional e inovação:** promovem um ambiente favorável a criatividade, experimentação e implementação de novas ideias que possam gerar um diferencial competitivo para a organização. No agronegócio, a inovação está centrada principalmente na indústria de insumos e nos grupos multinacionais.
- **Adaptabilidade:** significa ter flexibilidade e capacidade de promover mudanças rápidas para encarar novas demandas das partes interessadas, em especial dos clientes e do mercado.
- **Liderança transformadora:** é a atuação dos líderes de maneira aberta, democrática, inspiradora e motivadora para com as pessoas, visando ao desenvolvimento da cultura da excelência, à promoção de relações de qualidade e à proteção dos interesses das partes, sempre atenta às mudanças que possam se fazer necessárias.
- **Desenvolvimento sustentável:** é adotar um comportamento ético e transparente na sua atuação, em particular quanto aos seus impactos na sociedade e no meio ambiente, se preocupando com a melhoria das condições de vida presente e futura das comunidades que ela afeta. Esta preocupação, por razões evidentes, mormente quanto à ecologia, diz respeito às atividades do agronegócio.
- **Orientação por processos:** é a compreensão e a segmentação do conjunto de atividades e processos da organização que agreguem valor para as partes interessadas. A tomada de decisões e a execução de ações devem ter como base a medição e a análise do desempenho, levando em consideração as informações disponíveis, além de incluir os riscos identificados.
- **Geração de valor:** significa alcançar resultados consistentes, assegurando a perenidade da organização por meio do aumento dos valores tangível e intangível, de maneira sustentada para todas as partes integrantes.

Os critérios embasados nos fundamentos da excelência da qualidade são os pontos-chave de referência ao processo de pontuação para premiação. Eles são subdivididos em itens específicos, conforme FNQ (2017).

Pode-se concluir, portanto, que o PNQ é um conjunto de indicadores que visa premiar aquelas organizações que buscam a excelência e a melhoria contínua de seus processos, produtos e serviços.

Box 9.1 – A qualidade no agronegócio

Uma respeitável agroindústria de processamento de frangos inteiros de corte para o mercado externo e interno começou a ter problemas com o processamento de congelamento de cortes resfriados. O tempo de congelamento variava em função da localização do produto na câmara. O resultado foi um alto gasto de energia e a redução da velocidade da linha, por causa da falta de espaço para congelamento. Os produtos agropecuários têm sua qualidade garantida pelo selo de inspeção federal, conhecido como SIF. Pelas inspeções, os produtos eram aprovados ou não, e a qualidade do produto era garantida pela empresa. Todavia, a falha mencionada comprometia a qualidade total e gerava ineficiência no processo. Um primeiro estudo revelou que deveria ser substituída a câmara fria, pois esta já havia passado por vários reparos e o problema permanecia. Entretanto, o custo de troca da câmara fria comprometeria as operações, que seriam paralisadas, e não se sabia se essa seria a melhor alternativa. Um estudo das variações sugeriu que o tempo de congelamento poderia ter aumentado em razão do uso de embalagens de papelão para exportação que dificultavam a circulação do ar gelado nos cortes de frango. Formulada essa hipótese, foi ela testada mediante o uso de caixas plásticas abertas para ventilação, e uma queda dos tempos de congelamento pôde ser observada. A melhoria incrementada foi a utilização de caixas de papelão furadas que permitissem a circulação do ar durante o processo de congelamento.

9.7 CONSIDERAÇÕES FINAIS

Neste capítulo, foram apresentados os fundamentos da qualidade e como esta se relaciona ao agronegócio. A qualidade é essencial a todos os setores produtivos de nossa sociedade, e sem ela teríamos produtos com vícios de fabricação, inadequados à nossa alimentação, e uma proliferação no número de doenças e mortes por contaminação.

A qualidade é fundamental ao agronegócio, pois dela depende a segurança alimentar, ou seja, a garantia de disponibilidade de alimentos em condições de alimentar a população mundial. Ao mesmo tempo, também é a qualidade que assegura que os produtos do agronegócio não tragam danos à saúde de consumidores e trabalhadores. Entretanto, a preocupação com a qualidade ainda precisa avançar bastante nas agroindústrias para alcançar os níveis dos sistemas de gestão da qualidade existentes nas indústrias.

Ademais, é também importante que a qualidade dos serviços de apoio ao agronegócio, como a logística, o treinamento e a conscientização dos operadores e a proteção contra possíveis efeitos de produtos químicos, assim como muitos outros, seja efetivamente controlada e aprimorada, para melhorar a sua eficiência, a sua eficácia e a sua segurança.

BIBLIOGRAFIA

ABNT - ASSOCIAÇÃO BRASILEIRA DE NORMAS TÉCNICAS. *NBR ISO 9001:2015:* sistema de gestão da qualidade: requisitos. Rio de Janeiro: ABNT, 2015.

COSTA NETO, P. L. O.; CANUTO, S. A. *Administração com qualidade:* conhecimentos necessários para a gestão moderna. São Paulo: Blucher, 2010.

CROSBY, P. B. *Qualidade é investimento.* 3. ed. Rio de Janeiro: J. Olímpio, 1979.

FALCONI CAMPOS, V. *TQC: controle da qualidade total no estilo japonês.* 8. ed. Nova Lima: INDG Tecnologia e Serviços, 2014.

FEIGENBAUM, A. *Controle da qualidade total.* São Paulo: Makron Books, 1994.

FNQ - FUNDAÇÃO NACIONAL DA QUALIDADE. *Modelo de excelência da gestão (MEG):* instrumento de avaliação da maturidade da gestão. 21. ed. São Paulo, 2017.

GARVIN, D. A. What does "producty quality" really mean. *Sloan Manangement Review*, Cambridge, fall 1984.

______. *Gerenciando a qualidade.* Rio de Janeiro: Qualitymark, 1992.

JURAN, J. M. *Juran na liderança pela qualidade:* um guia para executivos. São Paulo: Pioneira, 1993.

______. *A qualidade desde o projeto:* os novos passos para o planejamento da qualidade em produtos e serviços. São Paulo: Thomsom/Pioneira, 2002.

MARANHÃO, M. *ISO série 9000: manual de implementação: versão ISO 2000.* 6. ed. Rio de Janeiro: Qualitymark, 2001.

NANCI, L. C; SALLES, M. T. Planejamento e controle da produção em serviços. In: Lustosa, L. et al. (Org.). *Planejamento e controle da produção.* São Paulo: Campos, 2008.

PARASURAMAN, A.; ZEITHAML, V. A.; BERRY, L. L. *Delivering service quality:* balancing customers perceptions and expectations. New York: Free Press, 1990.

ROTONDARO, R. G. Visão Geral. In: ROTONDARO, R. G (Coord.). *Seis sigma:* estratégia gerencial para a melhoria de processos, produtos e serviços. São Paulo: Atlas, 2002, p. 17-22.

ROTONDARO, R. G.; CARVALHO, M. M. Qualidade em serviços. In: CARVALHO, M. M.; PALADINI, E. P. (Org.). *Gestão da qualidade*: teoria e casos. São Paulo: Campus, 2005. p. 331-355.

SLACK, N.; CHAMBERS, S.; JOHNSTON, R. *Administração da produção.* 3. ed. São Paulo: Atlas, 2009.

CAPÍTULO 10

LOGÍSTICA E *SUPPLY CHAIN MANAGEMENT* APLICADOS AO AGRONEGÓCIO

Sivanilza Teixeira Machado
João Gilberto Mendes dos Reis

10.1 INTRODUÇÃO

Durante todo o processo de produção agroindustrial, é necessário movimentar e armazenar matérias-primas, como sementes e fertilizantes; produtos em processo, como cereais e algodão; e produtos acabados prontos para o consumo, como carnes congeladas, óleo de soja e alimentos em geral.

Esse conjunto de armazenagem de itens e movimentação entre os diversos agentes que operam nas cadeias alimentares é conhecido como "logística". Essa, por sua vez, traz ao agricultor, ao agroindustrial e ao varejista diversas questões, como: qual a melhor maneira de se transportar o que preciso para produção e o que comercializo? Existem técnicas especiais para armazenar esses itens? Como posso fazer para reduzir essas perdas? A logística influencia na competitividade da empresa ou cadeia de produção?

Atualmente, não basta apenas ter uma logística eficiente e eficaz para ser competitivo, é necessário compreender também em qual contexto a logística se aplica. Para isso, é necessário compreender melhor o conceito de cadeia de suprimentos, entender o que são essas cadeias, qual a finalidade de se fazer a sua gestão e qual a sua relação com a cadeia produtiva. Só assim, efetivamente, será possível compreender o papel da logística nessas cadeias agroindustriais.

Neste capítulo, abordam-se os conceitos de cadeia de suprimentos e explica-se a sua relação com a cadeia produtiva sob a ótica da engenharia de produção. Depois, apresentam-se os conceitos de logística e sua relação com os processos agroindustriais. Ao final, apresenta-se uma aplicação da importância da gestão logística no transporte pré-abate, ou seja, entre a fazenda e o abatedouro.

10.2 *SUPPLY CHAIN* E AGRONEGÓCIO

Compreender a fundo o conceito de *supply chain*, chamada no Brasil de "cadeia de suprimentos", é essencial para entender todas as atividades produtivas, sejam elas do agronegócio ou industriais.

Nenhum produto ou serviço é produzido sem a participação de mais de uma organização. As empresas dependem em menor e maior grau de fornecedores que lhes entreguem insumos e matérias-primas, bem como de um local para que seus produtos possam ser comercializados.

O frango, por exemplo, produto muito consumido nos lares brasileiros, é adquirido em um local de varejo, onde chega por meio de um frigorífico que fez o abate. Este, por sua vez, adquiriu o frango de produtores independentes ou associados. Portanto, ocorreu uma junção de operações até que o produto tivesse valor, ou seja, pudesse ser adquirido pelo cliente final e fosse finalmente consumido.

No agronegócio, muito se tem falado sobre o conceito de cadeia produtiva. Neste livro, por exemplo, foram apresentadas diversas dessas cadeias produtivas e suas etapas, mas qual seria a diferença entre o conhecimento de cadeias produtivas e o *supply chain*? Num primeiro momento, ambas as ideias parecem ser a mesma coisa, e muitos textos recentemente escritos consideram ambas como a mesma coisa. Aqui, porém, vale um estudo mais aprofundado sobre o papel de um conceito e do outro no que tange à produção agroindustrial.

Para entender o conceito de *supply chain*, ressaltam-se as seguintes definições apresentadas em importantes trabalhos sobre o tema. Pires (2009), por exemplo, define uma cadeia de suprimentos, ou *supply chain*, como uma rede de companhias autônomas, ou semiautonômas, que são efetivamente responsáveis pela obtenção, produção e liberação de um determinado produto ou serviço ao cliente final. Francischini e Gurgel (2002) esclarecem que cadeia de suprimentos é a integração dos processos que formam um determinado negócio, desde os fornecedores originais até o usuário final, proporcionando produtos, serviços e informações que agregam valor para o cliente. Por fim, Ballou (2006) considera a cadeia de suprimentos como uma repetição de atividades logísticas, entendendo-a como um conjunto de atividades funcionais (transportes, controle de estoques etc.) que se repetem inúmeras vezes ao longo do canal pelo qual matérias-primas vão sendo convertidas em produtos acabados, aos quais se agrega valor ao consumidor.

Diante dessas ideias, se faz possível identificar alguns pontos importantes. As cadeias de suprimentos envolvem mais de uma organização, as quais precisam se integrar para fornecer produtos e serviços, e dependem do uso de uma série de atividades logísticas e de produção que se repetem ao longo de todo um canal de produção. Reis et al. (2015a) apresentam uma ilustração sobre cadeia de suprimentos que permite compreender, mais a fundo, essas ideias que estão sendo discutidas (Figura 10.1).

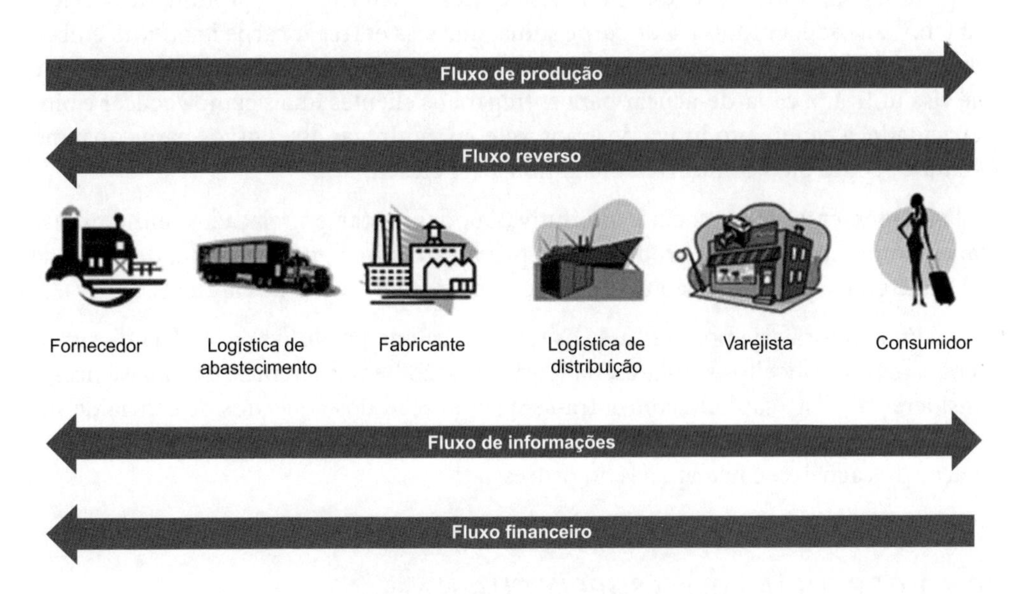

Figura 10.1 – Cadeia de suprimentos.

Fonte: Reis et al. (2015a).

Assim, pode-se concluir que as cadeias de suprimentos envolvem os processos que ligam fornecedores-clientes e ligam empresas desde a fonte inicial de matéria-prima até o ponto de consumo de um produto acabado (COX et al., 1995).

O foco das cadeias de suprimentos está nos agentes, também chamados de atores, e nos fluxos, sejam eles logísticos, de informações ou financeiros. Essa, portanto, é a principal diferença entre cadeias de suprimentos e cadeias produtivas, como as apresentadas em diversos capítulos anteriores deste livro.

As cadeias produtivas se concentram no processo, nas etapas que fazem com que um produto seja transformado de uma matéria-prima sem utilidade em algo útil para um consumidor final, em um produto que tenha um valor que esse consumidor esteja disposto a pagar. Observando algumas definições de cadeia produtiva, é possível compreender melhor como o valor se agrega ao longo das cadeias, desde o produtor até o consumidor final.

Segundo Pires (2009), o termo cadeia produtiva geralmente é utilizado em referência ao conjunto de atividades que representam genericamente determinado setor industrial. Por exemplo: cadeia produtiva da indústria automobilística. A expressão "cadeias produtivas" baseia-se na expressão francesa *analyse de filière* e, embora não tenha sido desenvolvida para estudar especificamente a problemática agroindustrial, foi entre economistas agrícolas e pesquisadores ligados ao setor rural e agroindustrial que ela encontrou seus principais defensores (BATALHA; SILVA, 2001).

Isso explica o fato de um termo considerado industrial passar a ter um uso bem mais presente nas cadeias agroindustriais. A questão é que a cadeia produtiva nada mais é do que um conjunto de processos que visa entregar determinado produto ou serviço. Daí tem-se a cadeia produtiva de carne suína, que visa entregar carne *in natura*, embutidos e congelados de rápida preparação aos consumidores; a cadeia sucroenergética, que visa utilizar a cana-de-açúcar para entregar aos clientes finais etanol, açúcar e bioeletricidade; a cadeia produtiva de grãos, que visa entregar esses grãos para consumo *in natura*, como óleo comestível, biocombustível etc.

Evidentemente, essas cadeias produtivas podem estar entrelaçadas, em algumas etapas, com outras cadeias produtivas. A produção animal, por exemplo, depende da cadeia de grãos, pois esses são usados na composição da ração dos animais.

Assim, embora seja possível usar os termos "cadeia produtiva" e "cadeia de suprimentos" como conceitos similares, na teoria eles são bem diferentes. Com base nessas considerações, este capítulo concentra-se na aplicação dos conceitos de cadeia de suprimentos no agronegócio e sua relação com a logística, pois esta depende diretamente da ação dos agentes, e não apenas do processo.

10.2.1 GERENCIANDO O *SUPPLY CHAIN*

Não basta conhecer o papel da cadeia de suprimentos, é preciso compreender a importância de se gerenciar essas cadeias. Todos os produtos ou serviços que uma pessoa adquire estão associados a um conjunto de empresas que podem gerenciar suas cadeias de suprimentos ou não.

Uma cadeia de suprimentos só pode ser considerada gerenciada quando uma ou mais organizações gerenciam fornecedores e distribuidores de modo a fornecer maior vantagem competitiva para todos os envolvidos. Portanto, se uma empresa adquire matéria-prima de outra empresa, ambas pertencem a uma mesma cadeia de suprimentos, o que não significa que haja uma gestão entre elas.

Em diversas cadeias de suprimentos do agronegócio, grandes empresas começam a perceber a importância de se gerenciar a cadeia de suprimentos como um todo, algo que tem sido muito mais desenvolvido nas cadeias de produção industrial tradicionais, nas quais os conceitos e ideias da engenharia de produção estão presentes há mais de um século.

A gestão da cadeia de suprimentos, conhecida em inglês como "*supply chain management*", abrange todas as atividades relacionadas ao fluxo e à transformação de mercadorias, desde o estágio da matéria-prima (extração) até o usuário final, bem como os respectivos fluxos de informação, o gerenciamento da cadeia de suprimentos e a integração dessas atividades mediante relacionamentos aperfeiçoados na cadeia de suprimentos, com o objetivo de conquistar uma vantagem competitiva sustentável (HANDFIELD; NICHOLS, 1999).

A gestão da cadeia de suprimentos (GCS) é o controle de materiais, informações e finanças dentro do processo que vai do fornecedor ao consumidor, passando por fabricante, atacadistas e varejistas. A GCS envolve a coordenação e a integração desse fluxo em várias empresas. A coordenação é uma das partes essenciais do *supply chain* (GOMES; RIBEIRO, 2004). O relacionamento entre as empresas só pode ocorrer de modo sustentável se a empresa concentradora, também chamada de *hub*, administrar seu funcionamento e garantir o compartilhamento dos ganhos com todos os elos da cadeia.

É muito importante notar que, para ser gerenciada, a cadeia de suprimentos sempre dependerá de alguma organização poder exercer esse papel, seja por consenso entre os agentes, por força econômica ou por conhecimento da rede.

No agronegócio, por exemplo, essa gestão vai se tornando mais comum à medida que as chamadas "*trading companies*" vão administrando cada vez mais os elos das cadeias de grãos de milho e soja e que frigoríficos vão se tornando empresas globais responsáveis por gerenciar os produtores e o abate de animais e fazer a gestão comercial com campanhas de marketing e valorização do produto.

Portanto, é nesse contexto de gestão da cadeia de suprimentos que as cadeias produtivas do agronegócio estão se transformando, de modo a gerar vantagens competitivas e maior lucratividade a todos os agentes envolvidos. Chopra e Meindl (2006) afirmam que a lucratividade da cadeia de suprimento é o lucro total a ser dividido entre seus estágios, e o sucesso desta depende do ganho no processo inteiro, e não somente dos lucros de estágios isolados. Daí a importância de se gerenciar essas cadeias.

10.3 LOGÍSTICA

Como visto anteriormente, a logística é o elemento da rede de suprimentos que é responsável por ligar as diversas operações, ou seja, as diversas empresas da cadeia de suprimentos que atuam em conjunto para que esta possa adequadamente entregar os produtos acabados aos consumidores finais.

Dentre as atividades envolvidas na logística, citam-se o processamento de pedidos, o transporte dos itens envolvidos, a administração e manutenção de estoques, quando necessário, o planejamento das atividades, a disponibilização de um sistema de informações, a embalagem e o manuseio de materiais, a armazenagem de itens etc.

A palavra "logística" tem origem no francês *loger*, que significa "alojar" – essa palavra era utilizada para identificar o abastecimento militar de grandes exércitos, com tudo que era necessário para a batalha na linha de frente, longe de suas bases e recursos (LARRANAGA, 2008). A logística é o processo de gerenciamento estratégico da compra, do transporte e da armazenagem de matérias-primas, partes e produtos acabados (além dos fluxos de informação relacionados) por parte da organização e de seus canais de marketing, de tal modo que as lucratividades, atual e futura, sejam maximizadas mediante a entrega de encomendas com o menor custo associado (CHRISTOPHER, 2011).

A logística é responsável por planejar e controlar os fluxos dentro das cadeias de suprimentos. Assim, o impacto logístico nas operações fundamenta-se no seu aspecto estratégico do controle das incertezas de demanda e de suprimentos.

Um produto somente tem valor para o cliente ou consumidor se estiver disponível (local) no momento em que ocorrer a sua necessidade (tempo). Logo, a disponibilidade é algo crucial para os negócios da empresa. A disponibilidade está relacionada a todo o esforço da empresa, a utilização e a combinação de estratégias de seus recursos (financeiro, pessoal, suprimentos, tecnologias, mercadológicos, entre outros), para atender às necessidades do mercado.

A logística é a parte do *supply chain management* que planeja, implementa e controla o fluxo e o armazenamento eficientes e eficazes diretos e reversos de bens, serviços e das informações relacionadas, desde o ponto de origem até o ponto de consumo, com o propósito de atender às exigências dos clientes.

O conceito de logística como parte da gestão da cadeia de suprimentos entende que o papel da logística, dentro de uma organização, se destaca no processo gerencial de planejamento, como atividade estratégica, tática e operacional que influencia os níveis de serviços prestados aos clientes em longo, médio e curto tempo (BALLOU, 2006). A eficiência e a eficácia são produtos do processo de gestão da logística, que envolve as funções de planejar, organizar, dirigir e controlar o fluxo de materiais de modo sustentável.

O planejamento das atividades se dá por meio das definições de objetivos, estabelecimentos de metas e nível de atendimento, programação das atividades; organização dos recursos para tornar o planejamento executável, com a alocação e distribuição adequada dos recursos; coordenação dos recursos para atender a objetivos e metas, motivar a execução adequada das atividades e controlar o que está sendo executado, comparar o planejado com o realizado, mensurar os resultados obtidos, avaliar o nível de serviço oferecido e o nível de serviço percebido, corrigir erros e medir os riscos para os negócios da empresa.

Além disso, para sobreviver num cenário sem fronteiras, é fundamental que a cadeia atenda a fatores importantes, como: disponibilidade, pontualidade, confiabilidade e qualidade, aliados a preço justo e competitivo, que o cliente esteja disposto a pagar (REIS et al., 2015a).

Assim, pode-se ampliar o conceito de logística para o planejamento e controle do fluxo de bens, serviços e informação com eficiência e eficácia entre os elos da cadeia de suprimentos desde o fornecedor de insumos até o consumidor final, buscando agregar valor para os *stakeholders* por meio de segurança, qualidade e sustentabilidade com os menores custos possíveis.

A missão da logística inserida no contexto da produção é um processo essencial para o abastecimento da cadeia, observando (i) o produto certo, (ii) a quantidade certa, (iii) o local certo, (iv) o tempo certo, (v) nas condições certas e (vi) ao menor custo possível (BALLOU, 2006).

Neste capítulo não se pretende transcrever um histórico da logística e suas origens, assunto sobre o qual o leitor pode, se assim o desejar, obter informações mais detalhadas nas obras Reis (2015) e Reis et al. (2015a). Aqui, serão tratados os aspectos logísticos que envolvem o agronegócio e que influenciam diretamente a tomada de decisão nas diversas cadeias produtivas.

10.4 ATIVIDADES LOGÍSTICAS NO AGRONEGÓCIO

A função logística nas organizações e cadeias de suprimentos é composta por uma série de atividades que são responsáveis pela aquisição, movimentação, guarda e distribuição de produtos e serviços. Ballou (2006) explica que as atividades a serem gerenciadas que compõem a logística empresarial variam de acordo com as empresas, dependendo, entre outros fatores, da estrutura organizacional, das diferentes conceituações dos respectivos gerentes sobre o que constitui a cadeia de suprimentos nesse negócio e da importância das atividades específicas para suas operações.

Com base nisso, pode-se considerar que as atividades logísticas se concentram divididas em atividades-chave ou primárias e atividades de suporte ou apoio. As atividades-chave da logística são:

- gestão de estoques;
- processamento de pedidos;
- transportes.

As atividades de suporte são:

- armazenagem;
- compras;
- gestão de informações;
- programação da produção;
- manuseio;
- embalagem.

Quando se trata do agronegócio, embora todas essas atividades estejam envolvidas em maior ou menor grau, pode-se dizer que duas são as mais essenciais: transporte e armazenagem, independentemente da classificação apresentada por Ballou (2006).

Nas cadeias agroindustriais, as demais atividades logísticas existem em função da disponibilidade de armazenagem e transporte. Como exemplo, suponha a safra de soja. Ela depende essencialmente que haja veículos para transportá-la até o porto e as unidades de processamento e armazenagem para que seja possível guardar esses grãos ao longo das diversas etapas. É a existência ou não de sistemas de transporte e armazenagem que definirá a capacidade das organizações de gerir estoques, processar pedidos, comprar matéria-prima, enfim, executar as demais operações logísticas. Assim, neste capítulo, estuda-se mais a fundo a armazenagem e o transporte no agronegócio.

10.5 TRANSPORTE

Os sistemas de transporte permitiram que as pessoas pudessem se locomover de um lugar para o outro, possibilitando, assim, que conhecessem novos mercados e consequentemente vendessem o excedente da sua produção. Contudo, esse desenvolvimento foi lento. Da invenção da roda até o transporte de grande capacidade foram muitos séculos, e, considerando os problemas enfrentados hoje em dia, é possível dizer que ainda se tem muito a evoluir.

O primeiro grande transporte de cargas foi o transporte marítimo, composto por navios e barcos, que foi durante grande parte do desenvolvimento da humanidade o principal meio de transporte de longas distâncias. Evidentemente, as viagens levavam meses, mas foi por meio do transporte marítimo que a humanidade se conectou. A principal expansão desse meio de transporte ocorreu na Idade Moderna com as grandes navegações, fosse buscando especiarias na Índia, fosse por meio da descoberta da América e de seu grande potencial.

O segundo grande modal de transporte utilizado pela humanidade foi o transporte ferroviário, que se desenvolveu no século XIX e serviu para o desenvolvimento de diversos países, tanto na Europa quanto na América. O transporte ferroviário permitiu vencer longas distâncias por dentro dos continentes, com uma grande capacidade de carga.

No fim do século XIX, surgiram os automóveis e os caminhões. Enquanto os primeiros voltavam-se para o transporte de pessoas, os segundos tinham como objetivo o transporte de cargas. Embora esse tipo de transporte – o rodoviário – tenha trazido comodidade e flexibilidade, a capacidade de carga reduziu-se consideravelmente. Porém, o custo baixo de montagem da infraestrutura rodoviária, aliado à sua praticidade e flexibilidade, fez com que esse tipo de transporte se tornasse o principal sistema ao longo do globo nas movimentações dentro dos países e mercados regionais.

Outro modo de transporte disponível é o aéreo, que se consolidou como um transporte de passageiros e de cargas para produtos com alto valor agregado. Os custos do transporte aéreo, pela limitada capacidade de carga das aeronaves e os altos custos operacionais, fazem com que esse tipo de transporte seja utilizado para cargas em que o retorno venha a ser significativo em relação aos custos de produção. Além disso, a perecibilidade da carga requer o uso do transporte aéreo. Algumas frutas se enquadram perfeitamente nesse contexto e têm sido transportadas dessa maneira.

Predominantemente, os produtos do agronegócio têm sido transportados internamente no Brasil pelo modo rodoviário, com uma parte pelo sistema ferroviário e um pequeno percentual pelas hidrovias. Isso é reflexo de decisões governamentais e do desenvolvimento do país mediante limitados recursos e se reflete na matriz de transporte brasileira, que, de modo geral, se divide conforme a Figura 10.2.

Quando se trata do transporte entre continentes, porém, o principal sistema de transporte é o marítimo, e pequena parte da carga utiliza o modo aéreo.

Além da classificação dos sistemas de transporte de acordo com sua configuração – rodoviário, ferroviário, aéreo, aquaviário (marítimo e hidroviário) e dutoviário –, eles são também classificados conforme a sua combinação de utilização, sendo:

- **Modal ou unimodal:** aquele que envolve apenas uma modalidade.
- **Intermodal:** aquele que envolve mais de uma modalidade e para cada trecho/modal é realizado um contrato.

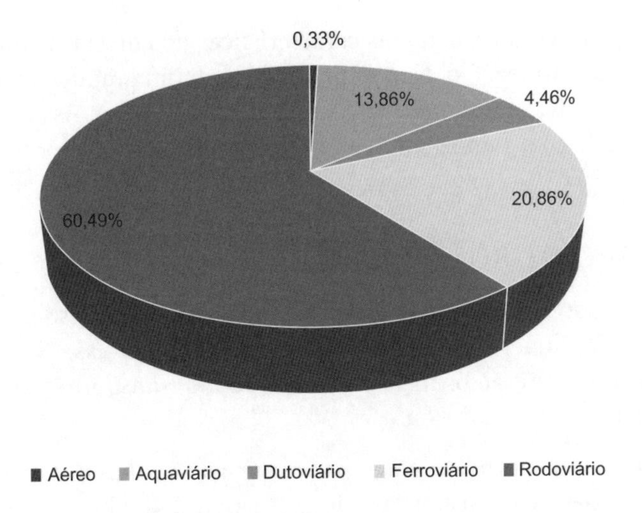

Figura 10.2 – Matriz de transporte brasileira.

Fonte: Geipot (2000).

- **Multimodal:** aquele que envolve mais de uma modalidade, porém regido por um único contrato.
- **Segmentado:** aquele que envolve diversos contratos para diversos modais.
- **Sucessivo:** aquele em que a mercadoria, para alcançar o destino final, necessita ser transbordada para prosseguimento em veículo da mesma modalidade de transporte.

A escolha de um ou outro tipo de modo de transporte está associada a algumas condições:

- tempo em trânsito;
- cumprimento de prazos estabelecidos;
- custo do transporte;
- infraestrutura existente;
- legislações;
- restrições operacionais;
- valor agregado do produto;
- possibilidade de operação porta a porta;
- necessidade de transporte complementar;
- segurança;
- rastreabilidade.

A seguir são apresentadas algumas características dos diversos sistemas de transporte com foco no agronegócio. Não se pretende aqui um grande detalhamento, pois seria necessário um livro inteiro apenas para tratar desse tema. Assim, são apresentadas algumas informações importantes, embora não exaustivas.

10.5.1 TRANSPORTE RODOVIÁRIO

O transporte rodoviário, como o próprio nome diz, é o transporte realizado por vias rodoviárias. Qualquer veículo automotor pode realizar esse tipo de transporte, entretanto, os caminhões são os mais utilizados para o transporte de cargas em razão de sua capacidade.

Esse sistema de transporte é adequado para curtas e médias distâncias. Acredita-se que seja bem competitivo a distâncias não superiores a 400 km. Possui simplicidade no atendimento das demandas e agilidade no acesso às cargas e é o principal modo de transporte porta a porta, ou seja, pode retirar diretamente na fazenda e entregar no porto de carga, por exemplo.

O grande problema desse tipo de transporte é o valor de frete mais alto e o alto nível de poluição ambiental por causa do uso de mais combustível fóssil para realizar o mesmo transporte que seria realizado por um trem ou uma embarcação hidroviária. Esse tem sido considerado o grande entrave da competitividade das cadeias agrícolas brasileiras, pois o país é altamente produtivo, mas possui um sistema modal de transporte e uma infraestrutura logística ineficientes.

O sistema de transporte rodoviário é o principal sistema utilizado para o transporte dos produtos do agronegócio, seja entre a fazenda e o frigorífico, porto, armazém, seja entre o frigorífico e o varejo – enfim, nos diversos elos existentes, conforme discutido anteriormente neste capítulo e nos anteriores.

Para possibilitar que o leitor compreenda melhor os sistemas de transporte rodoviário no agronegócio, a seguir são abordadas características desse sistema e apresentados os principais equipamentos utilizados no transporte rodoviário de cargas agroindustriais.

O sistema brasileiro de trânsito apresenta algumas definições importantes sobre o sistema rodoviário de cargas:

- **Peso bruto total (PBT)**: peso máximo que o veículo transmite ao pavimento, constituído da soma da tara mais a lotação. É o peso do veículo incluindo equipamento e carga. Esse limite visa proteger o pavimento do excesso de peso e aumentar a vida útil da infraestrutura viária. Aqui cabem duas ressalvas: muitos produtores, empresas e agroindústrias insistem em ultrapassar esse peso, que é medido por eixo de carga, o que prejudica o pavimento. Ao mesmo tempo, o governo não oferece uma infraestrutura adequada, e muitas estradas nem mesmo são pavimentadas, o que ocasiona danos aos veículos. É nesse *trade-off* que o sistema rodoviário de transporte de cargas agrícolas tem vivido, sendo necessário haver mais comunicação entre as partes, bem como maiores investimentos.

- **Peso bruto total combinado (PBTC):** peso máximo transmitido ao pavimento pela combinação de um caminhão-trator mais seu semirreboque ou do caminhão mais o seu reboque ou reboques. Mais adiante será explicado o conceito de semirreboque. Em linhas gerais, o PBTC é o peso do veículo mais o peso do equipamento que esse caminhão está arrastando, junto com a carga.
- **Lotação:** carga útil máxima, incluindo condutor e passageiros, que o veículo transporta, expressa em quilogramas para os veículos de carga, ou número de pessoas, para os veículos de passageiros.
- **Tara:** peso próprio do veículo, acrescido dos pesos da carroçaria e equipamento, do combustível, das ferramentas e acessórios, da roda sobressalente, do extintor de incêndio e do fluido de arrefecimento, expresso em quilogramas.
- **Capacidade máxima de tração (CMT):** máximo peso que a unidade de tração é capaz de tracionar, indicado pelo fabricante, com base em condições sobre as limitações de geração e multiplicação de momento de força e resistência dos elementos que compõem a transmissão.

Quanto aos veículos utilizados no transporte de produtos agrícolas e agroindustriais, eles são classificados conforme a estrutura do veículo e o tipo de equipamento de carga. Quanto à estrutura do veículo, existem dois tipos: os caminhões rígidos e os caminhões combinados.

Os caminhões rígidos são aqueles em que o equipamento de carga é acoplado diretamente sobre o chassi do veículo, ou seja, não é possível ficar alterando o equipamento. Uma vez montado, este, geralmente, permanece durante toda a vida útil do veículo. Assim, existem dois tipos principais: o caminhão chamado toco (Figura 10.3), que possui apenas um eixo na traseira e, portanto, tem menor capacidade de carga (algo em torno de 6 a 10 toneladas); e o caminhão *truck* ou trucado, que possui eixo suplementar na traseira, aumentando sua capacidade de carga para algo em torno de 10 a 14 toneladas (Figura 10.4).

Figura 10.3 – Caminhão toco.

Fonte: iStockphoto.

Figura 10.4 – Caminhão trucado.

Fonte: iStockphoto.

Os caminhões combinados, por sua vez, são veículos compostos por uma unidade tratora, conhecida como cavalo mecânico, e uma unidade de arraste conhecida como reboque ou semirreboque. Uma unidade reboque é assim chamada pois depende do arraste e do sistema de frenagem da unidade tratora. Já o semirreboque depende do arraste da unidade tratora, mas possui sistema de frenagem próprio que é acoplado ao sistema do cavalo mecânico. Esse segundo é o mais utilizado no transporte, pois aumenta a segurança e permite desenvolver maiores velocidades.

Existem diversas definições e classificações dos sistemas combinados. As duas principais e mais usuais no sistema de transporte de produtos agrícolas e agroindustriais são a carreta (Figura 10.5), assim chamada por ser composta por uma unidade tratora e um reboque ou semirreboque (capacidade de carga de cerca de 27 a 31 toneladas, dependendo da existência de eixo suplementar na unidade tratora); e o bitrem, composto por uma unidade tratora e dois reboques ou semirreboques (Figura 10.6). A capacidade do bitrem varia, segundo o comprimento do veículo, de 20 a 25 metros, podendo chegar a 45 toneladas de carga útil.

Figura 10.5 – Carreta.

Fonte: iStockphoto.

Figura 10.6 – Bitrem.

Fonte: iStockphoto.

Quanto às carrocerias, os principais sistemas utilizados no agronegócio são o comum com grade baixa, chamado de carga seca (Figura 10.7), e o graneleiro, o mais utilizado pela capacidade de flexibilizar o tipo de carga transportada (Figura 10.8). Também se usa a caçamba ou basculante, que tem sido utilizada também no transporte de grãos pelo menor índice de perdas (Figura 10.9), a gaiola para o transporte de animais (Figura 10.10), o furgão (Figura 10.11) e o frigorificado para cargas agroindustriais processadas (Figura 10.12). Já o tanque é usado para o transporte de óleo bruto, combustíveis, solventes etc. (Figura 10.13). O silo é empregado no transporte de grãos e ração (Figura 10.14), e por fim o cerealeiro para o transporte de cereais e grãos (Figura 10.15) e o canavieiro para o transporte de cana-de-açúcar (Figura 10.16).

Figura 10.7 – Carga seca.

Fonte: iStockphoto.

Figura 10.8 – Graneleiro.

Fonte: iStockphoto.

Figura 10.9 – Basculante.

Fonte: iStockphoto.

Fonte: iStockphoto.

Figura 10.10 – Gaiola.

Fonte: iStockphoto.

Figura 10.11 – Furgão.

Figura 10.12 – Furgão frigorificado.

Fonte: iStockphoto.

Figura 10.13 – Tanque.

Fonte: iStockphoto.

Figura 10.14 – Silo.

Fonte: iStockphoto.

Figura 10.15 – Cerealeiro.

Fonte: iStockphoto.

Figura 10.16 – Canavieiro.

Fonte: iStockphoto.

10.5.2 TRANSPORTE FERROVIÁRIO

O transporte ferroviário é realizado usando trens que circulam por vias férreas projetadas. Os primeiros sistemas foram inventados pelos ingleses em 1776, quando carruagens se deslocavam por trilhos de madeira. Mas foi durante o século XIX, com a invenção da máquina a vapor e as locomotivas a carvão, que o sistema se disseminou pela Inglaterra e depois por todo o mundo, numa época em que a Inglaterra era a principal potência mundial e a expansão das ferrovias significava empréstimos, empregos para técnicos ingleses e a venda de equipamentos ferroviários.

No Brasil, a história das ferrovias começou ainda em 1828 com a Lei José Clemente, que autorizava a construção de estradas no país por empresários nacionais ou estrangeiros. Porém, a primeira ferrovia do Brasil foi inaugurada apenas em 1845, com extensão de 14,5 km, ao fundo da baía da Guanabara, atualmente município de Magé, Rio de Janeiro, um empreendimento de Irineu Evangelista de Souza, que futuramente seria conhecido como Barão de Mauá.

A expansão das ferrovias no país se deu pela necessidade de exportação do café, do minério de ferro e outros recursos naturais, motivo pelo qual a rede foi formada de modo a ligar o interior ao litoral. A malha ferroviária brasileira tem pouco mais de 30.000 km, embora sejam operacionais pouco mais de 11.000 km por causa da degradação e do abandono a que as ferrovias foram submetidas na segunda metade do século XX, em favor do transporte rodoviário. Essa é a razão pela qual boa parte do transporte de produtos agroindustriais e agrícolas é feita por caminhões.

Os principais produtos agrícolas transportados por trens são grãos de soja e milho, no trecho que liga os estados de Mato Grosso e São Paulo, com a finalidade de escoamento da safra via porto de Santos. Esse transporte é realizado utilizando vagões graneleiros, também chamados de *hopper* (Figura 10.17).

Figura 10.17 – *Hopper.*

Fonte: iStockphoto.

O transporte ferroviário é uma excelente alternativa para o transporte de produtos agrícolas, uma vez que possui um menor custo de frete. Cada vagão carrega até 80 toneladas de carga, ou o equivalente a quase dois bitrens. Considerando que uma locomotiva de carga transporta vários vagões ao mesmo tempo, esta se torna uma alternativa interessante.

Os grandes problemas do transporte ferroviário são a limitação da malha; a baixa disponibilidade, uma vez que os maiores produtores ocupam a maior parte da capacidade da ferrovia; e a necessidade de se operar em grandes volumes para tornar o sistema viável.

10.5.3 TRANSPORTE AQUAVIÁRIO

O transporte aquaviário é muito importante para o agronegócio e afeta diretamente a competitividade das cadeias produtivas. A globalização gera a necessidade de que produtos sejam transportados para os quatro cantos do mundo a preços competitivos. Por sua grande capacidade de carga, o transporte aquaviário se tornou o principal modo de transporte de ligação entre os países e aos poucos avança para se tornar um importante modo de transporte continental utilizando os rios naturais.

Desse modo, o transporte aquaviário é dividido conforme sua natureza, podendo ser marítimo, quando realizado por meio dos mares, e de navegação interior ou transporte hidroviário, quando percorre hidrovias adequadas para navegação por meio dos rios.

O transporte marítimo é realizado por navios de grande capacidade, sendo os produtos agrícolas e agroindustriais transportados de forma conteinerizada em navios porta-contêineres (Figura 10.18) ou a granel ou em sacarias em navios graneleiros (Figura 10.19).

Figura 10.18 – Navio de carga.

Fonte: iStockphoto.

Fonte: iStockphoto.

Figura 10.19 – Navio graneleiro.

> ### *Box 10.1 – Contêineres*
>
> São caixas metálicas usadas para o transporte de carga, que são modulares e resistem às condições irregulares do transporte marítimo. Podem ser de 20 ou 40 pés, dimensão que se refere ao comprimento da caixa. Os de 20 pés são conhecidos como TEU (*Twenty-foot Equivalent Unit*), e os de 40 pés, como FEU (*Forty-foot Equivalent Unit*).

O transporte hidroviário, por sua vez, acontece por meio dos rios internos dos países e é realizado por barcaças (Figura 10.20), que têm menor profundidade do casco e são adequadas para esse tipo de transporte.

O transporte hidroviário é o melhor sistema de transporte de cargas para movimentar altos volumes. Enquanto a tonelada por quilômetro de soja transportada no modal rodoviário chega a R$ 0,11 centavos, na hidrovia esse valor cai para apenas R$ 0,01 (REIS; TOLOI; FREITAS, 2015). Entretanto, o compartilhamento dos rios com o sistema hidroelétrico reduz o número de vias navegáveis disponíveis, o que faz esse sistema ser pouco utilizado no Brasil.

Figura 10.20 – Barcaça hidroviária.

Fonte: iStockphoto.

10.6 ARMAZENAGEM

A armazenagem sempre foi um instrumento de desenvolvimento econômico, e teve seu início bem antes da era industrial. Pode-se considerar que a armazenagem surgiu já por volta de 1800 a.C., na história bíblica de José (REIS, 2015). Naquela época, o faraó do Egito teve um sonho e mandou, então, que fosse chamado José para interpretar o sonho. O faraó via sete vacas gordas, que representariam os anos de fartura, e sete vacas magras, que foram prognosticadas, por José, como sete anos de miséria e fome. Imediatamente, o faraó nomeou administradores para recolherem parte da colheita na época da abundância e armazenarem mantimentos, formando uma reserva em previsão para a época da fome (REIS, 2015).

Na era pré-industrial, a armazenagem era feita principalmente nas residências. Com o desenvolvimento dos meios de transporte, porém, esta passou a ocorrer em fabricantes e varejistas.

Por causa da incompreensão do valor estratégico da armazenagem, esta sempre foi considerada um "mal necessário" que acrescenta despesas ao processo de distribuição. Após a Segunda Guerra Mundial, contudo, a armazenagem passou a ser considerada de maneira estratégica.

Num primeiro momento, cogitaram-se grandes redes de armazéns, mas com o aprimoramento das técnicas de projeção e programação da produção os gestores se deram conta dos riscos dessa gestão de inventário. Hoje, com o desenvolvimento da logística como um todo, as empresas têm reduzido os seus estoques à medida que seu processo se torna mais confiável, ou seja, os estoques são utilizados para regular a produção e a distribuição sempre que há ineficiência no sistema de transporte ou no fornecimento.

No agronegócio, por mais que se aumente a produtividade no campo, a armazenagem só faz sentido caso a colheita possa ser conservada para vender a produção no momento mais adequado, gerando assim maiores ganhos aos envolvidos.

A armazenagem dos produtos agrícolas e agroindustriais geralmente é realizada em silos, no caso de grãos, e câmaras frias após o processo de industrialização dos produtos de origem animal. Os silos são grandes estruturas metálicas que podem armazenar os produtos a granel ou em sacas. Além disso, podem ser horizontais (Figura 10.21) ou verticais (Figura 10.22).

Fonte: acervo do autor.

Figura 10.21 – Silo horizontal.

A armazenagem é um processo essencial para auxiliar as cadeias produtivas a vender seus produtos no momento desejado por elas. Produtos como café, trigo, milho, soja, carnes etc. têm características distintas, e a armazenagem deve considerar essas características.

Na produção de grãos, por exemplo, a classificação é uma importante atividade ao longo de todo o processo produtivo, visando classificar os grãos de acordo com as características de comercialização exigidas pelo mercado. A análise consiste em verificar se o produto está de acordo com as especificações combinadas. As amostras são colhidas sempre que os grãos são transferidos de um agente para outro ao longo da cadeia de suprimentos. Na armazenagem, utiliza-se a classificação para padronizar os grãos, ou seja, misturar grãos com maior nível de umidade e impureza com grãos mais secos e mais limpos, homogeneizando toda a produção segundo as características exigidas pelo mercado.

Fonte: iStockphoto.

Figura 10.22 – Silo vertical.

Em todo e qualquer projeto logístico, a armazenagem deve ser vista como um modo de agregar valor ao processo produtivo e atender aos requisitos logísticos de entregar o produto certo, no tempo certo e no local certo.

10.7 LOGÍSTICA PRÉ-ABATE

Muitas são as aplicações logísticas no agronegócio e muitas são as operações existentes. Este capítulo não tem a pretensão de esgotar tudo o que existe sobre a temática, e sim apresentar conhecimentos gerais sobre o assunto. De toda maneira, ilustra a logística e sua aplicação no agronegócio, além de demonstrar que as operações logísticas dependem de profissionais qualificados e especializados. Produtores, transportadores e agroindustriais podem se beneficiar muito ao empregar esses profissionais e gerenciar corretamente as operações logísticas.

Assim, para ilustrar a importância de profissionais capacitados e de operações adequadamente gerenciadas, optamos por apresentar a logística pré-abate. Essa é uma temática pouco ou quase não explorada, mas que afeta diretamente a competitividade da produção de carnes, um dos principais produtos consumidos no mundo. Conforme avançam as medidas de bem-estar animal, com legislações específicas, como pode ser visto no Capítulo 14, "Agricultura familiar e a produção orgânica", mais rigorosa precisa ser a logística pré-abate.

A cadeia da carne exige procedimentos singulares relacionados ao transporte dos animais, obedecendo diretrizes nacionais e internacionais para o bem-estar animal, segurança alimentar e impacto ambiental. A produtividade da cadeia produtiva da carne não depende somente da sua eficiência durante o processo produtivo, mas também da sua operação pré-abate, no intuito de reduzir custos e agregar valor ao produto final. Prover avanços nas operações logísticas pré-abate é essencial para diferenciação no mercado. As atividades da logística pré-abate se iniciam com o recebimento do pedido, abrangendo o planejamento e a programação do transporte e a preparação dos animais, a própria operação de transporte e, finalmente, terminam com a entrega dos animais no frigorífico e o recebimento do valor monetário correspondente ao pedido. Já o transporte pré-abate de animais se inicia com o embarque do primeiro animal na granja e termina com o desembarque do último animal no frigorífico.

O planejamento logístico do pré-abate para a cadeia da carne é fundamental para assegurar o bem-estar do animal e condições que atendam às instruções do Regulamento da Inspeção Industrial e Sanitária de Produtos de Origem Animal (Riispora) (BRASIL, 1952). O planejamento logístico deve estar alinhado à produção do frigorífico, uma vez que essa atividade segue os princípios do *just in time* (JIT), por não manter estoques, sendo a linha abastecida por seus fornecedores diariamente com a quantidade certa que atenda à capacidade de abate.

O transporte, como atividade primária da logística, é uma fonte de estresse para os animais, e isso, combinado com a falta de planejamento, organização e controle, pode aumentar os índices de perdas e prejuízos financeiros para a cadeia, não atendendo à missão da logística. No contexto da pecuária de corte, o transporte não é considerado parte da cadeia de suprimentos, e essa falta de visão do setor tem contribuído para as perdas econômicas, assumidas como inevitáveis por diversos atores (MIRANDA-DE LA LAMA, 2013).

A logística pré-abate consiste em oferecer e manter as condições adequadas para animais destinados ao abate, como a movimentação, o transporte, o manejo, o gerenciamento do trajeto de um animal desde o produtor até a indústria de abate, assegurando o bem-estar animal, os aspectos sanitários e a qualidade do produto final (MIRANDA-DE LA LAMA, 2013). Paranhos da Costa et al. (2012) concordam que, apesar da falta de informação sobre os riscos de problemas com o bem-estar animal e a qualidade da carne, há um crescente interesse da cadeia produtiva da carne em incorporar certo compromisso com a produção sustentável em seus programas de controle da qualidade.

Assim, pode-se definir a logística pré-abate como o planejamento e controle do fluxo de animais e informações com eficiência e eficácia desde os produtores até a indústria de abate, buscando agregar valor para os *stakeholders*, por meio da sustentabilidade, redução dos riscos e ao menor custo possível.

A gestão e a coordenação das operações requer o controle de vários pontos críticos, que incluem os produtores, os transportadores, pontos intermediários (centros logísticos e de apoio, a classificação e o controle sanitário, os pontos de parada e descanso) e a indústria de abate (MIRANDA-DE LA LAMA, 2013). Porém, a cadeia produtiva da carne apresenta exigências logísticas que vão além das operações pré-abate e se estendem às operações pós-abate (Figura 10.23).

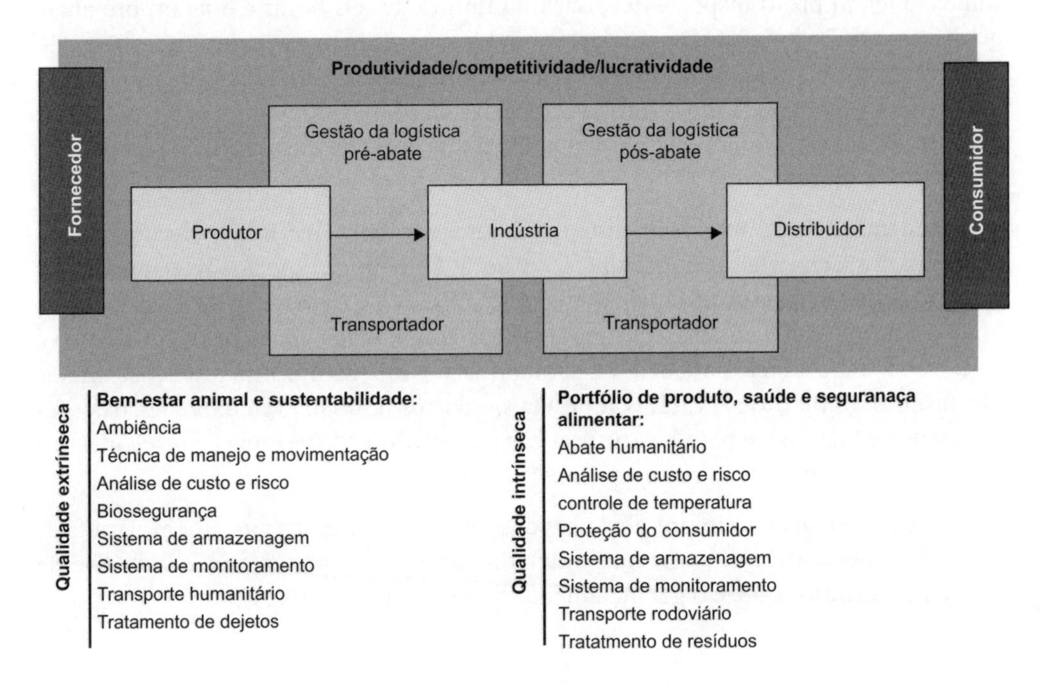

Figura 10.23 – Gestão da logística pré-abate e pós-abate do suíno.

Fonte: adaptada de Perez, Castro e Furnols (2009); Miranda-de la Lama (2013); Trienekens e Wognum (2013); Cold Chain Management (2015).

A logística pós-abate da carne segue as características dos produtos especiais que requerem os cuidados da cadeia logística do frio, para tanto, cumpre-se o monitoramento e o controle de temperatura do ambiente para garantir a proteção do produto durante a produção e a operação, com o transporte climatizado ou refrigerado, certificando ao consumidor a qualidade do produto adquirido (COLD CHAIN MANAGEMENT, 2015).

A complexidade da logística pré-abate requer a colaboração de diversos atores da cadeia, com objetivo único de se destacar e garantir a competitividade, agregando valor ao produto final. Dentre as atividades da operação logística, o transporte exerce papel estratégico e fundamental no fluxo de matéria-prima e produto ao longo da cadeia (EDGE; BARNETT, 2009).

O transporte é a atividade logística mais importante por absorver a maior parte dos custos e refere-se aos diversos métodos adotados para movimentar produtos (rodoviário, ferroviário, aeroviário, entre outros), sendo o gerenciamento de transporte responsável por decidir sobre o método de transporte mais adequado aos roteiros e à capacidade dos veículos (BALLOU, 2007). Em território nacional, os animais para abate são transportados por vias rodoviárias entre curtas e/ou longas distâncias.

O problema do transporte para longas distâncias está associado com o tempo de jejum pré-abate, que nada mais é do que a somatória dos tempos de jejum a que o animal foi submetido antes e depois do transporte até o momento do abate. No caso de suínos, o jejum pré-transporte deve ser no mínimo de seis horas e o jejum pré-abate no máximo de 24 horas. O Riispoa determina que os animais enviados para abate não devem ultrapassar o período de jejum de 24 horas. Nesses casos, devem ser alimentados (BRASIL, 1952). Essa determinação deixa claro que animais transportados por mais de 24 horas deveriam ser alimentados, o que acarreta custos adicionais para os produtores e indústria.

Para a indústria de processamento de produtos cárneos, a qualidade abrange aspectos sanitários, sensoriais e nutricionais, e valora também os aspectos relacionados ao impacto da produção sobre o meio ambiente (SEPÚLVEDA; MAZA; PARDOS, 2011). Manter um programa de biossegurança e de sustentabilidade no ambiente produtivo é de extrema importância para evitar a contaminação do rebanho, seja por ações diretas (do próprio animal) ou indiretas (entrada de outros animais, veículos, pessoas sem os devidos cuidados), e para buscar práticas produtivas cada vez mais conscientes em relação ao ambiente e seus recursos (DIAS, 2011).

O processo logístico do pré-abate envolve diversas empresas que atuam para facilitar a comunicação, a movimentação de animais entre os produtores e indústria de primeira transformação, e o gerenciamento de riscos (Figura 10.24).

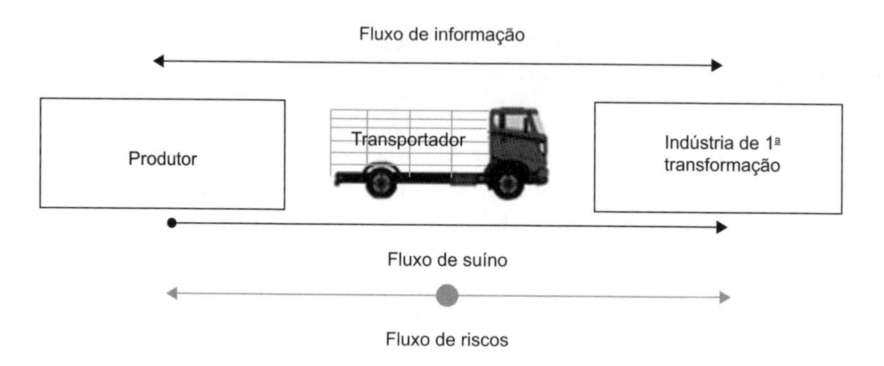

Figura 10.24 – Cadeia da logística pré-abate.

As atividades logísticas aplicadas à cadeia produtiva da carne precisam ser mais bem desenvolvidas, contribuindo para a superação dos desafios frente a mercados dinâmicos e mudanças constantes. Portanto, o entendimento dos conceitos das atividades que envolvem a logística pré-abate é importante, assim como o conhecimento das características do produto (animal) envolvido no processo de transporte, para atender às suas necessidades (Quadro 10.1).

Quadro 10.1 – Descrição breve das principais atividades da logística pré-abate

Atividade	Breve descrição
Processamento do pedido	Ordem de compra do cliente enviada ao fornecedor determinando quantidade de animais, peso, valor, data e condição de entrega. Geralmente, enviada por e-mail, ou acordo realizado por telefone.
Condição de entrega	Usualmente, a condição de entrega é negociada em FOB ou CIF. Quando a negocição segue os termos FOB, o cliente é responsável pela coleta dos animais no local de produção. No caso CIF, a responsabilidade do transporte até o destino é do produtor.
Preparação dos animais	Observar as normas para o manejo pré-abate, como aplicação de período de jejum adequado e limpeza dos animais que foram selecionados e separados para o abate.
Programação de coleta	Definição de data e hórario de coleta, rota, motorista e auxiliar (quando necessário), tipo, capacidade e quantidade de veículos.
Determinação do veículo	Definido pelo tipo de carga, considerando características e peso.
Densidade	Definida pela equação: peso total dos animais a serem transportados (em kg) pela área da carroceria do caminhão de transporte (m²). Assim, tem-se: $densidade = \dfrac{peso\ total\ dos\ animais\ (\text{kg})}{área\ da\ carroceria\ do\ caminhão\ (\text{m}^2)}$
Embarque e desembarque	Equipamentos utilizados para movimentação e condução dos animais para dentro e fora da carroceria de transporte
Controle de microclima	Utilização de equipamentos e técnicas para controle do microclima da carroceria a fim de atender às necessidades de conforto térmico dos animais

Um dos objetivos da logística é a proteção da carga transportada, por isso, é fundamental a qualificação dos envolvidos nas operações, principalmente para o transporte de animais para abate, que segue especificações do Riispoa, quanto à condenação de animais que apresentarem "doenças de transporte" (BRASIL, 1952). Assim, animais transportados para abate não podem retornar à sua origem, ou seja, animais entregues ao frigorífico que, por algum motivo, apresentem-se inaptos e não adequados ao consumo humano não são devolvidos ao produtor: são condenados pelo frigorífico, que assume os procedimentos legais para o abate e destinação de animais inaptos. Considerando que o produtor é remunerado pelo quilo do animal entregue, o transporte inadequado pode resultar em prejuízos financeiros.

O planejamento do transporte deve considerar os diversos fatores que podem contribuir para o desconforto dos animais e tem grande representatividade nas perdas e na baixa qualidade da carne. Alguns desses fatores são: a alta densidade de suínos por grupos (DELEZIE et al., 2007; EDWARDS et al., 2010); a má distribuição de suínos por grupos – ao misturar suínos de lotes diferentes –, as condições climáticas, a temperatura e a umidade (LUDTKE et al., 2012), a aspersão de água e a distância (SILVEIRA, 2010; OCHOVE et al., 2010); o modelo de carroceria e a disposição dos animais, os ruídos e odores (DALLA COSTA et al., 2007a); e o horário da viagem, a incidência do sol e a velocidade do vento (SILVEIRA, 2010). Esses fatores impactam na competitividade do produto final em relação às demais carnes, como a de aves e a bovina (SIMÕES et al., 2012), e reduz a oferta de carne suína no mercado em virtude das perdas quantitativas e qualitativas (DALLA COSTA et al., 2007c), com prejuízos financeiros para a cadeia.

Em áreas tropicais e subtropicais, como o Brasil, o ambiente necessita ser controlado, garantindo ao animal o máximo de conforto durante a viagem. Em regiões de clima quente, cuidados no transporte de animais podem resultar em melhor qualidade da carne, sendo recomendada a utilização de carrocerias com sistema de aspersão, que contenha sombrite, para melhor controle da temperatura interna da carroceria. A densidade de transporte é uma medida científica que busca o equilíbrio entre a pressão econômica – para aumentar a densidade de carga e maximizar o lucro de uma única viagem – e o bem-estar animal durante o transporte (BENCH; SCHAEFER; FAUCITANO, 2008).

O transporte em longas distâncias no pré-abate de animais é um ponto crítico das regiões tropicais (OCHOVE et al. 2010). Por isso, sugere-se aos produtores de animais que, quando possível, considerem a comercialização com clientes localizados em curtas distâncias.

10.7.1 DESAFIOS DA LOGÍSTICA PRÉ-ABATE

A crescente demanda por proteína de origem animal tem tido um impacto global no aumento da criação, transporte, abate e processamento de animais, e tem estimulado a discussão dos problemas de bem-estar animal nos diversos pontos da cadeia de suprimentos (MIRANDA-DE LA LAMA, 2013). Nos últimos anos, a preocupação com o bem-estar dos animais durante o transporte tem sido crescente em países em desenvolvimento que são fornecedores de proteína animal para as nações desenvolvidas, como Brasil, China e Índia (DALLA COSTA et al., 2007b; RITTER et al., 2009; TRIENEKENS; WOGNUM, 2013; USDA/FAS, 2015).

O bem-estar passou de simples conceito de produção para um contexto global de mercados, que envolve as barreiras fitossanitárias impostas por países desenvolvidos na comercialização de produtos de origem animal. Apesar dos diversos impactos de instabilidade no mercado, por causa das flutuações externas e das barreiras técnicas e sanitárias, o Brasil tem se desenvolvido e vem se consolidando no mercado global (HORTA et al., 2010).

A evolução dos estudos na área de produção animal tem contribuído para a redução das perdas durante a fase de criação e manejo pré-abate. No Brasil, as diversas iniciativas técnicas, normas e políticas têm contribuído para promover o bem-estar na produção pecuária com ênfase em programas de capacitação e manuais de boas práticas (PARANHOS DA COSTA et al., 2012).

O Brasil é um país com extensão continental e predominantemente de clima tropical, circunstâncias que podem influenciar no bem-estar animal, uma vez que a combinação entre temperaturas e umidades do ar elevadas provocam estresse e impactam diretamente na eficiência produtiva dos animais (OLIVEIRA et al., 2006; SILVA et al., 2009). Os problemas zootécnicos devem considerar as influências do ambiente tropical sobre os animais, pois o controle ambiental é estratégico para a produção animal (OLIVEIRA et al., 2006). Portanto, a ambiência deve ultrapassar as fronteiras das instalações rurais e focalizar ao longo do processo produtivo, buscando a redução de perdas (SILVA; VIEIRA, 2010).

De acordo com Marahrens et al. (2011), para entender os componentes básicos do bem-estar e torná-los princípios, quatro questões devem ser compreendidas:

- Os animais estão devidamente alimentados e abastecidos com água?
- Os animais estão devidamente alojados?
- Os animais estão saudáveis?
- O comportamento dos animais reflete um ótimo estado emocional?

Um conceito útil de bem-estar animal refere-se às características individuais de cada animal. Assim, define-se bem-estar animal como um conjunto de conceitos relacionados a necessidades, liberdades, felicidade, dor, medo, ansiedade, estresse, saúde (BROOM, 2008). O termo "estresse animal" é utilizado para indicar a falta de bem-estar, é a resposta adaptativa dada pelo animal submetido a condições adversas que desequilibram seu estado normal, colocando em risco suas funções vitais (mantença, reprodução e produção) (BAÊTA; SOUZA, 2010). O estresse tem sido limitado para um tipo de mecanismo de resposta fisiológica ou mental, e as respostas fisiológicas são consideradas como um fenômeno mais amplo (BROOM, 2008).

Existem diversas maneiras de medir o bem-estar dos animais. O comportamento é o principal modo de interação entre o animal e o ambiente, bem como tudo que se encontra nele; além disso, a maioria dos processos reguladores fisiológicos mantém a homeostase por meio de comportamento coordenado e mecanismos biológicos (MORMÈDE, 2008). O emprego de sistemas de ambiência e a adoção de métodos que favoreçam o conforto térmico dos animais são essenciais para a redução de estresse. Os sistemas de ventilação mecânica para a dissipação do calor e a renovação do ar contribuem para a qualidade do ar por meio da redução da concentração dos gases tóxicos produzidos pela decomposição de matéria orgânica (DIAS, 2011) e são fundamentais em áreas tropicais.

Os animais respondem à falta de bem-estar de diferentes maneiras, sendo as principais a movimentação e a reorientação, buscando a adaptação, que pode ser avaliada pela habilidade do animal em se ajustar às condições ambientais, com mínima perda de peso, conservando taxa reprodutiva, resistência a doenças e baixa taxa de mortalidade (BAÊTA; SOUZA, 2010). Durante a movimentação de animais, um dos maiores problemas são os dispositivos de orientação utilizados pelos tratadores para "tocar" o animal, causando uma interação negativa animal-humano; é recomendado, com base nos princípios de bem-estar, que se faça bom uso do corredor e rampas, sem a necessidade da utilização de dispositivos de movimento (GENTRY; JOHNSON; MCGLONE, 2008).

A operação de transporte pré-abate requer a remoção dos animais do "ambiente conhecido" para uma situação nova, o que provoca apreensão por causa da exposição aos novos fatores potenciais de estresse, como barulho, cheiros, vibração do veículo, mudanças de velocidade do veículo, variação da temperatura e umidade, densidade, entre outros aspectos.

No caso do transporte de suínos, a temperatura do ar e a umidade relativa são fatores essenciais para promover o conforto térmico e proporcionar o seu bem-estar (CAMPOS et al., 2010). O conforto e o estresse térmico dos suínos podem ser estabelecidos por faixa de peso corporal do animal (em quilos). Considerando o peso do suíno em terminação entre 60 e 100 kg, as temperaturas ambientes relacionadas à faixa de conforto térmico encontram-se entre 15 e 18 °C e a umidade relativa do ar em 70%. As faixas de estresse térmico se encontram abaixo da temperatura mínima de 4 °C e acima de 27 °C, com umidade relativa menor que 40% e maior que 90% (LEAL; NÄÄS, 1992; DIAS, 2011).

O microambiente da carroceria do veículo de transporte é influenciado pela temperatura, umidade relativa do ar e velocidade do vento, e essas variáveis afetam a temperatura superficial do animal (KEPHART et al., 2014a; MCGLONE et al., 2014). De acordo com Bench et al. (2008), durante o transporte, a variação da temperatura pode chegar até aproximadamente 20 °C. Essa variação pode ser influenciada pela densidade de transporte, modelo da carroceria, veículo parado, aspersão, entre outros. Quando o veículo está em movimento, a ventilação não é comprometida, pois há abertura ao longo do veículo que facilita a ventilação natural. Além disso, o ruído e a vibração do veículo de transporte têm demonstrado ser aversivos para os suínos, principalmente durante períodos prolongados (BENCH; SCHAEFER; FAUCITANO, 2008).

Assim, pode-se perceber o quanto o transporte pré-abate afeta diretamente os princípios do bem-estar animal, uma vez que não atende aos requisitos das cinco liberdades dos animais defendidas pelo Farm Animal Welfare Council – FAWC (2009) (Quadro 10.2). As cinco liberdades para o bem-estar animal foram estabelecidas pelo Comitê Brambell em 1965, e correspondem às liberdades de fome e sede; de desconforto; de dor, maus tratos e doenças; de expressão do comportamento natural; de medo e tristeza, sendo que as três primeiras tratam do bem-estar físico e as duas últimas do bem-estar mental. Esse conceito foi mais tarde adotado pela FAWC, considerando que, para haver condições de bem-estar do animal, é preciso que o produtor e/ou a indústria atendam às cinco liberdades (ver Capítulo 13).

A fase do pré-abate inclui condições e práticas que são aplicadas durante a movimentação e a concentração de animais no produtor (fazenda), transporte e abatedouro, que representam uma perturbação para o balanço homeostático dos animais. Assim, respostas adaptativas são acionadas no intuito de restabelecer seu equilíbrio (FERGUSON; WARNER, 2008). Citam-se, como exemplo desses fatores potenciais de estresse durante o pré-abate, a exposição do animal ao desconforto físico (restrição de alimentos e água, cansaço pela movimentação de embarque e desembarque, dor causada pelo tipo de "toque" utilizado pelo tratador para orientação do animal) e ao desconforto psicológico (mudanças do ambiente familiar, separação do grupo social, medo, angústia). Há ainda o uso de bastão elétrico, que somente é recomendável quando for realmente necessário, sendo a sua aplicação durante o embarque considerada desnecessária (LUDTKE et al., 2010).

Quadro 10.2 – Cinco liberdades para o bem-estar animal

Liberdade	Descrição	Transporte pré-abate
Fome e sede	Acesso a água e alimentação para manter a saúde e o vigor	Animais são submetidos a jejum alimentar durante o período pré-abate e hídrico durante o transporte
Desconforto	Propor ambiente adequado	A carroceria do veículo é um ambiente novo para o suíno e inadequado por causa de densidade, microambiente, ruídos etc.
Dor, lesões e doenças	Prevenção, diagnóstico e tratamento rápido	Durante a operação de embarque, os animais são "tocados" com dispositivos de orientação, o que provoca dor, lesões e ou contusões que podem ocorrer por causa de quedas, brigas, alta densidade etc.
Expressão do comportamento natural	Propor espaço suficiente, instalações adequadas e relações sociais com membros de sua espécie	Não é dado tempo ao animal para se adaptar à carroceria de transporte, o que inibe o comportamento natural; animais durante o transporte apresentam comportamento apreensivo
Medo e angústia	Assegurar condições e tratamento que evitem o sofrimento psicológico e emocional	O transporte por si só provoca estresse ao suíno. Combinado com a interação homem-animal durante a operação, esse estresse pode aumentar o nível de medo e angústia no animal

Fonte: adaptado de Terlouw (2005); Bench, Schaefer e Faucitano (2008); Gentry, Johnson e McGlone (2008); FAWC (2009); Grandin (2010); Paranhos da Costa et al. (2012); Santiago et al. (2012); McGlone et al. (2014).

O bem-estar animal durante o pré-abate é de responsabilidade de todos os envolvidos nas operações (produtor, intermediário, transportador e indústria). O produtor é responsável pela seleção dos animais, manejo e aplicação do jejum antes do transporte. O transportador tem como responsabilidades o embarque, o transporte, o desembarque e os períodos de espera; e à indústria cabe garantir o tempo de descanso antes do abate. É recomendado que a indústria avalie as condições dos animais entregues, considerando a aparência física, taxa de mortalidade na chegada, lesões graves e contusões, limpeza dos animais, sinais de doenças, devendo tais problemas serem reportados para o produtor ou transportador (GRANDIN, 2010).

Proporcionar condições adequadas ao transporte de animais, garantindo conforto durante o deslocamento e promovendo a qualidade da carne (produto final), é um dos grandes desafios para a operação de logística pré-abate. Segundo Grandin[1] (2000 apud APPLEBY et al., 2008), os principais problemas relacionados à má qualidade da carne

[1] Em *Livestock Handling and Transport*. 2. ed. Wallingford: CABI Publishing, 2000.

suína e à atividade de transporte são a perda de peso vivo entre 4% e 6%, mortalidade entre 0,1% e 0,4%, lesões e escoriações na carcaça, coloração anormal, presença de carne PSE (*pale*, *soft*, *exsudative*) e DFD (*dark*, *firm*, *dry*), e contaminação por *Salmonella*.

Recente pesquisa, realizada por Reis et al. (2015b), indica perdas de 1,16% ao mês durante o período pré-abate. Esses resultados negativos devem-se às condições precárias do transporte e manejo pré-abate (PARANHOS DA COSTA et al., 2012).

As perdas ocorrem por diversos problemas que afetam o suíno durante a logística pré-abate, desde questões que envolvem a gestão do sistema de transporte até questões ambientais (RITTER et al., 2009). As perdas decorrentes das operações de transporte podem ser classificadas como qualitativas e quantitativas. Por isso, investigar os diversos fatores que comprometem o bem-estar dos animais e a qualidade da carne é fundamental para tornar a cadeia competitiva. Em regiões tropicais, o desempenho das atividades logísticas requer cuidados especiais para o combate das perdas, resultado da aplicação de procedimentos e operações inadequadas.

10.7.2 PERDAS NA PRODUÇÃO E NO PERÍODO PRÉ-ABATE DE SUÍNOS

O conceito de perda na produção de carne suína está dividido entre as perdas quantitativas e qualitativas. Perdas quantitativas são associadas ao número de animais mortos ou condenados por causa das condições do período pré-abate a que são submetidos. Já as perdas qualitativas estão associadas à presença de carne PSE e DFD (Quadro 10.3). Esses indicadores refletem o nível de estresse a que os animais são submetidos durante o transporte pré-abate. Todos os animais experimentam algum nível de estresse antes do abate e, por isso, podem apresentar efeitos prejudiciais à qualidade da carne (FERGUSON; WARNER, 2008). Reações de estresse influenciam o metabolismo do músculo *ante* e *post-mortem*, afetando a taxa e a extensão da quebra de glicogênio e redução do pH, cor e perda por gotejamento (TERLOUW, 2005).

Quadro 10.3 – Classificação das perdas quantitativas e qualitativas durante o pré-abate

Perda	Parâmetro	Descrição
Quantitativa	Mortos na chegada	Número de animais mortos durante o transporte
	Condenados	Número de animais inaptos para o transporte, que não se movem, com lesões severas, sinal de estresse (fatigados) e suspeita de doenças
	Peso corporal	Quantidade de perda de peso corporal durante o transporte
Qualitativa	Carne PSE	Presença de carne pálida, flácida e exsudativa afeta a característica do produto final (alteração na coloração e na propriedade funcionais), sendo imprópria ao consumo
	Carne DFD	Presença de carne escura, firme e seca afeta a característica do produto final, sendo imprópria ao consumo

Fonte: adaptado de Maganhini, Mariano e Soares (2007); Bench, Schaefer e Faucitano (2008); Ritter et al. (2009); McGlone et al. (2014).

Ritter et al. (2009) consideram como perdas de transporte somente a quantidade de suínos mortos na chegada e animais que se tornaram inaptos durante o estágio pré-abate (condenados), comercialização entre o produtor e a indústria. Contudo, as perdas de transporte abrangem mais do que as perdas quantitativas, pois os suínos sofrem diversos impactos que afetam a qualidade da carne.

No Brasil, o índice de mortalidade de suínos durante o transporte encontrado por Ochove et al. (2010) é maior que os apontados por pesquisadores da Espanha e Estados Unidos. Animais transportados por menos que 50 km apresentaram índice de mortalidade de 0,21%, contra 0,32% e 0,46% apresentados respectivamente por animais transportados entre 50 e 100 km e acima de 100 km (GOSÁLVEZ et al., 2006). A perda de peso corporal entre os animais variou de 1,06 a 1,36 kg/animal (Tabela 10.1). Dalla Costa et al. (2010) recomendam que o transporte de suínos para abate no Brasil ocorra por até 80 km, com duração não superior a três horas.

Tabela 10.1 – Resumo das médias de perdas de suínos no período pré-abate coletadas na literatura+

Local	Ano	N	MA (%)	CI (%)	PPC (%)	PSE (%)	DFD (%)	Referência
Espanha	1995	15.595	-	-	-	-	17,4	Guàrdia et al. (2005)
Dinamarca	2000	270	-	-	-	2,0	-	Aaslyng e Barton Gade (2001)
Brasil	2000	151	-	-	-	46,36	-	Culau et al. (2002)
Itália	2001	199	-	11,1	-	2,9	1,07	Nanni Costa et al. (2002)
Brasil	2002	192	-	-	3,8	-	-	Dalla Costa et al. (2006)
México	2003	714	-	15,4	4,6	11,4	-	Mota-Rojas et al. (2006)
Espanha	2005	90.366	0,33	0,33	1,2	-	-	Gosálvez et al. (2006)
Brasil	2006	946	-	-	-	22,8	1,0	Maganhini, Mariano e Soares (2007)
Estados Unidos	2006	684.341	0,22	0,44	-	-	-	Ritter et al. (2009)
Brasil	2008	192	-	-	-	38,0	1,8	Dalla Costa et al. (2010)
Brasil	2009	2.128	-	-	-	10,1	-	Santiago et al. (2012)
Brasil	2009	60	2,3	2,0	-	-	-	Ochove et al. (2010)
Estados Unidos	2011	67.328	0,08	0,08	-	-	-	McGlone et al. (2014)
Estados Unidos	2012	137	0,25	0,07	-	-	-	Kephart et al. (2014b)

+ Valores ajustados de acordo com o número total de animais. N = número de suínos; MA (Mortalidade) = porcentagem de animais mortos durante o transporte, ou seja, chegados mortos na planta de abate; CI (Condenados e inaptos) = porcentagem de animais inaptos ao abate por apresentar lesões, escoriações, fraturas, fadiga etc.; PPC (perda de peso corporal) = porcentagem de perda de peso vivo durante o transporte; PSE = porcentagem de ocorrência de carne pálida, flácida e exsudativa; DFD = porcentagem de ocorrência de carne escura, firme e seca.

Em 2012, Santos et al. (2013) reportaram um impacto econômico anual de 14% em função de perdas por mortalidade de suínos durante o transporte e as condenações de carcaças, o que representa uma redução da receita da granja de, aproximadamente, R$ 78 mil para o produtor rural, R$ 148 mil para a indústria de transformação e R$ 250 mil para o varejo. Os animais inaptos ao transporte devem ser movidos usando métodos humanitários, e sempre que esses métodos não estejam disponíveis ou não sejam apropriados, os animais devem ser sacrificados na granja (BENCH; SCHAEFER; FAUCITANO, 2008). As perdas ocorridas por animais inaptos (por causa de lesões, escoriações e contusões) podem ser reduzidas por meio do treinamento adequado de tratadores e por meio da adoção de uma política consolidada de bem-estar animal, evitando o maltrato de animais.

As perdas no transporte não são um problema novo para a indústria da carne suína. Em relação ao jejum pré-abate, a dieta hídrica é o ponto mais crítico segundo a perspectiva do bem-estar animal, dado o risco de incidência de desidratação corporal (FERGUSON; WARNER, 2008). Dalla Costa et al. (2006) detectaram perdas médias de peso corporal em 3,8% de um total de 192 suínos durante o pré-abate.

Outro problema para a indústria é a carne PSE, que representa o principal problema de qualidade para a indústria de carne suína, em razão de baixa capacidade de retenção de água, textura flácida e coloração pálida, afetando o rendimento da carcaça e contribuindo para perdas durante o processamento (MAGANHINI; MARIANO; SOARES, 2007). Santiago et al. (2012) estimaram perdas para a indústria de Mato Grosso do Sul de 10,1% de um total de 2.128 animais. Dalla Costa et al. (2010) apresentaram a ocorrência de carne PSE nos músculos *Longissimus dorsi* (lombo) e *Semimembranosus* (pernil) de 36,7% e 39,3% respectivamente, e tais músculos são os que representam maior valor para a indústria de processamento. Enquanto a carne PSE é resultado do estresse agudo, a carne DFD incide por causa do estresse crônico (NANNI COSTA et al., 2002). A indústria de processamento de carne brasileira enfrenta principalmente problemas com a ocorrência de carne PSE (CULAU et al., 2002; SANTIAGO et al., 2012), sendo baixos os índices de carne DFD (MAGANHINI; MARIANO; SOARES, 2007).

Perdas na suinocultura, incluindo todos os ciclos e o período pré-abate, de aproximadamente 10% estão acima do indicado pelas normas de boas práticas de produção de suínos (DIAS, 2011), o que sugere que o produtor precisa rever o planejamento da produção e buscar soluções para melhorar esse índice de desempenho.

Em termos gerais, a qualidade da carne pode ser percebida por diversos atributos:

- **Sensoriais:** cor, textura, suculência, sabor, odor, maciez.
- **Técnicos:** pH, capacidade de retenção de água.
- **Nutricionais:** taxa de gordura, porcentagem de proteínas, vitaminas e minerais.
- **Sanitários:** ausência de agentes contagiosos.
- **Éticos:** bem-estar do homem e do animal, sustentabilidade.

Manter a qualidade da carne e reduzir as perdas para a indústria dependem de diversos fatores que estão associados ao processo produtivo do animal e às práticas adotadas durante o período pré-abate.

10.7.3 PRINCIPAIS INDICADORES DE DESEMPENHO

A aplicação dos indicadores logísticos é importante, pois permite a avaliação e visualização dos níveis de serviço oferecidos ao cliente. Auxiliam também a identificar os principais problemas da operação, se tornando base de consulta para a tomada de decisões em nível estratégico e tático. Diversos são os indicadores logísticos existentes, e neste tópico serão elencados os principais deles, aqueles mais usuais ao dia a dia das empresas.

Os indicadores estão baseados em atributos que medem o nível de atendimento dos clientes ou acionistas. Os clientes são satisfeitos pelos atributos de confiabilidade, responsividade e flexibilidade, já os acionistas pelos atributos de custos e ativos. Considerando os atributos dos clientes, vamos focar na confiabilidade e responsividade:

- **Confiabilidade:** capacidade da empresa de cumprir a missão da logística.
- **Responsividade:** capacidade de resposta, ou velocidade aplicada ao fluxo de bens, serviços e informação.

Os indicadores de desempenho relacionados à confiabilidade da empresa estão relacionados ao cumprimento total ou parcial da missão da logística, como: total = pedido perfeito; parcial = quantidade de pedido entregue no prazo, pedidos entregues nas condições certas, pedidos entregues com os documentos corretos, avarias no transporte.

O cálculo de indicadores de desempenho é muito simples quando a empresa mantém registro de suas operações. O Quadro 10.4 apresenta as equações aplicadas ao cálculo de indicadores de desempenho.

Quadro 10.4 – Equações para cálculos dos indicadores de desempenho

Indicador	Equação de prática
Pedidos perfeitos (PP)	PP% = (qPP/qPT) × 100 Em que: qPP = quantidade de pedidos perfeitos qPT = quantidade de pedidos totais
Pedidos entregues no prazo/tempo (PPR)	PPR% = (qPPR/qPT) × 100 Em que: qPPR = quantidade de pedidos entregues no prazo qPT = quantidade de pedidos totais
Pedidos com avarias no transporte (PAT)	PAT% = (vPAT/vmT) × 100 Em que: vPAT = valor da quantidade de pedidos avariados no transporte vmT = valor total da mercadoria transportada

Os demais indicadores podem ser calculados da mesma maneira que o PP e o PPR. Outro método para determinar o nível de atendimento aos clientes é conhecido como matriz OTIF (*on time, in full*), ou seja, no prazo e completos. O conceito de completo abrange, além da quantidade completa do pedido, as condições adequadas, os documentos corretos etc. O método de avaliação OTIF é considerado bastante rígido porque trabalha com binário 0 e 1, em que 0 representa o não atendimento e 1 o atendimento da matriz OTIF. Assim, imagine a seguinte situação. Um produtor entregou à indústria 500 pedidos no período de um mês. Desse total, apenas 410 foram *on time* e 390 *in full*. Qual o OTIF desse produtor? Para determinar o OTIF do produtor, basta aplicar a equação a seguir.

$$\text{OTIF} = (\text{qOT} + \text{qIF}) - \text{qPT}$$

$$\text{OTIF\%} = (\text{OTIF}/\text{qPT}) \times 100$$

Em que:

qOT = quantidade de pedidos entregues *on time*;

qIF = quantidade de pedidos entregues *in full*;

qPT = quantidade de pedidos totais.

Assim, o OTIF para o produtor é de 60%. Isso significa que o produtor atende 60% das vezes o seu cliente completamente, com pedidos perfeitos, no prazo e completos. Para saber se esse indicador é bom ou não, o produtor deve se comparar ao mercado, verificando os seus principais concorrentes. Qual o OTIF dos concorrentes? Se for menor que 60%, o produtor tem uma vantagem; contudo, se for maior que 60%, o produtor precisa melhorar o seu nível de atendimento, ou seja, melhorar o seu OTIF. Há grandes variações entre as práticas de indicadores de desempenho no mercado, pois dependem de diversos fatores, como localização do fornecedor/cliente, níveis de avarias aceitáveis contratualmente etc.

Os indicadores de desempenho relacionados à responsividade estão ligados ao tempo de ciclo do pedido, o qual pode ser medido em minutos, horas, dias, meses etc. Esse tempo corresponde ao tempo que a empresa leva para atender ao pedido do cliente, ou seja, desde o recebimento do pedido até a sua entrega ao cliente. Novamente, vamos imaginar que um produtor deseja avaliar o seu nível de atendimento em relação a um determinado cliente. Para tanto, ele utiliza a quantidade de pedidos atendidos no período de um mês (Tabela 10.2).

Tabela 10.2 – Pedidos e tempo de atendimento

Pedidos do cliente no período	Tempo de atendimento (dias)
1	2
2	4
3	3
4	3
5	3
Média	3
Desvio-padrão	0,7

Nessa situação, temos que a média de atendimento ao cliente avaliado é de 3 dias, com uma consistência de 0,7 dia. O tempo de atendimento é medido subtraindo a data de entrega do pedido ao cliente da data de recebimento do pedido.

A consistência de atendimento é muito importante, pois permite que o cliente tenha confiança de que o seu pedido será atendido dentro daquela faixa de tempo. Nesse caso, temos uma consistência de 0,7 dia, que representa uma variação de 23% em relação à média de atendimento, a qual pode ser considerada alta. Em outros termos, significa que esse cliente pode ser atendido pelo produtor em 2,3 dias ou 3,7 dias. A consistência de atendimento é medida pelo cálculo do desvio-padrão (dp), e quanto mais próximo de zero estiver o desvio-padrão, melhor; ou quanto mais distante da média, melhor. Uma consistência igual a 0 significa que o produtor atende seu cliente sem variação no tempo de atendimento, logo, o cliente tem confiança de que seu pedido será atendido no prazo. Uma consistência perto da média significa uma dispersão no atendimento ao cliente, uma variação no tempo de atendimento, o que pode resultar em insatisfação por parte do cliente, por não saber exatamente quando será atendido, o que pode prejudicar seu planejamento e suas operações.

10.7.4 SOLUÇÕES PARA O TRANSPORTE DE SUÍNOS NO BRASIL

A relação custo-benefício do transporte de animais precisa ser mais bem analisada, principalmente em países de economia em desenvolvimento. As relações densidade de transporte-custo do frete, conforto térmico-custo da carroceria, capacitação de funcionários-custo de treinamento e qualificação, enfim, o *trade-off* entre nível de bem-estar animal e o custo total do transporte precisam de mais estudos.

O transporte de animais envolve uma série de fatores e pode influenciar positiva ou negativamente seu nível de bem-estar. Entre os diversos fatores relevantes, destacam-se a carroceria do veículo como um ambiente novo, com novos cheiros, ruídos, e a própria diferença entre a estrutura do caminhão e o ambiente da baia de criação. Já a densidade de transporte (quantidade de cabeças por área disponível), a restrição de água durante o trajeto e a restrição do uso de nebulizadores durante o trajeto são fatores que comprometem o conforto térmico dos animais. Fatores climáticos como chuva, radiação solar e velocidade do vento determinam o microambiente da carroceria e causam estresse aos animais. Também têm importância o comportamento dos tratadores durante o embarque e desembarque e o do motorista na direção do veículo transportador quanto a velocidade do veículo e freadas bruscas, além da distância e do tempo de viagem.

A qualidade da infraestrutura de transporte também influencia no bem-estar animal. O fluxo de animais entre os elos da cadeia produtiva no Brasil ocorre por meio do modal rodoviário, utilizando-se as rodovias e estradas. As condições inadequadas das rodovias brasileiras contribuem para maior desgaste da frota de veículos, maior consumo de energia, aumento do tempo de viagem, entre outros.

Apesar dos problemas apresentados pelo modal rodoviário, este ainda é o mais indicado para o transporte de animais, pelas suas características de disponibilidade e flexibilidade, principalmente para curtas distâncias. A distância de transporte e o tempo de viagem são fatores importantes na avaliação de bem-estar, pois diz respeito ao tempo de exposição dos animais aos fatores estressores, por isso, as recomendações são para evitar longas distâncias no transporte desses animais. Ao longo dos anos, é cada vez maior o afastamento entre os pontos de produção e consumo, o que contribui para o aumento do tempo de viagem e, consequentemente, maior quantidade de caminhões transitando pelas rodovias e estradas; maior risco de perdas relacionadas à taxa de mortalidade dos animais, de animais lesionados, com fraturas; e maior produção de carne com baixa qualidade, por causa do efeito do estresse na transformação do músculo em carne.

Existem diversas soluções para melhorar as condições do transporte de animais no Brasil, as quais dependem do setor público e também do privado. Provavelmente, o maior desafio a ser superado pelo ramo é a questão das políticas públicas, sobretudo em relação à infraestrutura rodoviária brasileira. Contudo, independentemente das ações estratégicas do governo para a melhoria dessa infraestrutura, o produtor pode aprimorar o transporte de animais por meio de pequenas ações, como a troca de carrocerias padrões, sem sistemas que facilitem o manejo e a movimentação dos animais durante as operações de embarque e desembarque, por carrocerias mais sofisticadas. Além disso, o produtor pode melhorar o bem-estar do animal observando e praticando os procedimentos adequados para transporte de suínos, capacitando os funcionários envolvidos nas atividades de acordo com as diversas recomendações científicas apresentadas em guias de referência (ver Capítulo 13).

A principal fabricante de carroceria no Brasil, a TRIEL-HT, apresenta diversas soluções de carrocerias para o transporte de suínos e aves em diversas fases de produção. A variedade de carrocerias para o transporte dos terminados, animais prontos para abate, parte das mais simples até as mais sofisticadas, com tecnologias que podem contribuir para o desempenho das atividades da logística pré-abate.

As carrocerias podem ser equipadas com sistema de nebulização, composto por tanques, tubulação com mangueiras de alta pressão e bicos nebulizadores protegidos por estrutura metálica, e sistema de fornecimento de água, com um ou dois bebedouros do tipo chupeta instalados por compartimento, nas laterais da carroceria, sendo conectados ao mesmo tanque de nebulização ou a um tanque somente para o sistema de bebedouros.

Existem carrocerias com sistema de climatização (controle de ar lateral com lonas), sistema de ventiladores e exaustores. Além disso, as carrocerias podem ser fabricadas com teto isotérmico e abertura por meio de pistões pneumáticos ou com tampas de inspeção das baias, e com teto com cobertura em sombrite.

O produtor dispõe de diversas soluções que obviamente encarecem o produto (carroceria) e reduzem a capacidade de carga. Em contrapartida, a adoção dessas soluções oferece melhor nível de bem-estar aos animais por causa da facilidade de embarque e desembarque (evitando o esforço dos animais durante a operação de transporte), além de proporcionar melhores condições de trabalho aos funcionários (mais segurança nas operações) e melhora nas operações, reduzindo o tempo de embarque e desembarque dos animais.

No Brasil, as carrocerias climatizadas são utilizadas somente para o transporte de leitões desmamados, reprodutores e matrizes, mas não no transporte de suínos terminados. O argumento do setor é que o transporte de terminados em carrocerias climatizadas é inviável por dois fatores: primeiro, pelo clima tropical do país e, segundo, pelo consumo energético que encareceria muito o valor do frete (alto consumo de combustível). Por esses motivos, adota-se o sistema natural de ventilação com as carrocerias abertas nas laterais e teto.

Diferentes das carrocerias utilizadas no Brasil, as carrocerias para o transporte de suínos na Europa (França, Itália, Portugal), nos Estados Unidos e no Canadá têm pequenas aberturas nas laterais para reduzir o fluxo de ar, assim como há carrocerias que, além das aberturas, têm ventiladores para aumentar o fluxo de ar dentro da carroceria. Nesses países, os modelos disponíveis são mais sofisticados.

O ponto que precisa ser discutido é: o transporte de terminados em carrocerias climatizadas é realmente inviável ou a não utilização desse tipo de carroceria está mais relacionada à sua capacidade de carga e ao seu custo de aquisição? O custo da carroceria e a capacidade de carga são variáveis importantes na decisão de compra do produto pelas empresas de transporte ou produtores de animais. Transportadores e produtores buscam veículos com maior capacidade de carga e com um custo de aquisição razoável. Antes de afirmar a inviabilidade das carrocerias climatizadas, deve-se realizar um estudo mais aprofundado do problema e uma análise do setor como um todo.

Comercialmente, não existe uma padronização das carrocerias fabricadas para transporte de animais, seja para bovinos, aves ou suínos. A TRIEL-HT atende às normas de fabricação de veículos, mas as carrocerias não são projetadas com base em estudos científicos que garantam que o modelo e os materiais utilizados proporcionam melhores condições aos animais. A fabricante produz veículos padrões e atende ao pedido dos clientes quanto à instalação de sistemas sofisticados nas carrocerias.

Apesar dos diversos tipos de sistemas que podem ser instalados nas carrocerias (a pedido do cliente), a cadeia produtiva da carne deveria determinar um padrão mínimo de qualidade de carroceria para o transporte de animais, que proporcionasse menos esforço ao animal durante as operações de transporte e mais facilidade para os tratadores durante a movimentação, como: a obrigatoriedade de rampas com sistema de elevação hidráulico; tetos isotérmicos e lonas móveis nas laterais, com possibilidade de fechamento parcial e total, com janelas de inspeção; escada móvel entre as laterais da carroceria que deem mobilidade aos tratadores sem a necessidade de subir no teto da carroceria para movimentar animais localizados no centro dos veículos.

10.8 CONSIDERAÇÕES FINAIS

A logística é um enorme desafio para as cadeias agroindustriais. Diminuir a perda de alimentos no processo, transportar com rapidez, armazenar preservando as características dos produtos pelo maior tempo possível, movimentar grandes volumes etc. são alguns desses desafios.

Como se pode ver, o transporte de animais não se resume a simplesmente movimentar um animal de uma instalação para a outra: existem dificuldades no gerenciamento do animal, um ser vivo que tem suas próprias respostas adaptativas ao ambiente em que está inserido, sendo o controle dessas reações um desafio para produtores, transportadores e indústrias que fazem da agropecuária o seu negócio de mercado.

Além disso, as mudanças que envolvem os preceitos de bem-estar animal no setor da agropecuária vêm ocorrendo timidamente e são inevitáveis, principalmente porque o Brasil é um dos maiores produtores e exportadores de carne. A pressão dos consumidores externos não influencia somente as mudanças nos meios produtivos, como também o comportamento do consumidor interno.

A melhoria do processo logístico passa pela união de todos os agentes envolvidos na cadeia de suprimentos, para que seja possível desenvolver e adotar o equipamento adequado, que atenda às exigências de bem-estar, reduza o desperdício de alimentos e possibilite um ganho de competitividade para essas cadeias produtivas.

BIBLIOGRAFIA

AASLYNG, A. D.; BARTON GADE, P. Low stress pre-slaughter handling: effect of lairage time on the meat quality of pork. *Meat Science*, v. 57, p. 87-92, 2001.

ANTAQ – AGÊNCIA NACIONAL DE TRANSPORTE AQUAVIÁRIOS. *Transporte de cargas nas hidrovias brasileiras.* Brasília: Antaq, 2011.

APPLEBY, M. et al. *Long distance transport and welfare of farm animals.* World Society For The Protection Of Animals, 2008. Disponível em: <www.cabi.org/bookshop>. Acesso em: 25 jun. 2015.

BAÊTA, F. C.; SOUZA, C. F. *Ambiência em edificações rurais:* conforto animal. 2. ed. Viçosa: Ed. UFV, 2010.

BALLOU, R. H. *Gerenciamento da cadeia de suprimentos/Logística Empresarial.* 5. ed. Porto Alegre: Bookman, 2006.

______. *Logística empresarial:* transportes, administração de materiais, distribuição física. São Paulo: Atlas, 2007.

BATALHA, M. O.; SILVA, A. L. Gerenciamento de Sistemas Agroindustriais: definições e correntes metodológicas. In: BATALHA, M. O. (Coord.). *Gestão Agroindustrial.* 2. ed. São Paulo: Atlas, 2001, p. 23-62.

BENCH, C. et al. *Welfare implication of pig transport journey duration:* scientific background of current international standards, Agriculture and Agri-Food Canada. Ottawa, 2008.

BENCH, C.; SCHAEFER, A.; FAUCITANO, L. The welfare of pigs during transport. In: FAUCITANO, L.; SCHAEFER, A. L. *Welfare of pigs from birth to slaughter*. Wageningen: Wageningen Academic Publishers Book, 2008. p. 161-187.

BRASIL. *Regulamento da Inspeção Industrial e Sanitária de Produtos de Origem Animal (Riispoa).* Decreto n. 30.691/1952. 1952. Disponível em: <http://www.agricultura.gov.br/>. Acesso em: 5 jun. 2015.

BROOM, D. M. Welfare concepts. In: FAUCITANO, L.; SCHAEFER, A. L. *Welfare of pigs from birth to slaughter.* Wageningen: Wageningen Academic Publishers Book, 2008. p. 15-29.

CAMPOS, J. A. et al. Enriquecimento ambiental para leitões na fase de creche advindos de desmame aos 21 e 28 dias. *Agrária*, v. 5, n. 2, p. 272-278, 2010.

CHOPRA, S.; MEINDL, P. *Gerenciamento da cadeia de suprimentos estratégia/planejamento e operação.* São Paulo: Prentice-Hall, 2006.

CHRISTOPHER, M. *Logística e gerenciamento da cadeia de suprimentos.* São Paulo: Thomson, 2007.

______. *Logística e gerenciamento da cadeia de suprimentos: criando redes que agregam valor.* 2 ed. São Paulo: Thomson Learning, 2011.

COLD CHAIN MANAGEMENT. Universitat Bonn. Disponível em: <http://ccm.ytally.com/index.php?id=7>. Acesso em: 25 jun. 2015.

COX, J. F. et al. *APICS Dictionary.* 8. ed. Falls Church: APICS-The Educational Society for Resource Management, 1995.

CSCMP – COUNCIL OF SUPPLY CHAIN MANAGEMENT PROFESSIONALS. *Logistics management: boundaries and relationships.* Disponível em: <http://cscmp.org/aboutcscmp/definitions.asp>. Acesso em: 19 Abr. 2015.

CULAU, P. O. V. et al. Influência do gene halotano sobre a qualidade da carne suína. *Revista Brasileira de Zootecnia*, v. 31, n. 2, p. 954-961, 2002.

DALLA COSTA, O. A. et al. Período de descanso dos suínos no frigorífico e seu impacto na perda de peso corporal e em característica do estômago. *Ciência Rural*, v. 36, n. 5, p. 1582-1588, 2006.

DALLA COSTA, O. A. et al. Effects of the season of the year, truck type and location on truck on skin bruises and meat quality in pigs. *Livestock Science*, v. 107, p. 29-36, 2007a.

DALLA COSTA, O. A. et al. Modelo de carroceria e seu impacto sobre o bem-estar e a qualidade da carne dos suínos. *Ciência Rural*, v. 37, n. 5, p. 1418-1422, 2007b.

DALLA COSTA, O. A. et al. Avaliação das condições de transporte, desembarque e ocorrência de quedas dos suínos na perspectiva do bem-estar animal. *Comunicado Técnico*, Embrapa Suínos e Aves, n. 459, 2007c.

DALLA COSTA, O. A. et al. Efeito das condições pré-abate sobre a qualidade da carne de suínos pesados. *Archivos de Zootecnia*, v. 59, n. 227, p. 391-402, 2010.

DELEZIE, E. et al. The effect of feed withdrawal and crating density in transit on metabolism and meat quality of broilers at slaughter weight. *Poultry Science Association*, v. 86, p. 1414-1423, 2007.

DIAS, A. C. (Coord.). *Manual brasileiro de boas práticas agropecuária na produção de suínos.* Brasília: ABCS/Mapa/Embrapa Suínos e Aves, 2011.

EDGE, M. K.; BARNETT, J. L. Development of animal welfare standards for the livestock transport industry: process, challenges, and implementation. *Journal of Veterinary and Behavior*, v. 4, p. 187-192, 2009.

EDWARDS L. N. et al. The effects of pre-slaughter pig management from the farm to the processing plant on pork quality. *Meat Science*, v. 86, p. 938-944, 2010.

FACCHINI. *Produtos*. Disponível em:< http://www.facchini.com.br/produtos>. Acesso em: 20 jul. 2016.

FAWC – FARM ANIMAL WELFARE COUNCIL. *Farm animal welfare in Great Britain: past, present and future*. London, 2009. Disponível em: <https://www.gov.uk>. Acesso em: 15 jan. 2016.

FERGUSON, D. M.; WARNER, R. D. Have we underestimated the impact of pre-slaughter stress on meat quality in ruminants? *Meat Science*, v. 80, p. 12-19, 2008.

FRANCISCHINI, P. G.; GURGEL, F. A. *Administração de materiais e do patrimônio*. São Paulo: Thomson Pioneira., 2002.

GEIPOT. *Composição percentual da carga transportada*. 2000. Disponível em: <http://www.geipot.gov.br/anuario2001/complementar/tabelas/722.xls>. Acesso em: 19 jul. 2016.

GENTRY, J. G.; JOHNSON, A. K.; MCGLONE, J. J. The welfare of growing-finishing pigs. In: FAUCITANO, L.; SCHAEFER, A. L. *Welfare of pigs from birth to slaughter*. Wageningen: Wageningen Academic Publishers Book, 2008. p.133-152.

GOMES, C. F. S.; RIBEIRO P. C. C. *Gestão da cadeia de suprimentos, integrada a tecnologia da informação*. São Paulo: Thomson, 2004.

GOSÁLVEZ, L. F. et al. Influence of season, distance and mixed loads on the physical and carcass integrity of pigs transported to slaughter. *Meat Science*, v. 73, p. 553-558, 2006.

GRANDIN, T. Auditing animal welfare at slaughter plants. *Meat Science*, v. 86, p. 56-65, 2010.

GUÀRDIA, M. D. et al. Risk assessment of DFD meat due to pre-slaughter conditions in pigs. *Meat Science*, v. 70, p. 709-716, 2005.

GUERRA. *Produtos*. Disponível em: <http://www.guerra.com.br/home>. Acesso em: 20 jul. 2016.

HANDFIELD, R. B.; NICHOLS, E. L. *Introduction to Supply Chain Management-Business*. Upper Saddle River: Prentice-Hall, 1999.

HORTA, F. C. et al. Estratégias de sinalização da qualidade da carne suína ao consumidor final. *Revista Brasileira de Agrociência*, v. 16, n. 1-4, p. 15-21, 2010.

KEPHART, R. et al. Establishing bedding requirements on trailers transporting market weight pigs in warm weather. *Animal*, v. 4, p. 476-493, 2014a.

KEPHART, R. et al. Establishing sprinkling requirements on trailers transporting market weight in warm and hot weather. *Animals*, v. 4, p. 164-183, 2014b.

LAGUNA. *Produtos*. Disponível em: <http://www.lagunaequipamentos.com/produtos-bitrem-cerealeiro.html>. Acesso em: 20 jul. 2016.

LARRANAGA, F. A. *A gestão logística global*. São Paulo: Aduaneiras, 2008.

LEAL, P. M.; NÄÄS, I. A. Ambiência animal. In: CORTEZ, L. A. B.; MAGALHÃES, P.S.G (Org.). *Introdução à engenharia agrícola*. Campinas: Unicamp, p. 121-135, 1992.

LUDTKE, C. B. et al. *Abate humanitário de suínos*. Rio de Janeiro: WSPA, 2010.

LUDTKE, C. B. et al. Bem-estar animal no manejo pré-abate e a influência na qualidade da carne suína e nos parâmetros fisiológicos do estresse. *Ciência Rural*, v. 42, n. 3, p. 532-537, 2012.

MAGANHINI, M. B.; MARIANO, B.; SOARES, A. L. et al. Carnes PSE (Pale, Soft, Exudative) e DFD (Dark, Firm, Dry) em lombo suíno numa linha de abate industrial. *Ciência e Tecnologia de Alimentos*, v. 27, supl., p. 69-72, 2007.

MARAHRENS, M. et al. Risk assessment in animal welfare – especially referring to animal transport. *Preventive Veterinary Medicine*, v. 102, p. 157-163, 2011.

MCGLONE, J. et al. Establishing Bedding Requirements during Transport and Monitoring Skin Temperature during Cold and Mild Seasons after Transport for Finishing Pigs. *Animals*, v. 4, p. 241-253, 2014.

MIRANDA-DE LA LAMA, G. C. Transporte y logística pre-sacrificio: princípios y tendencias en bienestar animal y su relación con la calidad de la carne. *Veterinaria México*, v. 44, n. 1, p. 31-56, 2013.

MORMÈDE, P. Assessment of pig welfare. In: FAUCITANO, L.; SCHAEFER, A. L. *Welfare of pigs from birth to slaughter.* Wageningen: Wageningen Academic Publishers Book, 2008, p. 33-55.

MOTA-ROJAS, D. et al. Effects of mid-summer transport duration on pre and post-slaughter performance and pork quality in Mexico. *Meat Science*, v. 73, p. 404-412, 2006.

NANNI COSTA, L. et al. Combined effects of pre-slaughter treatments and lairage time on carcass and meat quality in pigs of different halothane genotype. *Meat Science*, v. 61, p. 41-47, 2002.

OCHOVE, V. C. C. et al. Influência da distância no bem-estar e qualidade de carne de suínos transportados em Mato Grosso. *Revista Brasileira de Saúde e Produção Animal*, v. 11, n. 4, p. 1117-1126, 2010.

OLIVEIRA, L. M. F. D et al. Bioclimatic mapping of Southern Brazilian region for animal and human thermal comfort. *Engenharia Agrícola*, v. 26, n. 3, p. 823-831, 2006.

PARANHOS DA COSTA, M. J. R. et al. Strategies to promote farm animal welfare in Latin America and their effects on carcass and meat quality traits. *Meat Science*, v. 92, p. 221-226, 2012.

PEREZ, C.; CASTRO, R.; FURNOLS, M. F. The pork industry: a supply chain perspective. *British Food Journal*, v. 111, n. 3, p. 257-274, 2009.

PIRES, S. R. I. *Gestão da cadeia de suprimentos*. 2. ed. São Paulo: Atlas, 2009.

RANDON. Produtos. Disponível em: <http://www.randonimplementos.com.br/pt/products>. Acesso em: 20 jul. 2016.

REIS, J. G. M. *Gestão estratégica de armazenamento*. Curitiba: Intersaberes, 2015.

REIS, J. G. M. et al. *Qualidade em redes de suprimentos:* a qualidade aplicada ao supply chain management. São Paulo: Atlas, 2015a.

REIS, J. G. M. et al. Financial losses in pork supply chain: a study of the pre-slaughter handling impacts. *Revista Engenharia Agrícola*, v. 35, n. 1, p. 163-170, 2015b.

REIS, J. G. M.; TOLOI, R. C., FREITAS, M., Jr. *Análise da viabilidade de custos do transporte de soja de Mato Grosso via Hidrovia Tietê-Paraná.* In: I Encontro Interestadual de Engenharia de Produção. Sesc Mineiro Grussaí, Rio de Janeiro, 2015, p. 1-12.

RITTER, M. J. et al. Transport losses in market weight pigs: I. A review of definitions, incidence, and economic impact. *The Professional Animal Scientist*, v. 25, p. 404-414, 2009.

SANTIAGO, J. C. et al. Resting time pre-slaughter and sex on the incidence of PSE (pale, soft, exsudative) meat in pigs. *Arquivo Brasileiro de Medicina Veterinária e Zootecnia*, v. 64, p. 1739-1746, 2012.

SANTOS, C. R. et al. Perdas econômicas decorrentes do transporte de suínos em Mato Grosso do Sul: estudo de caso. *Enciclopédia Biosfera*, v. 9, p. 1682-1697, 2013.

SEPÚLVEDA, W.S.; MAZA, M.T.; PARDOS, L. Aspects of quality related to the consumption and production of lamb meat. Consumers versus producers. *Meat Science*, v. 87, p. 366-372, 2011.

SILVA, B. A. N. et al. Effects of dietary protein level and amino acid supplementation on performance of mixed-parity lactating sows in a tropical humid climate. *Journal of Animal Science*, v. 87, p. 4003-4012, 2009.

SILVA, I. J. O.; VIEIRA, F. M. C. Ambiência animal e as perdas produtivas no manejo pré-abate: o caso da avicultura e corte brasileira. *Archivos de Zootecnia*, v. 59, p. 113-131, 2010.

SILVEIRA, E. T. F. Manejo pré-abate de suínos e seus efeitos na qualidade da carcaça e carne. *Suínos & Cia*, ano VI, n. 34, 2010.

SIMÕES, A. R. P. et al. Aspectos da comercialização da carne suína no varejo no município de Aquidauana-MS. *Revista Agrarian*, Dourados, v. 5, n. 18, p. 417-427, 2012.

TERLOUW, C. Stress reactions at slaughter and meat quality in pigs: genetic background and prior experience A brief review of recent findings. *Livestock Production Science*, v. 94, p. 125-135, 2005.

TRIEL-HT. *Databook*. Erechim, 2010.

TRIENEKENS, J.; WOGNUM, N. Requirements of Supply Chain Management in differentiating European pork chains. *Meat Science*, v. 95, n. 3, p. 719-726, nov. 2013.

USDA – UNITED STATES DEPARTMENT OF AGRICULTURE; FAS – FOREIGN AGRICULTURAL SERVICE. *Livestock and Poultry: world markets and trade, April 2015. United States Department of Agriculture*. Disponível em: <http://apps.fas.usda.gov/psdonline/circulars/livestock_poultry.pdf>. Acesso em: 14 out. 2015.

CAPÍTULO 11
ENGENHARIA ECONÔMICA APLICADA AO AGRONEGÓCIO

Marcelo Bernardino Araújo
Rodrigo Franco Gonçalves

11.1 INTRODUÇÃO

Em qualquer atividade econômica, seja ela qual for, é necessária uma adequada gestão das finanças do negócio. A engenharia econômica diz respeito ao planejamento da alocação de recursos financeiros e físicos em problemas de engenharia por meio de métodos matemáticos. Basicamente, a engenharia econômica envolve o estudo e o planejamento da relação entre a atividade produtiva, que transforma insumos em produtos com o emprego de recursos produtivos (pessoas, equipamentos, espaço físico, capital), e a atividade financeira, que envolve o fluxo financeiro das receitas geradas na atividade produtiva e os gastos com a produção, junto com o fluxo financeiro de capitalizações (empréstimos, financiamentos, entrada direta de capital de sócios) e investimentos de capital (aplicações financeiras, compra de equipamentos, imóveis etc.). Uma vez que a produção é uma atividade que demanda um certo tempo, geralmente os gastos antecipam-se às receitas. Portanto, acrescenta-se a este contexto a variável tempo como um elemento fundamental nos problemas de engenharia econômica.

Neste capítulo, procura-se pontuar os principais aspectos relacionados à gestão econômica no agronegócio, como: gestão de custos, receitas, alocação de capital e gestão tributária. Desse modo, pretende-se discutir os impactos da atividade financeira na atividade produtiva (Figura 11.1).

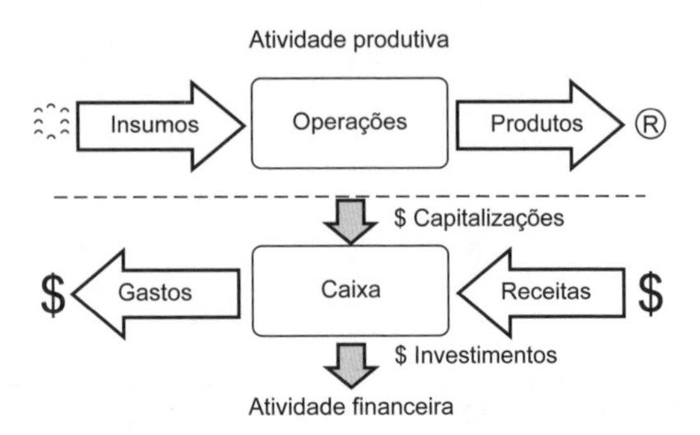

Figura 11.1 – Atividade produtiva e atividade financeira.

Neste capítulo, abordamos os seguintes tópicos:

- **Fundamentos de contabilidade:** apresenta os conceitos contábeis fundamentais para o desenvolvimento dos temas seguintes. São apresentados exemplos no agronegócio para ativo, passivo, patrimônio líquido e outros conceitos.
- **Fundamentos de engenharia econômica:** trata de investimentos, custo de oportunidade, lucro econômico e avaliação de projetos de investimentos e financiamentos.
- **Fundamentos de operações financeiras e gerenciamento de risco financeiro:** trata do gerenciamento de riscos no agronegócio realizado por meio de operações financeiras de *hedge* e uso de contratos futuros e derivativos.
- **Custeio no agronegócio:** apresenta conceitos básicos de custeio por absorção e, de maneira prática, demonstra a aplicação do custeio direto aplicado ao agronegócio.

11.2 FUNDAMENTOS DE CONTABILIDADE APLICADOS AO AGRONEGÓCIO

O principal ponto da contabilidade em questão é identificar o que, essencialmente, representa a "riqueza" no agronegócio e o que representa o "lucro". Para isso, é preciso entender o balanço patrimonial (BP). O BP é constituído de dois lados (colunas), sendo que a da esquerda é chamada de "ativo" e a da direita de "passivo".

O ativo representa o conjunto de bens e direitos, ou seja, o que se tem de fato em termos de bens (imóveis, dinheiro, veículos, máquinas, estoque etc.) e o que se tem direito a receber (títulos a receber, investimentos financeiros, aluguéis e arrendamentos a receber, notas promissórias a receber etc.).

O passivo representa o conjunto de obrigações a pagar, como dívidas, financiamentos etc. A diferença entre ativo e passivo é chamada de patrimônio líquido (PL) e é, em essência, a representação da riqueza acumulada. Em outras palavras, o patrimônio líquido é tudo o que se tem (de fato ou como direito de receber) menos tudo o que se deve. Quando o conjunto do que se deve (passivo) é maior que o que se tem (ativo), o PL é negativo. Caso contrário, o PL é positivo.

$$\text{Patrimônio líquido} = \text{Ativo} - \text{Passivo} \qquad (11.1)$$

O balanço patrimonial permite uma visão da real riqueza de uma empresa, ou mesmo de uma pessoa ou família. Entretanto, o BP não oferece uma visão clara do que constitui o principal objetivo de um negócio: o lucro. Para isso, é necessário estudar o BP junto com a contabilização das receitas e gastos de todas as fontes, que devem ser registradas em um livro diário. Veja o exemplo a seguir.

O sr. Lobato comprou uma pequena propriedade rural por R$ 200.000 para iniciar no ramo pecuarista. Ele aplicou, ainda, R$ 100.000 na compra de equipamentos e ficou com R$ 200.000 em caixa para dar início a suas atividades de pecuarista. Ele terceirizou a contabilidade do negócio, que registrou os fatos daquele ano para o fechamento do resultado contábil (lucro ou prejuízo). O contador fez um inventário inicial, apurando o valor da propriedade e dos equipamentos, para formalizar a criação da empresa:

- Terra: R$ 200.000
- Equipamentos: R$ 100.000
- Dinheiro em caixa: R$ 200.000

Uma vez que esses valores foram "passados" do sr. Lobato para a sua empresa, pode-se dizer que este **capitalizou** a empresa com R$ 500.000. No BP, os valores do capital investido vão constar do ativo, conforme o que representam, e no PL, como capital da empresa.

No ativo, a propriedade rural adquirida aparece como "imobilizado", uma vez que é um imóvel e não se destina à venda. Os equipamentos também não se destinam à venda e, portanto, também são considerados como "imobilizado". Neste ponto, pode-se dizer que a empresa de agronegócio do sr. Lobato tem um valor de R$ 500.000 (Quadro 11.1).

Quadro 11.1 – Balanço patrimonial

Balanço patrimonial	
Ativo	Passivo
Circulante	**Circulante**
Caixa 200.000	
Não circulante	**Não circulante**
Realizável em longo prazo	*Exigível em longo prazo*
Investimentos	
Imobilizado 300.000	**Patrimônio líquido**
Intangível	Capital social 500.000
Total do ativo 500.000	Total do passivo e patr. líquido 500.000

Suponha que no mês de janeiro foram adquiridos 100 bezerros de 12 meses, com média de 7,5 arrobas (112,5 kg), à vista, por R$ 1.200 cada. Esse gasto representa um investimento[1] em bois, contabilizado na conta "bois"[2] do ativo. O balanço patrimonial, então, fica (Quadro 11.2):

Quadro 11.2 – Balanço patrimonial

Balanço patrimonial			
Ativo		Passivo	
Circulante		**Circulante**	
Caixa	80.000		
Bois	120.000	**Não circulante**	
Não circulante		*Exigível em longo prazo*	
Realizável em longo prazo			
Investimentos			
Imobilizado	300.000	**Patrimônio líquido**	
Intangível		Capital social	500.000
Total do ativo	500.000	Total do passivo e patr. líquido	500.000

Em dezembro, os bois com 23 meses atingiram peso de 20 arrobas, sendo vendidos ao frigorífico por R$ 140 por arroba. Nesse período, foram gastos R$ 50.000 de insumos, incluindo pastagem e suplementos, água, vacinas e remédios. Os gastos com pessoal (mão de obra) foram de R$ 30.000, além de mais R$ 2.000 de despesas diversas. Na demonstração do resultado do exercício (DRE) (Quadro 11.3), tem-se:

Quadro 11.3 – DRE

Receita de vendas	322.000
(–) Custo dos bois vendidos	(120.000)
(=) Lucro bruto	202.000
(–) Despesas com pessoal	(30.000)
(–) Despesas com insumos	(50.000)
(–) Despesas gerais	(2.000)
(=) Lucro do período	110.000

Desse modo, o sr. Lobato auferiu um lucro de R$ 110.000 no período. A seguir, analisa-se o que são alternativas de investimento e custo de oportunidade para o produtor.

[1] Investimento é definido como um gasto visando à obtenção de ganho futuro.

[2] O grupo sintético para o registro contábil dos animais é denominado "semoventes".

11.3 ALTERNATIVAS DE INVESTIMENTOS E CUSTO DE OPORTUNIDADE

Chama-se de **investimento** todo gasto realizado com o objetivo de obter um **benefício futuro**. Por ser futuro, tal benefício esperado é sempre atrelado a uma possibilidade de que este não venha a acontecer (incerteza). Tal característica é intrínseca a qualquer alternativa de investimento e representa o fator de **risco** do investimento.

Toda alternativa de investimento possui quatro características fundamentais:

- **Rentabilidade:** é o retorno esperado (benefício), geralmente expresso como um valor percentual. Por exemplo, a caderneta de poupança apresenta uma rentabilidade em torno de 6% ao ano, mas pode variar ligeiramente.

- **Risco:** representa a possibilidade (nem sempre é possível calcular a probabilidade) de que a rentabilidade não seja a esperada. Para alguns investimentos, o risco pode até ser de perda total, como no caso de ações (raramente dão perda total). Investimentos em atividades empresariais (comércio, indústria, agricultura) podem inclusive gerar perdas maiores que 100%, caso em que o investidor, além de perder todo o capital investido, ainda fica com dívidas. Outros investimentos apresentam, em geral, baixos riscos, como caderneta de poupança, títulos públicos e imóveis para aluguel.

- **Liquidez:** representa a facilidade de saída do investimento, ou seja, quão rapidamente ou facilmente o investidor consegue **liquidar** seu investimento, ou, em outras palavras, tornar o capital investido em dinheiro disponível. Investimentos financeiros, como títulos públicos, CDB e fundos de renda fixa podem ter liquidez diária; um imóvel pode levar meses para ser vendido.

- **Acessibilidade:** também conhecida como capital de entrada ou inicial. É a quantidade mínima de capital necessária para ter acesso a esse investimento. Para investir em caderneta de poupança, bastam algumas moedas; para investir em um imóvel para aluguel são necessárias algumas dezenas ou centenas de milhares de reais.

A comparação de alternativas de investimentos deve levar em consideração todas essas características. Ao optar por uma alternativa de investimento, o investidor está abrindo mão de todas as outras. Assim, chama-se **custo de oportunidade** o benefício esperado da melhor alternativa da qual **se abriu mão**.

Considerando, por exemplo, um investimento financeiro em títulos públicos ou caderneta de poupança, que são investimentos semelhantes em termos de risco, liquidez e acessibilidade, verifica-se que no ano de 2015 os títulos públicos ofereciam uma rentabilidade líquida de curto prazo em torno de aproximadamente 11% ao ano, enquanto a poupança rendia 6% a.a.

Assim, um investimento de R$ 100.000 em títulos públicos teria um custo de oportunidade de R$ 6.000 em um ano referente aos ganhos que teriam sido auferidos se o dinheiro tivesse sido investido em poupança. Inversamente, um investimento de R$ 100.000 em poupança teria um custo de oportunidade de R$ 11.000 em um ano (que teriam resultado do investimento do dinheiro em títulos públicos).

Quando se comparam alternativas de investimentos bastante distintas, deve-se escolher o critério que dará o custo de oportunidade. Em geral, adota-se a taxa básica de juros da economia (a taxa Selic, fixada pelo Banco Central) como referência.

Voltando ao exemplo do sr. Lobato: se ele tivesse optado por investir seu capital inicial de R$ 500.000 no mercado financeiro em vez de no agronegócio, ele poderia ter tido um rendimento líquido em torno de 11% a.a. em 2015, com base na taxa Selic. Isso daria R$ 55.000 de rentabilidade. Como ele obteve uma rentabilidade de 22% (R$ 110.000 de lucro para um investimento de R$ 500.000), o **lucro econômico** do Sr. Lobato foi de R$ 55.000 (110.000 - 55.000).

Para um cálculo mais exato, a inflação deve ser considerada. A rentabilidade real da alternativa do mercado financeiro seria a Selic descontada da inflação (cerca de 9% em 2015), que dá 1,8% a.a. (1,11/1,09 = 1,8%) de rendimento real.

Assim, o lucro financeiro real, descontada a inflação, seria de 500 mil vezes 1,8%, que dá R$ 9.000 caso a alternativa de investimento financeiro fosse adotada. Por outro lado, na atividade pecuária, o sr. Lobato deverá recomprar bezerros para o próximo ano e estes terão seu preço atualizado pela inflação, de modo que a margem de lucro real do sr. Lobato não será os R$ 110.000 calculados na contabilidade: haverá um desconto de R$ 10.800 referentes à correção de 9% sobre o custo dos bezerros comprados (120.000 × 9% = 10.800). O lucro real do sr. Lobato foi de R$ 99.800 e o lucro econômico será de R$ 90.800 (99.800 - 9.000).

11.4 ENGENHARIA ECONÔMICA

O exemplo abordado até agora mostra a importância do fator "tempo" nos cálculos da lucratividade real. Em outras palavras, o recebimento ou gasto realizado em um determinado momento no tempo não é igual a um recebimento ou gasto, de mesma quantia, realizado em outro momento. Isso porque sobre a diferença de tempo incide um juro que poderia ser ganho (ou pago) e uma desvalorização do dinheiro causada pela inflação. Para simplificar os cálculos, desconsidera-se a inflação nesta seção.

11.4.1 SÉRIES TEMPORAIS E FLUXO DE CAIXA

Considerando o exemplo do sr. Lobato, verificou-se no início de janeiro que foram gastos R$ 120.000 para adquirir os bezerros. Ao final de dezembro, os bezerros foram vendidos, crescidos e engordados, por R$ 320.000. Em termos contáveis, o lucro bruto foi de R$ 202.000. Mas não foi este o lucro econômico. Para este, é preciso considerar o fator tempo. Não se pode comparar diretamente um fluxo financeiro ocorrido em um momento com outro ocorrido 12 meses depois. Veja os fluxos financeiros em um diagrama de linha do tempo para entender o raciocínio (Figura 11.2.)

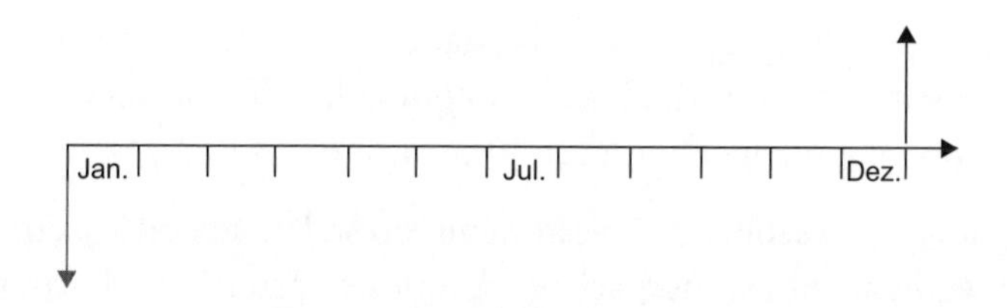

Figura 11.2 – Fluxo de caixa na linha do tempo.

No diagrama da Figura 11.2, a seta para baixo significa um desembolso (fluxo negativo), enquanto a seta para cima representa um recebimento (fluxo positivo). Para comparar esses fluxos, seria necessário que ambos estivessem em um mesmo instante no tempo. Ou seja, é preciso trazer o recebimento ocorrido em dezembro para janeiro (a isso se dá o nome de **trazer a valor presente**) ou levar o desembolso de janeiro para dezembro (o que se chama **levar a valor futuro**).

Para isso, é preciso fazer o desconto intertemporal, considerando certa taxa de juros. Trazer a valor presente (janeiro) o recebimento de dezembro seria o mesmo que perguntar: "Quanto eu estaria disposto a receber hoje por aquilo que eu receberia somente daqui a 12 meses?". Em outras palavras, qual a quantia que, recebida hoje, equivaleria ao recebimento futuro, considerando os juros do período? Um valor presente (VP) daria em n períodos um valor futuro (VF) expresso pela fórmula de juros compostos (juros sobre juros), em que j é a taxa de juros de cada período:

$$VF = VP(1+j)^{n} \quad (11.2)$$

Para trazer um valor futuro para valor presente, usa-se a expressão inversa:

$$VP = VF(1+j)^{-n} \quad (11.3)$$

No exemplo do sr. Lobato, precisa-se trazer o recebimento futuro de R$ 320.000 para valor presente. Considerando uma taxa de juros de 1% ao mês, tem-se:

$$VP = 320.000(1+0,1)^{-12} \quad (11.4)$$

Portanto,

$$VP = 283.983,75 \quad (11.5)$$

Assim, o lucro bruto real do sr. Lobato, considerado em valor presente (início de janeiro) é de 283.983,75 - 120.000 = 163.983,75, e não de R$ 202.000, como no cálculo contábil. Isso não quer dizer que a contabilidade esteja errada: são apenas modos diferentes de enxergar a mesma situação – a contabilidade não considera o efeito do dinheiro no tempo, mas a engenharia econômica, sim.

Suponha agora que a escolha de investimento do sr. Lobato, ou seja, de adquirir propriedade rural, equipamentos, instalações, insumos e materiais e de contratar mão de obra, é de fato um bom negócio do ponto de vista da engenharia econômica. Para isso, é necessário fazer uma projeção de fluxo de caixa mês a mês. Considere os gastos com pessoal, insumos e despesas diversas (total de R$ 82.000 contabilizados) como despesas mensais de R$ 6.833. Esses gastos devem ser trazidos a valor presente mês a mês.

A Figura 11.3 demonstra graficamente uma série de pagamentos das despesas iniciais e mensais, com recebimento no final do período. As despesas mensais incidem após o primeiro mês e até o último (12 períodos). As flechas foram utilizadas em tamanhos diferentes para fins didáticos, mas, a rigor, os tamanhos deveriam ser iguais.

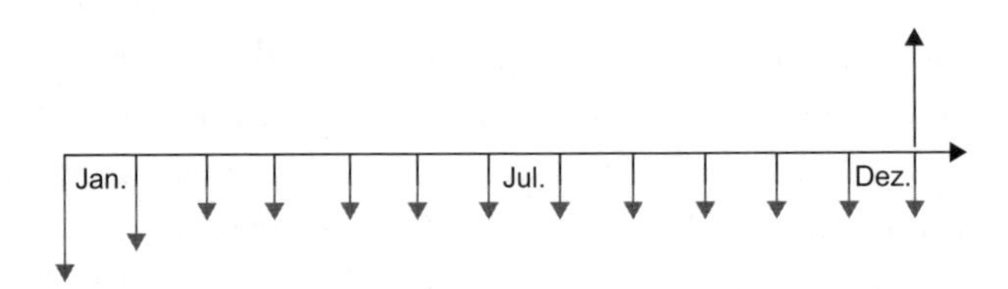

Figura 11.3 – Série de pagamentos.

Trazendo todos os valores para valor presente, vemos que no instante t = 0 (início de janeiro) foram gastos R$ 200.000 com a compra da propriedade rural e R$ 100.000 em equipamentos, totalizando um investimento inicial de R$ 300.000. Ainda em janeiro foram adquiridos os bezerros por R$ 120.000, que serão contabilizados ao final de janeiro. O fluxo de caixa resultante com os valores trazidos a VP está demonstrado no Quadro 11.4.

Agora é possível saber quanto o sr. Lobato teve de fato de retorno sobre seu investimento, somando-se todos os valores no presente. Esse cálculo dá o valor presente líquido (VPL) da operação. Nesse caso, a soma de todos os valores presentes é R$ 209.959,18 negativos, considerando-se uma taxa de desconto de 1% ao mês. Ou seja, no primeiro ano, o sr. Lobato tem um prejuízo econômico considerável. O VPL é calculado por meio da fórmula:

$$VPL = \sum_{i=0}^{n} \frac{S_i}{(1+j)^i} \tag{11.6}$$

Em que S_i representa o saldo do fluxo de caixa no período i e j é a taxa de juros considerada (taxa de desconto, ou atratividade).

Quadro 11.4 – Fluxo de caixa

Mês	Receita	Despesa	Saldo	VP
0	0	300.000	–300.000	–300.000
1	0	126.833	–126.833	–125.577,23
2	0	6.833	–6.833	–6.698,36
3	0	6.833	–6.833	–6.632,04
4	0	6.833	–6.833	–6.566,38
5	0	6.833	–6.833	–6.501,37
6	0	6.833	–6.833	–6.437
7	0	6.833	–6.833	–6.373,26
8	0	6.833	–6.833	–6.310,16
9	0	6.833	–6.833	–6.247,68
10	0	6.833	–6.833	–6.185,83
11	0	6.833	–6.833	–6.124,58
12	322.000	6.833	315.167	279.694,71

Suponha ainda que nos três anos seguintes os valores de mercado se mantenham e a empresa do sr. Lobato possa exercer operações de compra de bezerros, engorda e venda. Vale destacar que os gastos com a terra e equipamentos não serão mais realizados. Verifica-se que, em um período de 48 meses, o VPL será de R$ 3.792,37. Um VPL positivo significa que o negócio é economicamente viável no período considerado.

Em outros termos, vê-se que tanto a aquisição da propriedade como dos equipamentos são cobertos, com lucro, em um prazo de quatro anos; caracterizando uma operação mais lucrativa do que a aplicação desses valores no mercado financeiro a 1% ao mês.

11.4.2 FINANCIAMENTO

Embora no caso do sr. Lobato o lucro econômico seja expressivo, a alternativa de investimento no mercado financeiro com taxa de 14% não é desprezível e poderia ser bem utilizada. Em vez de utilizar quase todo o seu capital na aquisição da terra, dos equipamentos e dos bezerros, o sr. Lobato poderia optar por financiar os equipamentos e investir parte do seu capital no mercado financeiro.

Suponha que o sr. Lobato consiga obter financiamento rural para equipamentos com taxa de juros de 7% a.a., com carência de um ano, no qual ele pagaria apenas os juros. Após esse primeiro ano, ele deverá pagar prestações mensais de R$ 1.000 mais os juros (Sistema de Amortização Constante - SAC). Ele ficaria com R$ 100.000 disponíveis para aplicação a 14% a.a., um rendimento superior ao custo de seu financiamento.

Nesse caso, o ativo passaria a R$ 600.000, visto que os equipamentos financiados entrariam no imobilizado como antes, mais R$ 100.000 que entrariam para os investimentos. No passivo, os R$ 100.000 referentes ao principal da dívida entrariam para o exigível em longo prazo. Na DRE, seriam registrados tanto a receita financeira advinda do retorno da aplicação (14% sobre R$ 100.000 considerados isentos de impostos, para simplificar) como a despesa com o pagamento de juros do financiamento (7% sobre R$ 100.000). Veja como ficaria o balanço patrimonial no Quadro 11.5 e a DRE no Quadro 11.6.

Quadro 11.5 – Balanço patrimonial

Balanço patrimonial			
Ativo		Passivo	
Circulante		**Circulante**	
Caixa	80.000		
Bois	120.000	**Não circulante**	
Não circulante		*Exigível em longo prazo*	
Realizável em longo prazo		Financiamentos	100.000
Investimentos	100.000		
Imobilizado	300.000		
Intangível			
		Patrimônio líquido	
		Capital social	500.000
Total do ativo	600.000	Total do passivo e patr. líquido	600.000

Quadro 11.6 – DRE

Receita de vendas	322.000
(–) Custo dos bois vendidos	(120.000)
(=) Lucro bruto	202.000
(–) Despesas com pessoal	(30.000)
(–) Despesas com insumos	(50.000)
(–) Despesas gerais	(2.000)
(+) Receitas Financeiras	14.000
(–) Despesas financeiras	(7.000)
(=) Lucro do período	117.000

Nesse caso, diz-se que o sr. Lobato **alavancou** seu negócio, fazendo uso de capital de terceiros para a sua operação e usando seu capital próprio para um investimento de longo prazo com retorno superior ao custo de sua dívida. Em um ano, o rendimento de R$ 14.000 permitiria pagar as prestações do próximo ano, com sobra, mas o melhor resultado seria obtido reinvestindo os rendimentos, obtendo juros compostos e pagando as prestações da dívida com a receita operacional. Veja a evolução da dívida e do investimento do sr. Lobato no Quadro 11.7.

Quadro 11.7 – Evolução da dívida

Ano	Investimentos	Receita financeira	Dívida	Juros	Amortização
1	100.000	14.000	100.000	7.000	0
2	114.000	15.960	95.000	6.650	12.000
3	129.960	18.194	89.650	6.276	12.000
4	148.154	20.742	83.926	5.875	12.000
5	168.896	23.645	77.800	5.446	12.000
6	192.541	26.956	71.246	4.987	12.000
7	219.497	30.730	64.234	4.496	12.000
8	250.227	35.032	56.730	3.971	12.000
9	285.259	39.936	48.701	3.409	12.000
10	325.195	45.527	40.110	2.808	12.000
11	370.722	51.901	30.918	2.164	12.000
12	422.623	59.167	21.082	1.476	12.000
13	481.790	67.451	10.558	739	12.000
14	549.241	76.894	–703	–49	12.000

Verifica-se que, em pouco menos de 14 anos, o sr. Lobato terá quitado sua dívida e ainda terá quase R$ 550.000 em investimentos financeiros.

11.5 FINANÇAS NO AGRONEGÓCIO: PROTEÇÃO E GERENCIAMENTO DE RISCOS

Para analisar a importância das finanças no agronegócio, suponha que o sr. Lobato, atento às tendências do mercado, tenha percebido que o custo da carne bovina estava caindo enquanto o preço de venda de grãos subia. Decidiu então plantar soja em sua propriedade e vendeu todos os seus bois.

Para proteger o seu preço e administrar os riscos dessa nova produção, o sr. Lobato resolveu operar contratos futuros de soja, que protegem os investidores contra variações indesejadas de preço, pois limitam suas perdas em condições adversas.

O contrato é negociado em dólares americanos por saca (1 saca = 60 kg), com lote mínimo de negociação de um contrato equivalente a 450 sacas ou 27 toneladas (BM&FBOVESPA, 2016).

O valor de cada lote de contrato de opção é calculado multiplicando o prêmio unitário negociado em dólares pela quantidade de sacas de um contrato. Suponha um contrato com prêmio a US$ 3,80/saca. O valor teórico de um lote de negociação é de US$ 1.710 (US$ 3,80/saca × 450 sacas).

Para entender melhor o exemplo que será dado, é importante conhecer os termos utilizados em finanças, os quais aparecem resumidos no Quadro 11.8.

Quadro 11.8 – Terminologia utilizada no mercado de capitais

Termo	Descrição
Call	São as opções de compras. O titular paga um prêmio "P" ao lançador e tem o direito de comprar o ativo a um determinado preço de exercício "E".
Put	São as opções de vendas. O titular paga um prêmio "P" ao lançador e tem o direito de vender o ativo a um determinado preço de exercício "E".
Derivativos	São contratos cujos valores dependem dos valores de outras variáveis básicas.
Hedge	É uma operação que tem como objetivo proteger o valor de um ativo contra uma possível desvalorização de seu valor numa data futura, ou, ainda, garantir o preço de uma dívida a ser quitada no futuro.
Mercado a futuro	É um modo de negociação de ativos (produtos) em que os participantes se comprometem a comprar ou vender certa quantidade de um ativo por um preço estipulado para a liquidação em data futura.
Mercado a termo	É um modo de negociação de ativos (produtos) em que as partes assumem compromisso de compra e venda de quantidade e qualidade determinadas de um ativo real.
Commodities	São mercadorias essenciais e que são negociadas diariamente numa escala global, cujo preço geralmente é determinado pelo mercado internacional e varia de acordo com a oferta e a demanda.
Opção	É um instrumento que dá a seu titular, ou comprador, um direito futuro sobre ações ou contratos futuros, mas não uma obrigação; e a seu vendedor, uma obrigação futura, caso solicitado pelo comprador da opção.
Preço do exercício	É o preço que o titular pagará (ou receberá) pelo ativo em caso de exercício da opção.
Prêmio	É o valor pago pelo titular (e recebido pelo lançador) para adquirir o direito de comprar ou vender o ativo pelo preço de exercício em data futura.
Mercado primário	É o local onde os valores mobiliários de uma nova emissão da companhia são negociados diretamente entre a companhia e os investidores e os recursos são destinados para os projetos de investimento da empresa ou para o caixa.

Voltando ao exemplo, considere os seguintes parâmetros de uma *put*:

- preço de exercício: US$ 23/saca; e
- prêmio: US$ 1/saca.

O Quadro 11.9 mostra o resultado financeiro da operação diante de diferentes cenários de preço da soja no seu respectivo vencimento.

Quadro 11.9 – Resultado financeiro da operação (em US$)

Preço da soja no vencimento (A)	18	19	20	21	22	23	24	25
Preço de exercício (B)	23	23	23	23	23	23	23	23
Prêmio pago (C)	1	1	1	1	1	1	1	1
Valor intrínseco da opção (D = B - A, se B > A, ou D = 0, se B ≤ A)	5	4	3	2	1	0	0	0
Ganho/perda (E = D – C)	4	3	2	1	0	–1	–1	–1
Resultado final da venda (F = A + E)	22	22	22	22	22	22	23	24

Neste caso, o titular da *put* fixa o valor mínimo de venda que deseja receber pela soja de US$ 23/saca, ou seja, a soma do preço no vencimento mais os ganhos (ou perdas) esperados. Se, ao longo da vida da opção, ocorrer aumento do preço e na data de vencimento o preço à vista estiver maior que o preço de exercício, o titular somente perderá o prêmio já pago, não exercendo a opção, e vendendo no mercado físico ao preço de mercado. Caso contrário, se na data de vencimento o preço à vista estiver menor que o preço de exercício, o titular da opção de venda (*put*) terá garantido o preço contratado de exercício, perdendo somente o valor pago pelo prêmio.

Assim, para o sr. Lobato (produtor) se proteger contra uma baixa nos preços da *commodity* no momento da venda, o tipo de operação indicada será a compra de uma *put*. Essa operação fará com que ele se proteja contra uma possível queda de preço, mas também podendo se beneficiar de uma eventual alta no preço com a venda do produto no mercado à vista.

Como o risco do sr. Lobato é a queda no preço da saca de soja no momento em que pretende vendê-la, ao exercer seu direito de venda (titular), ele terá garantido um preço mínimo para seu produto, ou seja, aquele que cobrirá seus custos e manterá sua margem de lucro. Caso na data de vencimento o preço da soja esteja acima do preço de exercício, o detentor da *put* não exercerá seu direito de venda, perdendo o prêmio pago anteriormente.

A estratégia de trava de baixa (*bear put spread*) é indicada para o investidor/produtor que quer se proteger de um cenário de baixa do preço do ativo-objeto, porém limitando a sua proteção em detrimento de economia no custo da operação. O valor de baixa da saca da soja em que o detentor da operação deseja limitar a sua proteção deverá ser escolhido de acordo com suas expectativas de mercado.

Para tanto, a operação é composta da compra de uma *put* a um preço de exercício que se queira proteger, e da venda de uma *put* com preço de exercício inferior à compra, ambas com o mesmo vencimento.

A compra da *put* permite ao titular o direito de vender o ativo-objeto no vencimento ao preço de exercício, enquanto a venda da *put* lhe obriga a comprar o ativo ao preço de exercício caso o comprador exerça o direito, porém garante uma receita por causa do prêmio recebido, que financiará parte do custo da compra da *put*.

Veja um exemplo:

- Preço de exercício da primeira *put*: US$ 25
- Preço de exercício da segunda *put*: US$ 30
- Valor do prêmio da primeira *put*: US$ 1
- Valor do prêmio da segunda *put*: US$ 1,30

A compra da *put* com preço de exercício de US$ 30/saca ao valor de US$ 1,30 (prêmio) representa o seguinte resultado para a operação: com a compra de uma *put*, o produtor quer se proteger de uma queda. Caso o preço seja maior que US$ 30, ele não exercerá o seu direito de venda, mas desembolsará o valor do prêmio (US$ 1,30).

Já a venda da *put* com preço de exercício de US$ 25/saca ao preço unitário de US$ 1 terá o seguinte resultado no vencimento: caso no vencimento a soja esteja sendo negociada acima de US$ 25/saca (preço de exercício), o sr. Lobato ficará restrito ao recebimento do prêmio da opção (US$ 1), independentemente do valor da saca. Caso o valor da soja no vencimento esteja sendo praticado a valores inferiores a US$ 25/saca, ele deverá comprá-la por US$ 25/saca e arcar com o prejuízo da diferença de preço com o mercado à vista.

Entretanto, se ele combinar as duas opções em uma mesma operação, o resultado será de: o valor do prêmio da compra de *put* terá sido de US$ 1,30, porém o sr. Lobato terá obtido rendimento de US$ 1/saca pela venda da *put*, gerando custo final para realizar sua operação de *bear put spread* de US$ 0,50/saca, ou seja, o custo de operação foi parcialmente financiado pela venda da *put*.

Assim, além de o investidor/produtor ter definido um intervalo de preço da soja entre US$ 25 e US$ 30/saca para se proteger, ele definiu também um ganho máximo na operação de US$ 4,50/saca, para cenários de preço abaixo de US$ 25/saca, e um prejuízo máximo de US$ 0,50/saca (custo da operação) para cenários de preço da soja acima de US$ 30/saca.

O contrato Futuro de Soja com Liquidação Financeira negociado no sistema de negociação da BM&FBovespa (2016) oferece algumas vantagens:

- protege contra a oscilação dos preços (*hedge*);
- mitiga o risco de base, evitando oscilações de preços não esperadas;
- dispensa depósito de margem de garantia para posições titulares;
- possibilita alavancagem e operações estruturadas com opções e futuros; e
- após o pagamento do prêmio, não gera fluxo de caixa referente a ajustes diários para as partes.

Na BM&FBovespa ([201-]), são negociados contratos de *commodities*, relacionados no Quadro 11.10.

No mercado de derivativos, é preciso considerar três itens:

- o *hedge*, que é a cobertura contra um risco;
- a especulação, que é a compra ou venda intensa de um ativo, nas condições do mercado no momento da operação, no sentido de aproveitar as tendências de mercado para a obtenção de lucros; e
- a arbitragem, que é travar um lucro sem risco por meio de transações simultâneas em dois ou mais mercados.

Outro ponto importante é que, para a maioria dos cálculos, será necessária a contagem dos dias úteis da operação de cada contrato, e em certos cálculos será considerado o ano comercial com 360 dias.

Quadro 11.10 – Contratos de *commodities*

Açúcar	Boi gordo
Açúcar Cristal com Liquidação Financeira (ACF)	Boi Gordo com Liquidação Financeira (BGI)
Café arábica	**Etanol**
Café Arábica 4/5 (ICF) Café Arábica 6/7 (KFE)	Etanol Anidro Carburante (ETN) Etanol Hidratado com Liquidação Financeira (ETH)
Milho	**Ouro**
Base de Preço de Milho Milho com Liquidação Financeira (CCM)	Ouro (OZ1)
Petróleo	**Soja**
Minicontrato Futuro de Petróleo (WTI)	Soja com Liquidação Financeira (SFI) Míni de soja CME (SJC)

Fonte: BM&FBovespa (2016).

Veja a seguir um exemplo de *hedge* no mercado a termo.

O sr. Lobato, em seu rodízio de culturas, agora iniciou o plantio de café. Ele receia que, quando for vendê-lo no mercado, dentro de 90 dias, os preços terão diminuído. Para assegurar um preço de venda capaz de garantir sua margem de lucro, encontra um comprador, o sr. Mazzaropi, que pensa o contrário, que os preços irão aumentar, por algum motivo.

Os dois acertam o preço de US$ 155 a saca de 60 kg (6.000 quilos líquidos). Eles assinam um contrato estabelecendo a quantidade de 100 sacas com data de liquidação em 90 dias. Se o negócio for realizado na Bolsa, eles deverão seguir as especificações preestabelecidas pela BM&FBovespa para o contrato.

Suponha que 90 dias mais tarde, no vencimento do contrato, o preço à vista esteja em US$ 150. O produtor, o sr. Lobato, entregará o café a US$ 155 por saca, nos termos do contrato, lucrando US$ 5 por saca em relação ao preço ao qual o mercado está negociando, enquanto o comprador, o sr. Mazzaropi, pagará US$ 155 por saca de mercadoria que está valendo US$ 150, perdendo US$ 5 por saca.

Porém, se o preço de mercado estiver a US$ 160, a situação se inverterá, ou seja, o sr. Lobato entregará por US$ 155 a mercadoria que vale US$ 160, perdendo US$ 5 por saca, enquanto o sr. Mazzaropi adquirirá a mesma mercadoria por US$ 155 a saca, lucrando US$ 5 em relação ao preço de mercado.

A vantagem para eles foi ter fixado um preço considerado aceitável de antemão, reduzindo a incerteza de preço em seus negócios.[3]

---

[3] Vale notar que existem outros gastos relativos à prestação de margens de garantia pelo vendedor e pelo comprador e outros gastos de transação envolvidos (taxas da Bolsa, taxa de liquidação, taxa de classificação e taxa de arbitramento) que não foram considerados no exemplo.

Veja agora um exemplo de *hedge* no mercado de opções.

O sr. Lobato ainda não colheu sua safra estimada em 1.000 sacas de café e teme que, quando for vendê-la no mercado, dentro de 90 dias, os preços tenham caído muito. Ele deseja proteger-se desse risco.

Para manter um preço de venda capaz de garantir sua margem de lucro, o sr. Lobato decide comprar opções de venda de café ao preço de exercício de US$ 140 por saca, negociadas na BM&FBovespa, para um vencimento em 90 dias, ao prêmio de US$ 5 por saca, desembolsando US$ 5.000 para adquirir tal direito de venda (1.000 sacas ao prêmio de US$ 5 cada).

Suponhamos que, no vencimento da opção, o preço à vista esteja em US$ 130. O sr. Lobato exercerá seu direito de vender a US$ 140 a saca, auferindo resultado de US$ 135.000, correspondentes a US$ 140.000 menos os US$ 5.000 pagos a título de prêmio.

Entretanto, se o preço de mercado estiver em US$ 160 por saca, não haverá interesse do titular da opção, o sr. Lobato, em exercer seu direito de vendê-la a US$ 140, preferindo ele perder os US$ 5.000 pagos como prêmio, porém mantendo a possibilidade de vender sua produção pelos US$ 160 que atualmente estão sendo pagos por saca no mercado à vista, obtendo como resultado líquido US$ 155.000.

A vantagem para o produtor foi ter fixado um preço mínimo considerado aceitável *a priori*, sem precisar abrir mão da oportunidade de lucrar acima desse mínimo, caso o mercado viesse a evoluir a seu favor.[4]

11.6 GESTÃO DE CUSTOS

Na gestão dos desembolsos realizados na atividade empresarial, é necessária uma adequada classificação para fins contábeis, fiscais e gerenciais. Para um melhor entendimento deste tópico, veja o Quadro 11.11.

> **Conceito-chave:** custeio ou custeamento é a maneira de apropriar, ou distribuir, os custos aos produtos ou serviços.

Existem diversos métodos de custeio. Entretanto, para fins tributários, o único método aceito pelo Regulamento do Imposto de Renda é o **custeio por absorção**.[5] No custeio por absorção, os custos são separados das despesas. Esses custos, dependendo do foco de análise, podem ser analisados como custos diretos e custos indiretos, ou, ainda, como custos fixos e custos variáveis.

---

4 Vale notar que existem outros gastos relativos à prestação de margens de garantia pelo vendedor e pelo comprador e outros gastos de transação envolvidos (taxas da Bolsa, taxa de liquidação, taxa de classificação e taxa de arbitramento) que não foram considerados no exemplo.

5 Art. 294 do Decreto Presidencial n. 3.000/1999.

Quadro 11.11 – Terminologia utilizada na gestão de custos

Termo	Descrição
Gasto	É um dispêndio de um ativo ou criação de um passivo para obtenção de um produto ou serviço.
Investimento	É um gasto ativado em função de sua vida útil. São todos os bens baixados em função de venda, amortização, consumo, desaparecimento ou perecimento.
Custos	São gastos com bens ou serviços utilizados para a produção de outros bens ou serviços.
Desembolso	É o pagamento resultante da compra de um bem ou serviço.
Custo direto	Todos os custos que são identificados naturalmente ao objeto do custeio.
Custo indireto	Não oferece identificação direta a um objeto de custeio, necessita de esquemas especiais para a alocação, com bases de rateio ou direcionadores.
Custo fixo	É aquele que não leva em consideração as oscilações de produção, tendo, portanto, o seu valor constante no intervalo relevante de atividade.
Custo variável	Tem seu valor determinado e diretamente relacionado com a oscilação na produção e execução dos serviços.
Custo da prestação de serviços	São aqueles compostos de materiais diretos, da mão de obra direta e dos custos indiretos, ligados à prestação daquele serviço. São custos incorridos no processo de obtenção de bens e serviços, e somente eles. Não se incluem nesse grupo as despesas operacionais (financeiras, administrativas, comerciais).
Objeto de custo	Qualquer entidade geradora de custo, como produtos, departamentos, divisões, processos, grupo de produtos ou atividades, para a qual os custos são medidos ou atribuídos.

Fonte: adaptado de Mauss e Souza (2008).

Por esse método de custeio, os custos indiretos são rateados conforme um critério definido pelo gestor. Por exemplo: por quantidade de horas de trabalho, horas-máquina, metros quadrados etc. Percebe-se que esse sistema é muito subjetivo, pois o critério de rateio pode levar o gestor a tomar decisões equivocadas sobre a produção de um determinado produto.

Porém, outros modos de atribuição dos custos indiretos, ou outros modos ou métodos de custeio, são mais indicados para fins gerenciais, como o custeio direto ou variável ou ainda o custeio com base em atividades.

No exercício a seguir, apresenta-se um caso que utiliza o **custeio variável**.

A diretoria da Queijo Mineiro Ltda. está interessada em saber como será o desempenho econômico dos negócios no próximo ano. Para tanto, solicitou que sua área financeira levantasse dados sobre a composição estimada das receitas, custos e despesas para o referido período.

Um funcionário ficou encarregado de elaborar a projeção de resultados pelo sistema de custeio direto (variável), tomando como base os dados a seguir, que foram fornecidos pela área de controladoria.

Considerando a quantidade produzida como critério de rateio para os gastos fixos, informe também sobre cada um dos produtos: a margem de lucro e o ponto de equilíbrio de cada produto.

Como a empresa espera uma margem de lucro de 20%, qual deve ser a quantidade a ser vendida de cada produto para atingir esse objetivo? Para responder a essa questão, veja os Quadros 11.12, 11.13 e 11.14. A resolução aparece a seguir.

Quadro 11.12 – Receita operacional

Composição da receita operacional líquida	Queijo "A"	Queijo "B"
Quantidade produzida e vendida	40.000 unidades	80.000 unidades
Preço de venda por unidade	R$ 1,70	R$ 1,90
Dedução de vendas (impostos)[6]	17%	17%

Quadro 11.13 – Custos das mercadorias vendidas

Composição do custo das mercadorias vendidas	Queijo "A"	Queijo "B"
Matéria-prima		
- Consumo por unidade	0,12 kg	0,30 kg
- Custo por kg	R$ 1,25	R$ 1,25
- Custo por unidade		
- Custo da produção		
Embalagem		
- Consumo por unidade	0,35 kg	0,42 kg
- Custo por kg	R$ 0,15	R$ 0,15
- Custo por unidade		
- Custo da produção		
Energia elétrica (consumo)		
- Custo por unidade	R$ 0,03	R$ 0,04
- Custo da produção		
Mão de obra ($ 2,75 p/h/H)		
- hora/homem/unidade produzida	10 min	7 min
- Custo por unidade		
- Custo total da mão de obra		
- Total de horas trabalhadas		

Quadro 11.14 – Receita operacional

Dados complementares	
Despesas variáveis de vendas	3% da receita operacional líquida
Custos fixos de produção	R$ 32.000
Despesas fixas de administração e vendas	R$ 3.000
Imposto de renda*	30% do lucro operacional

* Alíquota utilizada para fins didáticos. Veja regime de tributação na seção 1.8 sobre gestão tributária, pois no Brasil engloba ainda a Contribuição Social sobre o Lucro Líquido.

---

[6] Varia conforme a atividade da empresa, o tipo de produto e o estado, pois pode haver a incidência de IPI, ICMS, PIS e Cofins. Ver seção 11.8 sobre gestão tributária.

Resolução

O critério de rateio é a quantidade produzida. Portanto, a proporção dos custos fixos (indiretos) segue o Quadro 11.15.

Quadro 11.15 – Quantidade produzida

Produto	Valor	Percentual
Queijo "A"	40.000	33,33%
Queijo "B"	80.000	66,67%
Total	120.000	100%

Os custos variáveis (diretos), que são alocados diretamente aos produtos, conforme Quadro 11.16.

Quadro 11.16 – Custo das mercadorias vendidas

Composição do custo das mercadorias vendidas	Queijo "A"	Queijo "B"	Total
Matéria-prima			
- Consumo por unidade	0,12 kg	0,30 kg	
- Custo por kg	R$ 1,25	R$ 1,25	
- Custo por unidade	R$ 0,15	R$ 0,38	
- Custo da produção	R$ 6.000	R$ 30.400	R$ 36.400
Embalagem			
- Consumo por unidade	0,35 kg	0,42 kg	
- Custo por kg	R$ 0,15	R$ 0,15	
- Custo por unidade	R$ 0,05	R$ 0,06	
- Custo da produção	R$ 2.000	R$ 4.800	R$ 6.800
Energia elétrica (consumo)			
- Custo por unidade	R$ 0,03	R$ 0,04	
- Custo da produção	R$ 1.200	R$ 3.200	R$ 4.400
Mão de obra ($ 2,75 p/h/H)			
- h/H/unidade produzida	10 min	7 min	
- Custo por unidade	R$ 0,46	R$ 0,32	
- Custo total da mão de obra	R$ 18.400	R$ 25.600	R$ 44.000
- Total de horas trabalhadas	6.666:40h	9.333:20h	16.000:00h

Assim, a projeção do resultado pelo custeio direto ficará conforme Quadro 11.17.

Quadro 11.17 – Projeção

Projeção	Queijo "A"	Queijo "B"	Total
Receita operacional bruta	68.000	152.000	220.000
(–) Deduções de vendas	(11.560)	(25.840)	(37.400)
(=) Receita operacional líquida	56.440	126.160	182.600
(–) Custos variáveis (CMV)			
Matéria-prima	(6.000)	(30.400)	(36.400)
Embalagem	(2.000)	(4.800)	(6.800)
Energia elétrica	(1.200)	(3.200)	(4.400)
Mão de obra direta	(18.400)	(25.600)	(44.000)
(–) Despesas variáveis	(1.693,20)	(3.784,80)	(5.478)
(=) Margem de contribuição	27.146,80	58.375,20	85.522
(–) Gastos fixos			
Custos fixos de produção	(10.665,60)	(21.334,40)	(32.000)
Despesas fixas	(999,90)	(2.000,10)	(3.000)
(=) Lucro operacional	15.481,30	35.040,70	50.522
(–) Imposto de renda	(6.000)	(6.000)	(6.000)
(=) Lucro líquido	10.836,91	24.528,49	35.365,40

Pelo Quadro 11.17, podem-se extrair alguns indicadores operacionais como a margem de contribuição, a margem de lucro e o ponto de equilíbrio:

- **Margem de contribuição:** mostra a diferença entre o preço de venda e os gastos variáveis. Em outras palavras, representa quanto o preço das vendas contribui para os pagamentos dos gastos fixos e ainda assim gera lucro para a empresa. Deve ser incentivada a produção e a venda de produtos com uma margem de contribuição por unidade superior em relação a outros produtos. Deve-se considerar como pressuposto que toda a produção será vendida.
- **Margem de lucro:** mostra qual é a lucratividade da empresa. Ela é obtida da relação entre o lucro líquido e as vendas.
- **Ponto de equilíbrio:** mostra quantas unidades devem ser vendidas para a empresa cobrir todos os seus gastos no período em análise. É obtido em termos percentuais da relação entre os gastos fixos sobre a diferença entre o preço de venda e os gastos variáveis, sendo o resultado multiplicado por 100; em termos monetários, da relação entre os gastos fixos sobre a margem de contribuição unitária; e, em termos de quantidade, pela relação entre os gastos fixos sobre a margem de contribuição total.

O resultado final, portanto, pode ser visualizado no Quadro 11.18.

Quadro 11.18 – Indicadores

Indicadores	Queijo "A"	Queijo "B"
Margem de contribuição = vendas – gastos variáveis	R$ 27.113	R$ 58.469
Margem de contribuição unitária = (MC/quantidade)	R$ 0,68	R$ 0,73
Margem de lucro	15,90%	16,18%
Ponto de equilíbrio (%)	43,03%	39,91%
Ponto de equilíbrio (R$)	R$ 17.212	R$ 31.926
Ponto de equilíbrio (quantidade)	29.260	60.659

11.7 GESTÃO FINANCEIRA DE ESTOQUES

Há duas maneiras de se controlar os estoques: pelo método do **inventário periódico** ou pelo método do **inventário permanente**. Esses métodos apuram o Custo dos Produtos Vendidos (CPV) ou Custo das Mercadorias Vendidas (CMV).

Em qualquer atividade, deve-se levar em consideração que o gasto para se gerar uma informação não deve ser superior aos benefícios gerados por ela. Ou seja, quanto mais controles, mais gastos serão consumidos, como na implantação de um sistema. Portanto, indica-se o primeiro método para as pequenas empresas e o segundo para as empresas com mais recursos físicos, humanos e financeiros, que permitam um controle adequado.

Iniciaremos esse estudo das operações com mercadorias pelo método do inventário periódico por ser o mais simples. Como o próprio nome sugere, é aquele realizado de tempos em tempos, geralmente por ocasião do levantamento do Balanço Patrimonial da empresa e do processamento dos ganhos e perdas.

Nesse tipo de inventário, para calcular o CMV recorre-se à seguinte fórmula matemática:

$$\mathrm{CMV} = \mathrm{EI} + \mathrm{C} - \mathrm{EF} \quad (11.7)$$

Em que:

CMV = custo das mercadorias vendidas;

EI = estoque inicial;

C = compras;

EF = estoque final.

Entretanto, quanto às compras, deve-se levar em consideração no cálculo os cancelamentos ou devoluções, os descontos comerciais (incondicionais) obtidos, os impostos recuperáveis e os fretes e seguros quando pagos pelo comprador. Portanto, as compras líquidas são representadas pela seguinte fórmula:

$$\textit{Compras líquidas} = (\textit{Compras brutas} - \textit{Devoluções}) - \textit{Impostos recuperáveis} + \textit{Fretes} + \textit{Seguros} - \textit{Descontos incondicionais obtidos} \quad (11.8)$$

Já no inventário permanente, como o nome sugere, há um controle contínuo sobre os estoques das empresas, realizado por meio de um mapa para a avaliação dos estoques (Quadro 11.19).

Quadro 11.19 – Mapa de avaliação de estoques (modelo)

Data	Histórico	Compras			Vendas			Saldo		
		Qtd.	Und.	Total	Qtd.	Und.	Total	Qtd.	Und.	Total

É importante notar que esse controle deve ser feito item a item, ou seja, o controle deve ser efetuado de maneira individualizada para cada mercadoria que a empresa comercializar. As empresas obrigadas à escrituração do livro de inventário, segundo o Regulamento do Imposto de Renda, realizam seus controles por meio de controles permanentes.

Existem três critérios para avaliar estoques utilizando o inventário permanente. São eles:

1. **PMPM:** preço médio ponderado móvel;
2. **PEPS:** primeiro lote que entra será o primeiro lote que sai; e
3. **UEPS:** último lote que entra será o primeiro lote que sai. Esse método, contudo, não é aceito pelo Regulamento do Imposto de Renda (Decreto n. 3.000/1999). Portanto, pode ser utilizado somente para fins comparativos.

É importante saber que, uma vez adotado um desses critérios, ele deve ser utilizado durante todo o ano (exercício financeiro). Recomenda-se a utilização do mesmo critério nos anos seguintes para fins de comparação da informação financeira.

Veja um exemplo utilizando o PEPS:

- Dia 05/01 – compra de 5 unidades a R$ 2 a prazo.
- Dia 10/01 – compra de 10 unidades a R$ 2,50 a prazo.
- Dia 15/01 – venda de 4 unidades a R$ 12 à vista.
- Dia 20/01 – compra de 6 unidades a R$ 2,50 a prazo.
- Dia 25/01 – venda de 2 unidades a R$ 7 à vista.

O mapa de avaliação de estoque preenchido é exibido no Quadro 11.20.

Quadro 11.20 – Mapa de avaliação de estoques PEPS

Data	Histórico	Compras			Vendas			Saldo		
		Qtd.	Und.	Total	Qtd.	Und.	Total	Qtd.	Und.	Total
05/01	Compra	5	2	10	-	-	-	5	2	10
10/01	Compra	10	2,50	25	-	-	-	5	2	10
								10	2,50	25
15/01	Venda	-	-	-	4	2	8	1	2	2
								10	2,50	25
20/01	Compra	6	2,50	15	-	-	-	1	2	2
								10	2,50	25
								6	2,50	15
25/01	Venda	-	-	-	1	2	2			
					1	2,50	2,50	9	2,50	22,50
								6	2,50	15

No exemplo anterior, o Custo das Mercadorias Vendidas (CMV) foi calculado pelo método PEPS, apresentando o montante de R$ 12,50, que é o somatório da coluna "Total de vendas". O "Saldo final de estoques" é de R$ 37,50, que é o somatório de todos os lotes que permanecem em estoque. Mas qual foi o resultado (lucro ou prejuízo) de fato pelo método PEPS?

Para encontrar o resultado com mercadorias (RCM), também denominado lucro bruto, ou ainda margem bruta, deve-se totalizar o faturamento e deduzir o CMV, do seguinte modo (Quadro 11.21):

Quadro 11.21 – Receita

Descrição	Valor	Memória de cálculo
Receita de vendas	R$ 19	Faturamento 15 e 25/01
(–) CMV	(R$ 12,50)	∑ da coluna vendas
(=) Lucro bruto	R$ 6,50	Receita – CMV

Considerando agora o método da média ponderada, o Quadro 11.22 mostra o preenchimento do mapa de avaliação de estoques.

Quadro 11.22 – Mapa de avaliação de estoque média ponderada

Data	Histórico	Compras			Vendas			Saldo		
		Qtd.	Und.	Total	Qtd.	Und.	Total	Qtd.	Und.	Total
05/01	Compra	5	2	10	-	-	-	5	2	10
10/01	Compra	10	2,50	25	-	-	-	15	2,33	35
15/01	Venda	-	-	-	4	2,33	9,33	11	2,33	25,66
20/01	Compra	6	2,50	15	-	-	-	17	2,39	40,66
25/01	Venda	-	-	-	2	2,39	4,711	15	2,39	35,85

Obs.: há arredondamento de centavos.

No exemplo anterior, o custo das mercadorias vendidas (CMV) pelo método da média ponderada é igual ao montante de R$ 14,11, que é o somatório da coluna "Total de vendas". O "Saldo final de estoques" é de R$ 35,85, que é o somatório de todos os lotes que permanecem em estoque.

Mas qual foi o resultado (lucro ou prejuízo) de fato pelo método da média ponderada? Para encontrar o resultado com mercadorias, deve-se totalizar o faturamento e deduzir o CMV, da seguinte maneira (Quadro 11.23):

Quadro 11.23 – Receita

Descrição	Valor	Memória de cálculo
Receita de vendas	R$ 19	Faturamento 15 e 25/01
(–) CMV	(R$ 14,11)	∑ da coluna vendas
(=) Lucro bruto	R$ 4,89	Receita - CMV

Por fim, é exibido o mapa de avaliação de estoques para o sistema UEPS (Quadro 11.24).

Quadro 11.24 – Mapa de avaliação de estoque UEPS

Data	Histórico	Compras			Vendas			Saldo		
		Qtd.	Und.	Total	Qtd.	Und.	Total	Qtd.	Und.	Total
05/01	Compra	5	2	10	-	-	-	5	2	10
10/01	Compra	10	2,50	25	-	-	-	5	2	10
								10	2,50	25
15/01	Venda	-	-	-	4	2,50	10	5	2	10
								6	2,50	15
20/01	Compra	6	2,50	15	-	-	-	5	2	10
								6	2,50	15
								6	2,50	15
25/01	Venda	-	-	-	2	2,50	5	5	2	10
								6	2,50	15
								4	2,50	10

Neste exemplo, tem-se como custo das mercadorias vendidas (CMV) pelo método UEPS o montante de R$ 15, que é o somatório da coluna "Total de vendas". O "Saldo final de estoques" é de R$ 35, que é o somatório de todos os lotes que permanecem em estoque. Mas qual foi o resultado (lucro ou prejuízo) de fato pelo método UEPS? Para encontrar o resultado com mercadorias, devemos totalizar o faturamento e deduzir o CMV, do seguinte modo (Quadro 11.25):

Quadro 11.25 – Receita

Descrição	Valor	Memória de cálculo
Receita de vendas	R$ 19	Faturamento 15 e 25/01
(–) CMV	(R$ 15)	∑ da coluna vendas
(=) Lucro bruto	R$ 4	Receita – CMV

Vale ainda lembrar que a contabilidade utiliza em sua escrituração/contabilização dos fatos econômicos o regime de competência, ou seja, os efeitos das transações e outros eventos são reconhecidos nos períodos a que se referem, independentemente do recebimento ou pagamento.

Além disso, segundo o art. 297, do Regulamento do Imposto de Renda (Decreto n. 3.000/1999), os estoques de produtos agrícolas, animais e extrativos poderão ser avaliados pelos preços correntes de mercado, conforme as práticas usuais em cada tipo de atividade. Essa faculdade é aplicável aos produtores, comerciantes e industriais que lidam com esses produtos.

11.8 GESTÃO TRIBUTÁRIA

Assim como em outras atividades, no agronegócio há a incidência de tributos, cujas espécies são: impostos, taxas e contribuições. Existem duas maneiras de se pagar menos tributos no Brasil: de maneira legal ou lícita, que é a denominada elisão fiscal, popularmente conhecida como planejamento tributário; e de maneira ilegal ou por práticas ilícitas, que é a evasão fiscal, popularmente conhecida como sonegação. Esta última é passível de punição nos termos da Lei n. 8.137/1990, conhecida como Lei de Crimes Fiscais.

No Brasil, os impostos[7] incidem sobre:

a) **Comércio exterior:** Imposto de Importação (II) e Imposto de Exportação (IE).

b) **Patrimônio e renda:** Imposto de Renda (IR), Imposto sobre Propriedade de Veículos Automotores (IPVA), Imposto Predial e Territorial Urbano (IPTU), Imposto Territorial Rural (ITR).

---

[7] Art. 145 da Constituição Federal e art. 5. do Código Tributário Nacional.

c) **Transmissão, circulação e produção:** Imposto sobre Produtos Industrializados (IPI), Imposto sobre Operações Financeiras (IOF), Imposto sobre Transmissão *Causa Mortis* e Doação (ITCMD), Imposto sobre Circulação de Mercadorias e Serviços (ICMS), Imposto sobre Transmissão de Bens Imóveis (ITBI) e Imposto sobre Serviços de Qualquer Natureza (ISS).

Tendo em vista a competência constitucional para instituir o tributo, os impostos podem ser:

a) Federais (instituídos pela União): II, IE, IR, ITR, IPI e IOF.

b) Estaduais (instituídos pelos estados): IPVA, ITCMD e ICMS.

c) Municipais (instituídos pelos municípios): IPTU, ITBI e ISS.

As taxas[8] são cobranças justificadas por uma atividade estatal em que se manifesta principalmente o interesse do Estado, mas da qual decorre para o particular uma vantagem específica. São exemplos as taxas do lixo, da água, de luz, de fiscalização etc.

As contribuições são divididas em contribuições de melhoria e contribuições sociais. As **contribuições de melhoria**[9] são cobranças justificadas por uma atividade estatal, em que se manifesta preponderantemente o interesse do Estado, mas das quais decorre para uma categoria de indivíduos uma vantagem específica. São cobranças levadas a efeito em razão de valorização que uma obra pública proporciona a um imóvel particular. O particular cujo imóvel aumentou de valor por causa de obra empreendida nas proximidades pode se ver compelido a pagar uma contribuição ao poder público (calculada com base na valorização do bem).

Já as **contribuições sociais**[10] são cobranças que visam custear a Seguridade Social[11] (saúde, assistência social e previdência). São exemplos de contribuições sociais:

a) Contribuição para o Financiamento da Seguridade Social (Cofins).

b) Contribuição para o Programa de Integração Social (PIS).

c) Contribuição para o Programa de Formação do Patrimônio do Servidor Público (Pasep).

d) Contribuição Social sobre o Lucro Líquido (CSLL).

e) Contribuição Previdenciária (INSS).

---

8 Idem.

9 Idem.

10 Art. 149 da Constituição Federal.

11 Art. 195 da Constituição Federal.

As contribuições sociais são cobradas das empresas ou equiparadas, podendo incidir sobre:

- a folha de salários e demais rendimentos do trabalho pagos ou creditados, a qualquer título, a pessoa física que lhe preste serviço, mesmo sem vínculo empregatício;
- a receita ou o faturamento; e
- o lucro.

11.8.1 ENCARGOS TRABALHISTAS

São três as tabelas básicas de encargos trabalhistas que incidem sobre a folha de salários. Na Tabela A, estão as contribuições incidentes sobre o total de remunerações pagas ou creditadas, a qualquer título, no decorrer do mês, aos empregados (Quadro 11.26).

Quadro 11.26 – Encargos Tabela A

Descrição	Percentual
Contribuição à Previdência Social (INSS)	20%
Fundo de Garantia do Tempo de Serviço (FGTS)	8%
Salário-Educação	2,5%
Sesi/Sesc	1,5%
Senai/Senac	1%
Sebrae	0,6%
Incra	0,2%
Risco de Acidente do Trabalho (RAT)	2% grau médio
FAP	Variável
Total	35,80%

Obs.: valores percentuais médios.

Alguns setores, entretanto, foram beneficiados com uma redução de alíquotas de diversos tributos. É significativa a redução da alíquota da contribuição previdenciária, que ficou conhecida como desoneração da folha de pagamento, passando a incidir sobre a receita bruta, denominada Contribuição Previdenciária sobre a Receita Bruta (CPRB). Isso ocorreu em 2011 por meio de Medida Provisória convertida na Lei n. 12.546/2011, ampliada pelas Leis n. 12.715/2012, n. 12.794/2013 e n. 12.844/2013. Os setores beneficiados estão no Anexo dessa lei.

No agronegócio, foram beneficiadas com alíquotas reduzidas de contribuição previdenciária patronal as indústrias que atuam com aves, suínos e derivados (1,0%), a do pescado (1,0%) e a do couro (atualmente 1,5%), tendo a última atualização ocorrido em 31 de dezembro de 2015 com a publicação da Lei n. 13.161/2015.

A Tabela B (Quadro 11.27) é constituída de encargos pagos diretamente ao empregado, como contraprestação de serviço prestado, incluídos na folha de pagamento, razão pela qual sofrem a incidência dos encargos da Tabela A.

Quadro 11.27 – Encargos Tabela B

Descrição	Percentual
Repouso semanal remunerado	23,19%
Férias	12,68%
Feriados	4,35%
Aviso-prévio	2,47%
Auxílio-doença (previdenciário/acidentário)	1,42%
13º salário	10,87%
Faltas legais	0,28%
Licença-paternidade	0,02%
TOTAL	55,28%

Obs.: valores percentuais médios.

E, finalmente, a Tabela C (Quadro 11.28), que inclui cálculos de rescisão de contrato de trabalho.

Quadro 11.28 – Encargos Tabela C

Descrição	Percentual
Multa rescisória de 40% do FGTS nas dispensas sem justa causa	4,97%
Adicional 10% de Contribuição Social, referente à Lei Complementar n. 110/2001	1,24%
Total	6,21%

Obs.: valores percentuais médios.

O governo federal anunciou, em 15 de dezembro de 2016, a Mensagem Presidencial n. 43, publicada no *Diário Oficial da União* de 17 de fevereiro de 2017, Seção 1, p. 3, que propõe a redução em um ponto percentual por ano do adicional de 10% de contribuição social (prevista na Lei Complementar n. 110/2001) sobre o saldo para fins rescisórios das contas vinculadas de FGTS em casos de rescisão sem justa causa, como um modo de incentivo e estímulo à geração de empregos. Portanto, será extinta em dez anos, a partir da aprovação pelo Congresso Nacional.

11.8.2 ENCARGOS SOBRE A RECEITA OU FATURAMENTO

Sobre a receita ou faturamento de uma empresa incidirão os seguintes impostos:

- ISS a uma alíquota que varia entre 2% e 5% (alíquota mínima e máxima) sobre o valor dos serviços prestados, conforme a legislação municipal do local da prestação;

- PIS no regime cumulativo, com uma alíquota de 0,65% se optante do Imposto de Renda pelo Lucro Presumido, mas não permite deduções com gastos operacionais, e não cumulativo 1,65% se optante do Imposto de Renda pelo Lucro Real, que permite a dedução com gastos operacionais;
- Cofins no regime cumulativo, com uma alíquota de 3,0% se optante do Imposto de Renda pelo Lucro Presumido, mas não permite deduções com gastos operacionais, e não cumulativo 7,6% se optante do Imposto de Renda pelo Lucro Real, que permite a dedução com gastos operacionais;
- CSLL, que tem uma alíquota de 9% calculada ou sobre uma base presumida se optante do Imposto de Renda pelo Lucro Presumido, ou sobre o lucro contábil da empresa se optante do Imposto de Renda pelo Lucro Real; e
- IR, que tem uma alíquota de 15%, mais um adicional de 10% quando ultrapassados certos limites, calculado ou sobre uma base presumida se optante do Imposto de Renda pelo Lucro Presumido, ou sobre o lucro contábil da empresa se optante do Imposto de Renda pelo Lucro Real.

Há quatro modos de tributação sobre os lucros das empresas:

a) O Simples Nacional, conhecido também como Super Simples, regido pela Lei Complementar n. 123/2006 e suas alterações. No Simples, o contribuinte gera um único Documento de Arrecadação do Simples (DAS) para o recolhimento dos seguintes tributos: IRPJ, CSLL, Cofins, PIS/Pasep, contribuição previdenciária patronal e ICMS e/ou IPI ou ISS, dependendo da atividade econômica exercida. A base de cálculo será o faturamento do mês, e a alíquota utilizada é retirada dos Anexos da lei do Simples, conforme a atividade econômica e a receita bruta da empresa nos últimos 12 meses.

b) O Lucro Presumido é uma opção de tributação do IRPJ para as empresas que faturam até R$ 78.000.000 por ano. Para cada tributo federal apurado, há a necessidade de se gerar um Documento de Arrecadação de Receitas Federais (DARF) para pagamento. Os regimes de tributos federais são apresentados no Quadro 11.29.

c) O Lucro Real é uma opção de tributação do IRPJ para as empresas que faturam acima de R$ 78.000.000 por ano. As empresas que queiram gozar de benefícios fiscais (incentivos fiscais) provenientes de leis federais específicas, ainda que não atinjam o limite de faturamento de R$ 78.000.000 por ano, necessariamente deverão fazer a opção pelo Lucro Real, que se dá pelo recolhimento do primeiro DARF do imposto de renda de cada ano.

d) O Lucro Arbitrado é uma opção que penaliza o contribuinte que não mantém uma adequada contabilidade de suas operações mercantis. Há duas possibilidades de arbitramento do lucro pelo Fisco: quando a receita é conhecida (aproveita-se parte da contabilidade da empresa), caso em que a empresa é penalizada em mais 20% sobre a presunção do Lucro Presumido; ou quando a receita da empresa não é conhecida (o Fisco despreza totalmente a contabilidade da empresa, a qual apresenta erros, intencionais ou não, que prejudicam a adequada compreensão da composição patrimonial do contribuinte), caso em que a base de cálculo do imposto de renda será dada pelo Fisco.

Quadro 11.29 – Regimes de tributação de impostos federais

Descrição	Observações
Simples Nacional	Microempresas: faturamento anual de até R$ 360.000 por ano Empresas de pequeno porte: faturamento anual de até R$ 3.600.000 por ano[12]
Lucro presumido	Faturamento de até R$ 78.000.000 por ano
Lucro real[13]	Faturamento superior a R$ 78.000.000 por ano
Lucro arbitrado	Penalidade às empresas que não realizam uma adequada escrituração contábil no lucro presumido ou no lucro real.

Obs.: valores atualizados para o exercício 2017.

11.9 CONSIDERAÇÕES FINAIS

Este capítulo apresentou implicações da engenharia econômica aplicada à gestão do agronegócio. Foram apresentados fundamentos de contabilidade, alternativas de investimento na produção, além de técnicas de análise temporal e de financiamento. Por fim, abordamos a gestão de custos e estoques e os encargos a que as operações do agronegócio estão sujeitas.

Espera-se que o leitor tenha obtido uma visão geral sobre o tema, podendo se especializar ou estudar mais a respeito das temáticas de maior interesse ao seu campo de estudos ou operação no agronegócio.

BIBLIOGRAFIA

BM&FBOVESPA – Bolsa de Valores, Mercadorias e Futuros S.A. *Commodities*. 2016. Disponível em: < http://www.bmfbovespa.com.br/pt_br/produtos/listados-a-vista-e-derivativos/commodities/>. Acesso em: 30 jun. 2016.

BRASIL. *Constituição da República Federativa do Brasil de 1988*. Disponível em: <http://www.planalto.gov.br/ccivil_03/constituicao/constituicaocompilado.htm>. Acesso em: 15 mar. 2015.

____. *Lei Complementar n. 110, de 29 de junho de 2001*. Institui contribuições sociais, autoriza créditos de complementos de atualização monetária em contas vinculadas do Fundo de Garantia do Tempo de Serviço (FGTS) e dá outras providências. Disponível em: <http://www.planalto.gov.br/ccivil_03/leis/LCP/Lcp110.htm>. Acesso em: 15 mar. 2015.

[12] Este é o limite de faturamento no mercado interno (brasileiro), podendo a empresa faturar o mesmo limite com exportações, totalizando R$ 720.000 por ano.

[13] Algumas atividades econômicas, independentemente do porte, faturamento ou quantidade de funcionários, necessariamente são obrigadas a esse regime de tributação, como as instituições financeiras.

___. *Lei Complementar n. 123, de 14 de dezembro de 2006*. Institui o Estatuto Nacional da Microempresa e da Empresa de Pequeno Porte. Disponível em: <http://www.planalto.gov.br/ccivil_03/leis/LCP/Lcp123.htm>. Acesso em: 24 abr. 2016.

___. *Lei n. 5.172, de 25 de outubro de 1966*. Dispõe sobre o Sistema Tributário Nacional e institui normas gerais de direito tributário aplicáveis à União, Estados e Municípios. Disponível em: <http://www.planalto.gov.br/ccivil_03/leis/L5172Compilado.htm>. Acesso em: 24 abr. 2016.

___. *Lei n. 7.713, de 22 de dezembro de 1988*. Altera a legislação do imposto de renda e dá outras providências. Disponível em: <http://www.planalto.gov.br/ccivil_03/leis/L7713compilada.htm>. Acesso em: 24 abr. 2016.

___. *Lei n. 8.137, de 27 de dezembro de 1990*. Define crimes contra a ordem tributária, econômica e contra as relações de consumo, e dá outras providências. Disponível em: <http://www.planalto.gov.br/ccivil_03/leis/L8137.htm>. Acesso em: 15 mar. 2015.

___. *Lei n. 8.212, de 24 de julho de 1991*. Dispõe sobre a organização da Seguridade Social, institui Plano de Custeio, e dá outras providências. Disponível em: <http://www.planalto.gov.br/ccivil_03/leis/L8212compilado.htm>. Acesso em: 15 mar. 2015.

___. *Decreto n. 3.000, de 26 de março de 1999*. Regulamenta a tributação, fiscalização, arrecadação e administração do Imposto sobre a Renda e Proventos de Qualquer Natureza. Disponível em: <http://www.planalto.gov.br/ccivil_03/decreto/d3000.htm> Acesso em: 24 abr. 2016.

___. *Lei n. 12.546, de 14 de dezembro de 2011*. Institui o Regime Especial de Reintegração de Valores Tributários para as Empresas Exportadoras (Reintegra); dispõe sobre a redução do Imposto sobre Produtos Industrializados (IPI) à indústria automotiva; altera a incidência das contribuições previdenciárias devidas pelas empresas que menciona. Disponível em: <http://www.planalto.gov.br/ccivil_03/_ato2011-2014/2011/lei/l12546.htm>. Acesso em: 15 mar. 2015.

CONAB – Companhia Nacional de Abastecimento. *Custos de produção*. Disponível em: <http://www.conab.gov.br/conteudos.php?a=1546&t=2>. Acesso em: 15 mar. 2015.

CVM – Comissão de Valores Mobiliários. *Entendendo o mercado de valores mobiliários*. Portal do Investidor. Disponível em: <http://www.portaldoinvestidor.gov.br/menu/primeiros_passos/Entendendo_mercado_valores.html>. Acesso em: 30 mar. 2015.

MARTINS, E. *Contabilidade de Custos*. 9. ed. São Paulo: Atlas, 2003.

MAUSS, C. V.; SOUZA, M. A. *Gestão de custos aplicada ao setor público:* modelo para mensuração e análise da eficiência e eficácia governamental. São Paulo: Atlas, 2008.

RFB – Receita Federal do Brasil. IRPJ (Imposto sobre a Renda das Pessoas Jurídicas). Disponível em: <https://idg.receita.fazenda.gov.br/acesso-rapido/tributos/IRPJ>. Acesso em: 24 abr. 2016.

CAPÍTULO 12

PESQUISA OPERACIONAL APLICADA AO AGRONEGÓCIO

João Roberto Maiellaro
João Gilberto Mendes dos Reis

12.1 INTRODUÇÃO

A pesquisa operacional teve sua origem durante a Segunda Guerra Mundial, quando um conjunto de procedimentos foi desenvolvido com rigor científico por tropas britânicas e norte-americanas para pesquisar operações militares, no intuito de utilizar de modo racional recursos escassos. O interesse por essas técnicas cresceu rapidamente no período pós-guerra, e diversas aplicações têm sido verificadas para apoiar o processo decisório.

A pesquisa operacional é um conjunto de métodos e técnicas quantitativas que apoiam a tomada de decisão e a resolução de problemas reais. Estudos de pesquisa operacional englobam conhecimentos matemáticos, estatísticos e ferramentas computacionais. Originalmente conhecida como *operations research* ou *operational research* (OR), hoje é definida pelo termo *management sciences* (MS).

Dentre as sociedades de pesquisa operacional que promovem e difundem essa área do conhecimento, uma das principais é a Informs (Institute for Operations Research and Management Science), que faz referência à sigla OR/MS nas últimas letras do seu acrônimo. No Brasil, tem atuação destacada a Sobrapo (Sociedade Brasileira de Pesquisa Operacional).

Com o expressivo aumento da competitividade e da complexidade do processo decisório, gestores necessitam acumular habilidades como a capacidade de resolução de problemas por meio de raciocínio lógico e estruturado. O desconhecimento de conceitos da pesquisa operacional pode levar a decisões baseadas excessivamente no empirismo ou na intuição. A pesquisa operacional considera objetivos e fatores relevantes, por meio de abstrações de problemas reais e elaboração de modelos matemáticos. Esses modelos englobam, de maneira estruturada, racional, concisa e concreta, aspectos diversos do problema a ser estudado.

Dentre os setores em que a literatura evidencia aplicações da pesquisa operacional, pode-se citar o agronegócio. Um estudo levantou publicações científicas em que técnicas da pesquisa operacional foram aplicadas em diversas áreas que não envolviam diretamente empresas e negócios corporativos, com o objetivo de criar um *ranking* do percentual de utilização. Decisões governamentais (19,64%), educação (16,07%), aplicações diversas (14,29%), recursos naturais (12,5%), hospitais e saúde (12,50%), área militar (10,71%), urbanismo e planejamento comunitário (7,14%) e agricultura (7,14%) foram as áreas levantadas. As técnicas utilizadas foram programação linear, problemas de transporte, problemas de redes, problemas de estoques, programação inteira, programação não linear, programação dinâmica, teoria das filas, cadeias de Markov, simulação, árvores de decisão e teoria dos jogos (EOM; KIM, 2006).

O uso de modelos matemáticos e ferramentas de pesquisa operacional no agronegócio não é um conceito novo. Um texto chinês criado há mais de 2 mil anos descreveu modelagem matemática utilizando um problema de determinação do rendimento da produção de uma bebida alcoólica feita a partir de três tipos de grãos de arroz fornecidos por três agricultores diferentes. Outro texto indiano com origem no mesmo período descreveu modelo matemático composto por sistemas de equações lineares em que um vendedor de frutas buscava determinar quantos pacotes de limões e mangas deveriam ser transportados com base nos preços praticados (MURTY, 2014)

Modelos de otimização e ferramentas de suporte de decisão foram desenvolvidos para aprimorar um plano de colheita em 1954, e essa publicação defendeu o uso de modelo de programação linear. O uso de modelos matemáticos direcionados para o setor agrícola começou a se difundir durante as décadas de 1970 e 1980. O interesse nesses modelos cresceu significativamente durante a década de 1990, acompanhando o crescente nível de complexidade das cadeias de suprimento agrícolas verificado nas últimas décadas. (PLÀ-ARAGONÉS, 2015).

Este capítulo apresenta aplicações da pesquisa operacional no agronegócio. A abordagem é baseada em otimização por meio de programação linear e prioriza a modelagem e a resolução de problemas por meio do uso de planilhas eletrônicas. Com o avanço dos recursos de *hardware* e *software* e a expansão da microinformática e tecnologias da informação, o emprego da pesquisa operacional ganha acessibilidade para analistas e estudiosos que não detêm conhecimentos dos cálculos e algoritmos de otimização.

12.2 CONCEITOS DE OTIMIZAÇÃO E PROGRAMAÇÃO LINEAR

Recursos são escassos, e gestores precisam frequentemente decidir sobre a alocação desses recursos em atividades diversas. Por exemplo, a área disponível para plantio, a quantidade de água disponível para irrigação e o espaço destinado à armazenagem de fertilizantes são recursos limitados. Esses recursos podem, juntos, influenciar decisões que envolvem quantos hectares devem ser destinados ao cultivo de diferentes produtos com o objetivo de se obter a maior lucratividade possível em determinado período.

Essa conjunção de fatores pode ser avaliada por meio da programação linear, uma das técnicas mais populares de pesquisa operacional. São amplas as possibilidades de aplicação no âmbito do agronegócio.

A programação linear envolve de modo preliminar a elaboração de um modelo matemático que considera fatores de interesse de um problema real. Modelos lineares são, portanto, a representação do problema real por meio de equações e inequações lineares.

Após a elaboração do modelo linear, inicia-se o cálculo da solução. Nessa fase do estudo, é bastante comum o uso do algoritmo chamado Simplex. O termo otimização se refere à busca da melhor solução possível dentro do escopo e dos fatores considerados no modelo elaborado, chamada de solução ótima.

A última fase consiste na análise, validação e implementação da solução encontrada. A Figura 12.1 apresenta de maneira concisa as fases de um estudo de programação linear.

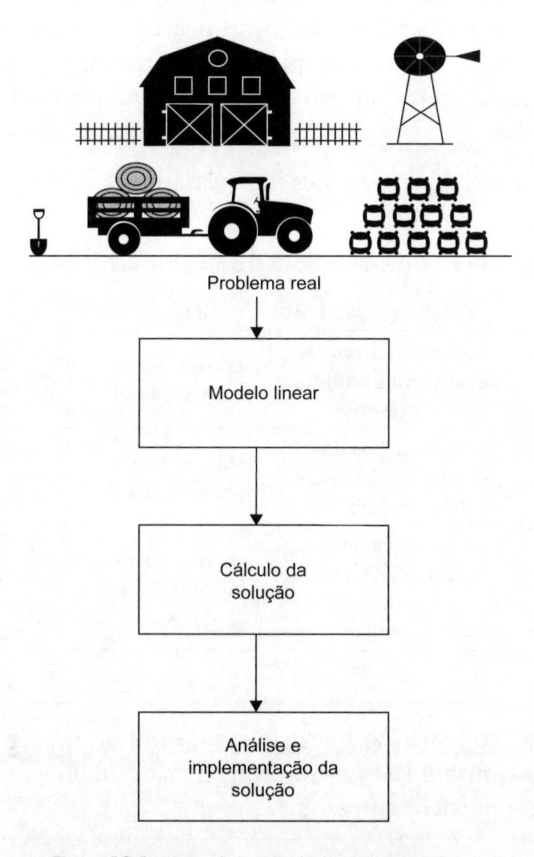

Figura 12.1 – Fases de um estudo de programação linear.

12.3 MODELOS LINEARES

Modelos lineares são abstrações de problemas reais, em que fatores de interesse são reduzidos a um conjunto de equações e inequações de primeiro grau e contêm necessariamente os seguintes elementos: variáveis de decisão, objetivo e restrições. A identificação preliminar desses três elementos é procedimento fundamental para a elaboração de um modelo linear que seja preciso técnica e matematicamente, e ainda útil para o processo decisório.

Variáveis de decisão representam diferentes níveis de atividade envolvidos no mesmo estudo. O gestor tem liberdade para atribuir valores às variáveis de decisão. O número de hectares plantados por tipo de cultivo, a quantidade de diferentes alimentos em uma dieta animal e a quantidade de componentes de certa ração são exemplos de variáveis de decisão.

O **objetivo** é uma medida de desempenho expressa por uma equação linear influenciada diretamente pelos valores que as variáveis de decisão assumem. Por meio do objetivo é possível comparar diferentes soluções e eleger a melhor. O lucro de uma safra, o custo de uma dieta animal e o custo de determinada mistura de uma ração são exemplos de objetivos de um modelo linear. Cada modelo linear tem um único objetivo.

Restrições são expressões matemáticas que representam limites a ser obedecidos por meio de inequações ou equações lineares. A quantidade de fertilizante disponível para cultivo, a quantidade mínima de nutrientes de uma dieta animal e a quantidade máxima de determinado componente na fórmula de certa ração são exemplos de restrições.

O Quadro 12.1 traz exemplos e relações entre variáveis de decisão, objetivo e restrições.

Quadro 12.1 – Exemplos de relações entre variáveis de decisão, objetivo e restrições em um modelo linear

Problema real	Variáveis de decisão	Objetivo	Restrições
Obter lucro máximo em uma safra	Número de hectares de diferentes produtos cultivados	Lucro máximo possível da safra	Disponibilidade de água, disponibilidade de fertilizantes
Definir dieta animal	Quantidades dos diferentes alimentos oferecidos por dia	Menor custo possível diário	Quantidade mínima de carboidratos, quantidade mínima de vitaminas
Definir fórmula de ração	Quantidades dos diferentes componentes da fórmula	Menor custo possível por kg de ração	Quantidade máxima de componentes permitida, quantidade mínima de componentes permitida

Conceito-chave: a programação linear busca encontrar valores para as variáveis de decisão que maximizam (ou minimizam) o valor da função-objetivo (Z) sem violar nenhuma das restrições do modelo.

Para exemplificar, aqui adaptaremos o exemplo dado por Winston e Goldberg (2004):

> Certo produtor rural tem 45 hectares de terra disponíveis e pretende decidir quantos hectares serão plantados com soja e milho. Cada hectare plantado com soja gera lucro de $ 1,37 mil e cada hectare plantado com milho gera lucro de $ 1,78 mil por safra. O produtor consegue 70 sacas por hectare plantado com soja e 180 sacas por hectare plantado com milho. Frequentemente problemas logísticos como atrasos e dificuldades de embarques aumentam perdas e diminuem a rentabilidade. Por isso, o produtor quer limitar a produção em 8.000 sacas. A fertilização é feita com dois tipos de adubo: sem nitrogênio e com nitrogênio. A adubação recomendada sem nitrogênio é de 162 kg de adubo por hectare de soja e 182 kg de adubo por hectare de milho. A adubação recomendada com nitrogênio é de 30 kg por hectare plantado com milho. O fornecimento de adubo é limitado em 6,5 toneladas sem nitrogênio e 0,9 tonelada com nitrogênio impostos por limites de crédito.

Para iniciar o estudo, é preciso que um modelo linear seja elaborado para representar o problema. Inicialmente deve-se identificar os elementos fundamentais do modelo. No exemplo, são definidas duas variáveis de decisão, o objetivo medido em unidades monetárias e quatro restrições, conforme detalhamento que consta no Quadro 12.2.

Quadro 12.2 – Variáveis de decisão, objetivo e restrições do modelo

Problema real	Variáveis de decisão	Objetivo	Restrições
Obter lucro máximo da safra	Número de hectares cultivados com soja e com milho (duas variáveis)	Lucro máximo possível da safra	1. Número de hectares disponível 2. Número total de sacas 3. Fornecimento de adubo sem nitrogênio 4. Fornecimento de adubo com nitrogênio

As variáveis de decisão são definidas como o número de hectares destinados ao cultivo de soja e de milho.

x_1 – Quantidade de hectares cultivados com soja

x_2 – Quantidade de hectares plantados com milho

Sobre as variáveis de decisão:

- são representadas pelas variáveis x_1, x_2, ..., x_n, seguindo terminologia clássica da pesquisa operacional;
- são os dois níveis de atividade envolvidos no estudo, cujos valores o produtor tem liberdade de decidir.

Definidas as variáveis de decisão, o próximo é passo é elaborar uma equação que quantifica o objetivo do problema, de acordo com os valores que as variáveis de decisão irão assumir. O valor do objetivo depende diretamente desse valor, ou seja, está em função das variáveis de decisão. A equação que calcula o objetivo em função das variáveis de decisão é chamada função-objetivo.

O objetivo do estudo é obter o máximo lucro possível da safra. Considerando que o lucro da safra é representado por Z, temos a seguinte função-objetivo:

$$\text{MAX } Z = 1{,}37\,x_1 + 1{,}78\,x_2 \qquad (12.1)$$

Sobre a função-objetivo:

- Z representa o valor do objetivo do problema, seguindo terminologia clássica da pesquisa operacional;
- coeficientes das variáveis de decisão são a contribuição unitária para se atingir o objetivo e seguem a mesma medida deste; no exemplo, Z é medido em unidades monetárias, assim como os coeficientes das variáveis de decisão;
- a função-objetivo calcula o maior valor possível de Z ou o menor valor possível de Z, conforme o objetivo do problema; no exemplo, a função-objetivo é de maximização porque o objetivo é lucro, e a expressão MAX aparece à frente de Z (MIN é a expressão usada para problemas de minimização do objetivo).

O último passo da elaboração do modelo é definir as restrições do modelo que são equações ou inequações lineares. Do lado esquerdo ficam as variáveis de decisão que disputam as disponibilidades ou exercem influência sobre os recursos. Do lado direito ficam os limites dos recursos que devem ser obedecidos. Os valores que as variáveis de decisão irão assumir não devem extrapolar nenhum dos limites das restrições.

A restrição que limita a área de plantio em 45 hectares na safra deve indicar que a soma dos hectares plantados com soja (x_1) com os hectares plantados com milho (x_2) é expressa por meio da seguinte inequação:

$$x_1 + x_2 \leq 45 \qquad (12.2)$$

São obtidas 70 sacas por hectare plantado com soja, ou seja, 70 sacas por unidade de x_1, e 180 sacas por hectare plantado com milho, ou seja, 180 sacas por unidade de x_2. A restrição que limita o número total de sacas em 8.000 é expressa pela da seguinte inequação:

$$70x_1 + 180x_2 \leq 8.000 \qquad (12.3)$$

A adubação recomendada sem nitrogênio é de 162 kg de adubo por hectare de soja (x_1) e 182 kg de adubo por hectare de milho (x_2). O fornecimento de adubo sem nitrogênio é limitado a 6.500 kg. A restrição que limita a quantidade de adubo sem nitrogênio a ser utilizada na safra é expressa pela seguinte inequação:

$$162x_1 + 182x_2 \leq 6.500 \qquad (12.4)$$

A adubação recomendada com nitrogênio é de 30 kg por hectare plantado com milho (x_2). O fornecimento de adubo com nitrogênio a ser utilizado na safra é de 900 kg. A restrição que limita a quantidade de adubo com nitrogênio a ser utilizada na safra é expressa pela seguinte inequação:

$$30x_2 \leq 900 \qquad (12.5)$$

Sobre as restrições do modelo:

- do lado esquerdo (LHS ou *left-hand-side*) está o uso do recurso limitado pela restrição, e do lado direito (RHS ou *right-hand-side*) está o limite da restrição;
- as variáveis de decisão aparecem no lado esquerdo da restrição com coeficientes que correspondem ao uso unitário do respectivo limite;
- a diferença entre o uso e o limite é a folga da restrição; em restrições do tipo ≤ (menor ou igual), a folga representa a quantidade não utilizada do limite; e em restrições do tipo ≥ (maior ou igual), a folga representa a quantidade utilizada acima do limite;
- ao final foi incluída a expressão x_1, x_2 ≥ 0, que significa a não negatividade das variáveis, restringindo-as a valores positivos, mantendo-se a utilidade gerencial do estudo;
- a sigla s.t. significa *subject to* (sujeito a).

O modelo completo que representa o problema é:

$$\text{MAX } Z = 1{,}37\,x_1 + 1{,}78\,x_2$$

$$\text{s.t.} \begin{cases} x_1 + x_2 \leq 45 \\ 70\,x_1 + 180\,x_2 \leq 8.000 \\ 162\,x_1 + 182\,x_2 \leq 6.500 \\ 30\,x_2 \leq 900 \end{cases}$$

$$x_1, x_2 \geq 0$$

12.4 CÁLCULO DA SOLUÇÃO ÓTIMA: OTIMIZAÇÃO USANDO O SOLVER

A etapa posterior à elaboração de um modelo linear consiste em submetê-lo à busca da melhor solução possível, chamada de solução ótima. Nessa fase procura-se encontrar os valores das variáveis de decisão que maximizam ou minimizam o objetivo sem violar nenhuma das restrições. Esse procedimento é chamado de otimização. Um dos métodos mais populares de otimização é o algoritmo Simplex, desenvolvido por George Dantzig na década de 1940.

Ferramentas de otimização são hoje integradas a planilhas eletrônicas, facilitando a resolução de problemas. A maior complexidade reside na correta modelagem e na alimentação dos dados de maneira adequada. Além de conhecimentos de programação linear, o analista deve ter conhecimentos de informática e habilidades nos *softwares* correspondentes.

A otimização será tratada em planilhas eletrônicas por meio de um suplemento do Microsoft Excel® chamado Solver. Portanto, será dada menor ênfase aos aspectos matemáticos.

O Solver deve ser ativado uma única vez. Nas versões do Microsoft Excel® 2013 e 2016, a partir do menu principal, deve-se seguir o seguinte caminho: arquivo/opções/suplementos. Deve-se então clicar no botão "ir" e marcar a opção "Solver" na caixa "Suplementos disponíveis" (Figura 12.2). No menu principal, o Solver aparecerá na opção "Dados".

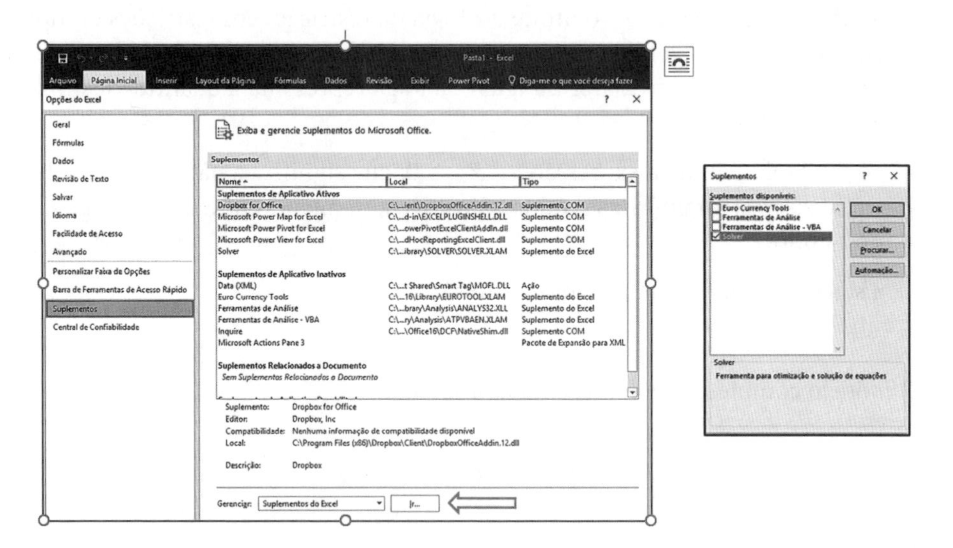

Figura 12.2 – Ativação do Solver.

No Microsoft Excel®, deve ser criada uma planilha que represente o modelo linear observando-se os seguintes requisitos:

- constar todos os coeficientes da função-objetivo e dos lados esquerdos das restrições;

- definir células para que o Solver atribua valores às variáveis de decisão;
- definir uma célula com fórmula que calcule o valor de Z;
- definir células com fórmulas que calculem os lados esquerdos das restrições.

Com base no modelo do produtor rural, apresentado na seção 12.3, a Figura 12.3 demonstra uma alternativa de planilha, que basicamente é uma matriz dos coeficientes com fórmulas que calculam o valor da função-objetivo e dos lados esquerdos das restrições.

	A	B	C	D	E	F
1						
2			x1	x2		
3		hectares				
4		lucro da safra	1.37	1.78	0	
5		máximo de hectares	1	1	0	45
6		sacas	70	180	0	8000
7		adubo sem N	162	182	0	6500
8		adubo com N		30	0	900

Figura 12.3 – Planilha que representa o modelo do produtor rural.

A célula E4 contém a fórmula da função-objetivo. As células C3 e D3 são destinadas aos valores das variáveis de decisão x_1 e x_2, respectivamente. As células E5, E6, E7 e E8 contêm as fórmulas dos lados esquerdos das restrições do modelo. Nas células F5, F6, F7 e F8, são digitados os limites que constam nos lados direitos das respectivas restrições do modelo.

Com a planilha elaborada, passa-se a incluir os parâmetros na caixa de diálogo do Solver, que são: a célula da função-objetivo, as células das variáveis de decisão e as células dos lados esquerdos das restrições do modelo (Figura 12.4). A caixa de diálogo do Solver é acessada por meio da opção "Dados" do menu principal do Excel®.

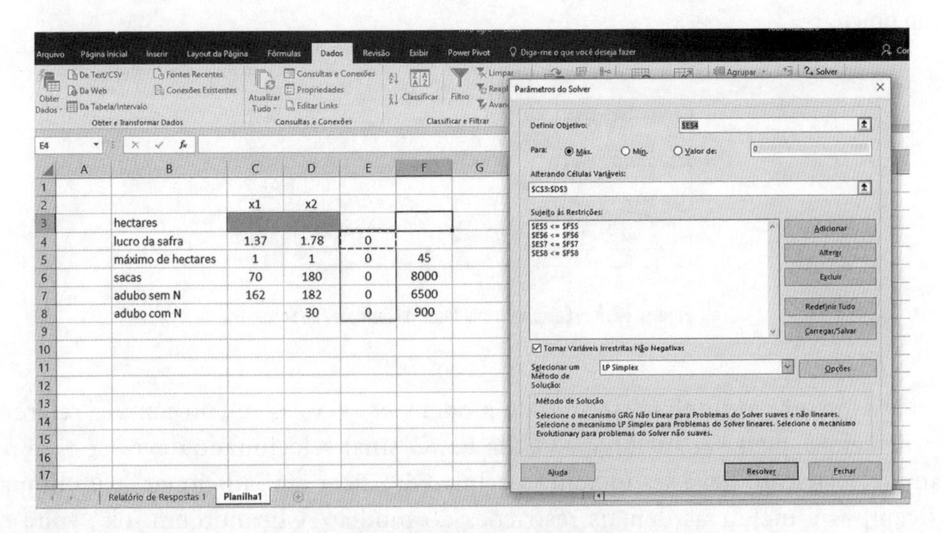

Figura 12.4 – Inserção dos parâmetros.

O campo "definir objetivo" deve ser preenchido com a célula E4, que contém a fórmula de Z. Em "para", deve ser selecionada a opção *Máx*, para que o objetivo seja maximizado. O campo "alterando células variáveis" deve ser preenchido com as células C3:C4, destinadas às variáveis de decisão. A Figura 12.5 detalha os parâmetros e as variáveis inseridas.

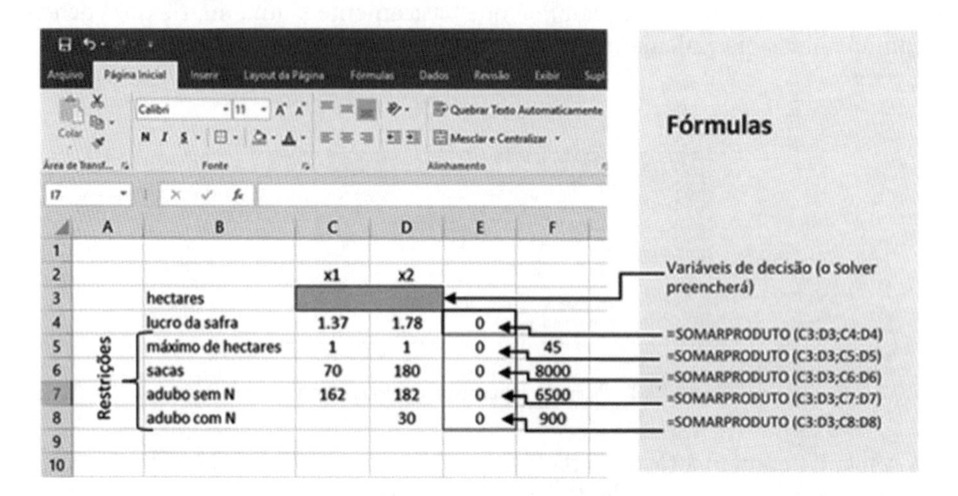

Figura 12.5 – Parâmetros e variáveis inseridos.

Para incluir as restrições do modelo, no campo "sujeito às restrições" deve-se clicar na opção adicionar. Uma caixa específica para a inclusão de restrições será aberta (Figura 12.6). No campo "referência de célula", devem ser incluídas as células com as fórmulas que calculam os lados esquerdos das restrições, e o campo "restrição" deve conter o limite da restrição. Deve ainda ser selecionado o sinal da restrição no menu *drop down*.

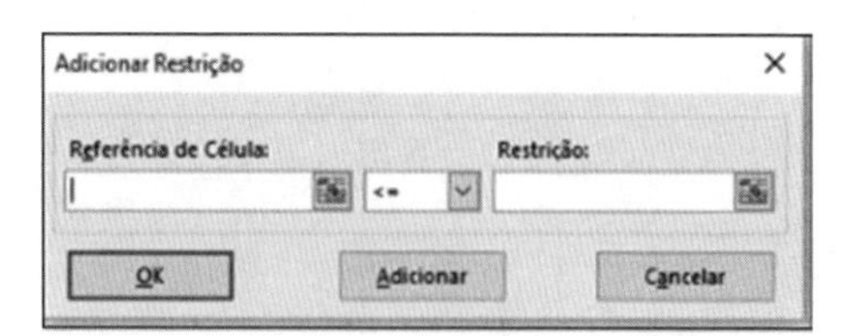

Figura 12.6 – Caixa para a inclusão de restrições no Solver.

Para incluir a primeira restrição do modelo, $x_1 + x_2 \leq 45$, no campo "referência de célula" deve ser incluída a célula E5. O sinal selecionado deve ser $\leq$, e no campo "restrição" deve ser incluída a célula E6. Clicar em "adicionar" para limpar os campos e incluir as demais restrições do modelo. Clicando em "ok", volta-se para a caixa de diálogo do Solver.

A opção "tornar variáveis irrestritas não negativas" deve estar selecionada. No menu "selecionar um método de solução", deve ser escolhido LP Simplex. A Figura 12.7 traz a caixa de diálogo do Solver finalizada para cálculo da solução ótima do modelo.

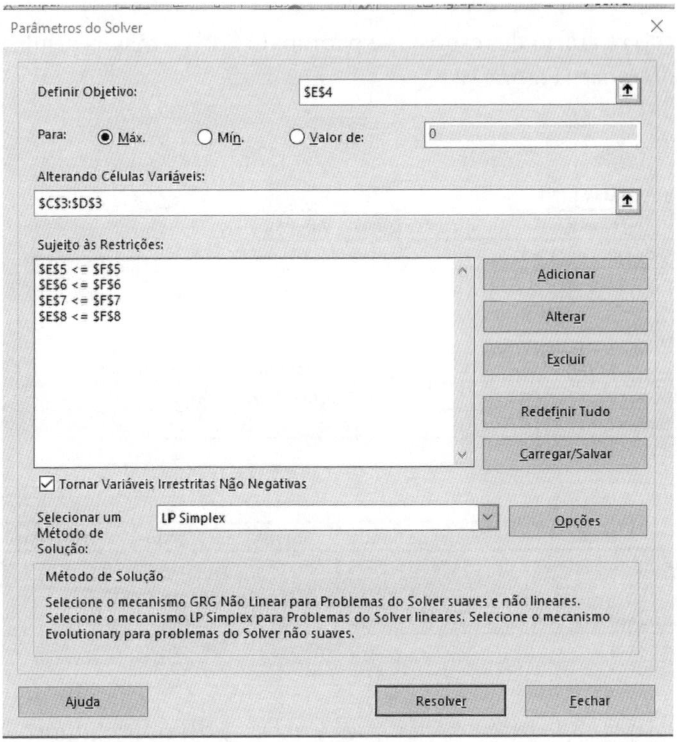

Figura 12.7 – Caixa de diálogo do Solver finalizada.

Com a caixa de diálogo do Solver finalizada, clica-se em "resolver". Uma nova janela traz a seguinte mensagem: "O solver encontrou uma solução. Todas as restrições e condições de adequação foram satisfeitas". Essa janela indica que a solução ótima do modelo foi encontrada. As células destinadas às variáveis de decisão foram preenchidas com os valores ótimos.

À direita dessa janela, são oferecidos diferentes relatórios. Deve ser selecionada a opção "resposta". Clicando-se em "ok", uma planilha com o relatório de respostas é criada.

O cabeçalho gerado traz informações gerais como versão do Excel® utilizada, nome do arquivo, data e hora de criação, confirmação de que o problema foi otimizado pelo uso do algoritmo Simplex, tempo gasto para geração da solução em segundos e confirmação da não negatividade das variáveis.

O relatório de respostas gerado pelo Solver tem três subdivisões:

- célula do objetivo (máx. ou min.): refere-se à função-objetivo do modelo e ao valor ótimo encontrado;

- células variáveis: refere-se às células que foram preenchidas pelo Solver com os valores ótimos atribuídos às variáveis de decisão;
- restrições: refere-se às restrições do modelo e apresenta informações sobre o uso dos limites e folgas.

O formato do relatório de respostas é padrão do Solver, mas as células são editáveis e podem ser alteradas (Figura 12.8).

13				
14	Célula do Objetivo (Máx.)			
15	Célula	Nome	Valor Original	Valor Final
16	$E$4	lucro da safra por hectare	0	62.19506173
17				
18				

19	Células Variáveis				
20	Célula	Nome	Valor Original	Valor Final	Número Inteiro
21	$C$3	hectares x1	0	6.419753086	Conting.
22	$D$3	hectares x2	0	30	Conting.
23					
24					

25	Restrições					
26	Célula	Nome	Valor da Célula	Fórmula	Status	Margem de Atraso
27	$E$5	máximo de hectares	36.41975309	$E$5<=$F$5	Não-associação	8.580246914
28	$E$6	sacas	5849.382716	$E$6<=$F$6	Não-associação	2150.617284
29	$E$7	adubo sem N	6500	$E$7<=$F$7	Associação	0
30	$E$8	adubo com N	900	$E$8<=$F$8	Associação	0
31						

Figura 12.8 – Relatório do Solver: solução ótima para o problema do produtor rural.

A solução encontrada pelo Solver aponta o lucro máximo da safra de $ 62.195,06. As variáveis de decisão, definidas no modelo linear, como o número de hectares cultivados com soja e milho, tiveram seus valores definidos pelo Solver. O número de hectares que devem ser cultivados com soja é 6,41 aproximadamente, demonstrado pelo valor da variável x_1, e o número de hectares que devem ser cultivados com milho é 30, demonstrado pelo valor da variável x_2.

Na subdivisão em que o relatório trata das restrições, a coluna "valor das restrições" apresenta as quantidades utilizadas dos recursos limitados, e a coluna "margem de atraso" apresenta as folgas dos recursos, que significa a diferença entre o limite do recurso e a quantidade utilizada.

A primeira restrição limita o máximo de 45 hectares. O relatório mostra que serão cultivados 36,41 hectares e não serão cultivados 8,58 hectares.

A segunda restrição limita o máximo de 8.000 sacas. O relatório apresenta que serão produzidas 5.849 sacas aproximadamente, e que essa produção significa que faltarão 2.150 para atingir o limite estabelecido pelo modelo.

A terceira restrição limita o máximo de 6.500 kg de fornecimento de adubo sem nitrogênio. O relatório demonstra que todo o fornecimento de adubo sem nitrogênio será utilizado. O mesmo ocorre com o fornecimento máximo de 900 kg de adubo com nitrogênio, limitado pela última restrição do modelo.

12.5 EXERCÍCIOS RESOLVIDOS

12.5.1 EXERCÍCIO ADAPTADO DE RAGSDALE (2014)

A Agro Pró é uma empresa que atende criadores e agricultores de vários estados. Um dos produtos que fornece aos clientes são *blends* para alimentação de gado customizados. O cliente pode especificar a quantidade de milho, grãos e minerais que o *blend* deve conter. Este é um serviço importante, porque a alimentação adequada difere entre os tipos de animais e depende do clima, condições da pastagem e de outros fatores. A Agro Pró estoca grandes quantidades dos quatro tipos de misturas que podem formar diferentes tipos de *blends* e atender às especificações de um determinado cliente. A Tabela 12.1 resume informações das quatro misturas, como sua composição em percentuais de milho, grãos e minerais e o custo por quilo de cada tipo.

Tabela 12.1 – Resumo do problema

	Mistura 1	Mistura 2	Mistura 3	Mistura 4
Milho	30%	5%	20%	10%
Grãos	10%	30%	15%	10%
Minerais	20%	20%	20%	30%
Custo ($ por kg)	0,25	0,30	0,32	0,15

A Agro Pró recebeu uma encomenda de um fazendeiro local de 8.000 kg. O agricultor quer que o *blend* contenha pelo menos 20% de milho, 15% de grãos e 15% de minerais. Qual deve ser a composição do *blend* para que as especificações sejam cumpridas ao menor custo possível?

Resolução

Deve-se elaborar o modelo que representa o problema, identificando seus elementos fundamentais, que são as variáveis de decisão, o objetivo e as restrições. A empresa deve decidir a quantidade de cada mistura que irá compor o *blend*, obedecendo as especificações do cliente ao menor custo possível.

O modelo terá quatro variáveis de decisão:

x_1 – kg da mistura 1 no *blend*

x_2 – kg da mistura 2 no *blend*

x_3 – kg da mistura 3 no *blend*

x_4 – kg da mistura 4 no *blend*

O objetivo do estudo é o menor custo possível do *blend*. Os custos das diferentes misturas são expressos em $ por kg. Portanto, o custo mínimo pode ser também medido em custo por quilo do *blend*. A função-objetivo, com Z representando o custo mínimo por quilo de *blend*, é a seguinte:

$$\text{MIN } Z = 0{,}25\,x_1 + 0{,}3\,x_2 + 0{,}32\,x_3 + 0{,}15\,x_4 \tag{12.6}$$

As restrições limitam os percentuais mínimos de milho, grãos e minerais que o *blend* deve conter. As informações estão apresentadas no enunciado do exercício nos percentuais, que serão substituídos por medidas em quilos. Por exemplo, cada quilo da mistura 1 contém 0,3 kg de milho. Do lado direito, os limites também devem estar expressos em quilos, mantendo-se a lógica algébrica da inequação. Do lado esquerdo, devem estar as variáveis de decisão, com os respectivos coeficientes que representam a contribuição em quilos para se atingir os limites estabelecidos. Os sinais são ≥ porque os limites são mínimos, visto que o uso tem que ser igual ou ultrapassar a quantidade mínima definida no modelo linear. As restrições são:

$$0{,}3\,x_1 + 0{,}05\,x_2 + 0{,}2\,x_3 + 0{,}1\,x_4 \geq 0{,}2 \text{ (restrição da quantidade de milho)} \tag{12.7}$$

$$0{,}1\,x_1 + 0{,}3\,x_2 + 0{,}15\,x_3 + 0{,}1\,x_4 \geq 0{,}15 \text{ (restrição da quantidade de grãos)} \tag{12.8}$$

$$0{,}2\,x_1 + 0{,}2\,x_2 + 0{,}2\,x_3 + 0{,}3\,x_4 \geq 0{,}15 \text{ (restrição da quantidade de minerais)} \tag{12.9}$$

$$x_1 + x_2 + x_3 + x_4 = 1 \text{ (restrição que limita a quantidade a 1 kg de } \textit{blend}\text{)} \tag{12.10}$$

O modelo completo que representa o problema é:

$$\text{MIN } Z = 0{,}25\,x_1 + 0{,}3\,x_2 + 0{,}32\,x_3 + 0{,}15\,x_4$$

$$\text{s.t.} \begin{cases} 0{,}3\,x_1 + 0{,}05\,x_2 + 0{,}2\,x_3 + 0{,}1\,x_4 \geq 0{,}2 \\ 0{,}1\,x_1 + 0{,}3\,x_2 + 0{,}15\,x_3 + 0{,}1\,x_4 \geq 0{,}15 \\ 0{,}2\,x_1 + 0{,}2\,x_2 + 0{,}2\,x_3 + 0{,}3\,x_4 \geq 0{,}15 \\ x_1 + x_2 + x_3 + x_4 = 1 \end{cases}$$

$$x_1, x_2, x_3, x_4 \geq 0 \text{ (não negatividade)}$$

Criando a planilha e incluindo os parâmetros do Solver (Figura 12.9), a avaliação do relatório de respostas, com a solução ótima obtida, foi a seguinte:

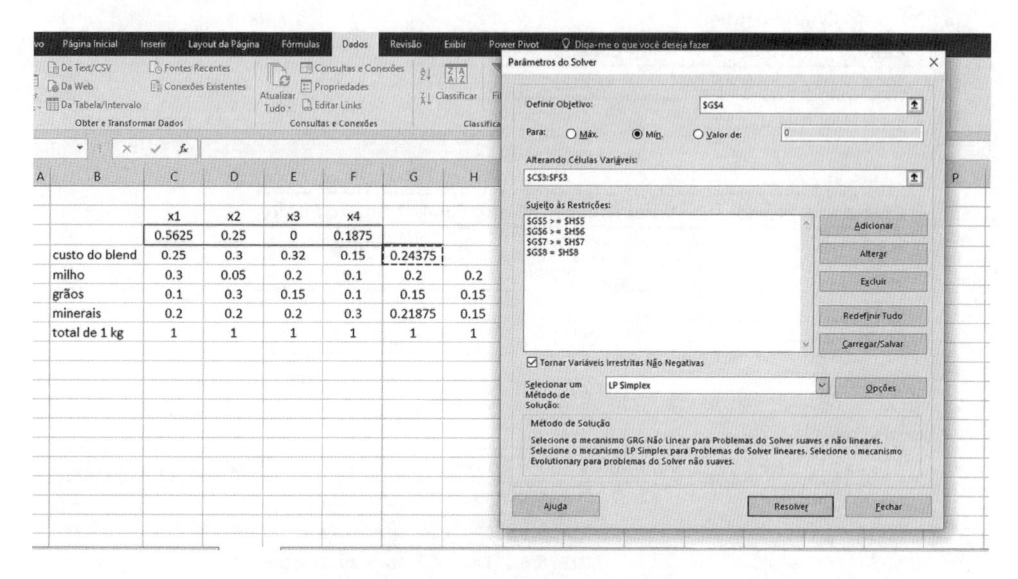

Figura 12.9 – Planilha do Solver para o problema.

Objetivo

Custo ótimo por kg do *blend*: $ 0,24375

Variáveis de decisão

- kg da mistura 1 por kg de *blend*: 0,5625
- kg da mistura 2 por kg de *blend*: 0,25
- kg da mistura 3 por kg de *blend*: 0
- kg da mistura 4 por kg de *blend*: 0,1875

Restrições

- Milho: será adicionado exatamente 0,2 kg por kg de *blend*
- Grãos: será adicionado exatamente 0,15 kg por kg de *blend*
- Minerais: será adicionado 0,21875 kg por kg de *blend*; 0,06875 kg além do limite mínimo estabelecido

A Figura 12.10 traz o relatório de respostas do Solver.

14	Célula do Objetivo (Mín.)					
15	Célula	Nome	Valor Original	Valor Final		
16	$G$4	custo do blend	0.24375	0.24375		
17						
18						
19	Células Variáveis					
20	Célula	Nome	Valor Original	Valor Final	Número Inteiro	
21	$C$3	x1	0.5625	0.5625	Conting.	
22	$D$3	x2	0.25	0.25	Conting.	
23	$E$3	x3	0	0	Conting.	
24	$F$3	x4	0.1875	0.1875	Conting.	
25						
26						
27	Restrições					
28	Célula	Nome	Valor da Célula	Fórmula	Status	Margem de Atraso
29	$G$5	milho	0.2	$G$5>=$H$5	Associação	0
30	$G$6	grãos	0.15	$G$6>=$H$6	Associação	0
31	$G$7	minerais	0.21875	$G$7>=$H$7	Não-associação	0.06875
32	$G$8	total de 1 kg	1	$G$8=$H$8	Associação	0
33						

Figura 12.10 – Relatório de respostas do Solver para o problema.

A solução encontrada pelo Solver aponta custo mínimo do *blend* de $ 0,24 por quilo. As variáveis de decisão, definidas como as quantidades dos 4 tipos de mistura em quilo por quilo de *blend* e demonstradas pelos valores das variáveis x_1, x_2, x_3, e x_4, receberam respectivamente os valores de 0,5625, 0,25, 0 e 0,1875.

A primeira restrição limita o mínimo de milho a 0,2 kg por quilo de *blend*. O relatório mostra que o limite será cumprido sem folga, no seu valor exato, porque a coluna "margem de atraso" apresenta valor zero. A mesma situação ocorre com a segunda restrição, que limita a quantidade de grãos a 0,15 kg por quilo de *blend*.

A terceira restrição limita o mínimo de minerais a 0,15 kg por quilo de *blend*. Nesse caso, será adicionada a quantidade de 0,21875 kg de minerais por quilo de *blend*, com folga de 0,0675 kg em relação ao limite estipulado, valor apresentado na coluna "margem de atraso" da restrição.

A quarta restrição garante que a soma das 4 misturas totalize exatamente 1 kg de *blend*.

12.5.2 EXERCÍCIO ADAPTADO DE HILLIER E LIEBERMAN (2013)

Uma fazenda familiar cria porcos para complementar os demais produtos oferecidos ao mercado. Necessita-se determinar as quantidades dos tipos disponíveis de alimentos (milho, ração e alfafa) que devem alimentar cada porco diariamente. O objetivo é determinar qual dieta irá atender a certos requisitos nutricionais a um custo mínimo. As quantidades de carboidratos, proteínas e vitaminas (em unidades nutricionais) contidas em um quilograma de cada tipo de alimento estão na Tabela 12.2, junto com as necessidades nutricionais diárias e os custos dos alimentos.

Tabela 12.2 – Resumo problema

	kg de milho*	kg de ração*	kg de alfafa*	Mínimo diário*
Carboidratos	90	20	40	200
Proteínas	30	80	60	180
Vitaminas	10	20	60	150
Custo por kg	$ 2,10	$ 1,80	$ 1,50	

* Em unidades nutricionais.

Resolução

O modelo terá três variáveis de decisão, que correspondem às quantidades diárias ingeridas pelos porcos:

x_1 – kg de milho por dia

x_2 – kg de ração por dia

x_3 – kg de alfafa por dia

O objetivo do estudo é obter o menor custo possível da dieta. Os custos dos diferentes alimentos são expressos em $ por quilo. A função-objetivo, com Z representando o custo mínimo da dieta, é a seguinte:

$$\text{MIN } Z = 2{,}10\,x_1 + 1{,}80\,x_2 + 1{,}50\,x_3 \qquad (12.11)$$

As restrições limitam quantidades de nutrientes por dia que a dieta deve conter. Do lado direito, estão os limites mínimos estabelecidos de carboidratos, proteínas e vitaminas em unidades nutricionais. Do lado esquerdo, estão as variáveis de decisão com os respectivos coeficientes, que representam a contribuição em unidades nutricionais para se atingir os limites estabelecidos. Os sinais são $\geq$ porque os limites são mínimos, visto que a ingestão deve ser igual ou ultrapassar os limites mínimos definidos no modelo linear. As restrições são:

$$90\,x_1 + 20\,x_2 + 40\,x_3 \geq 200 \text{ (quantidade de carboidratos por dia)} \qquad (12.12)$$

$$30\,x_1 + 80\,x_2 + 60\,x_3 \geq 180 \text{ (quantidade de proteínas por dia)} \qquad (12.13)$$

$$10\,x_1 + 20\,x_2 + 60\,x_3 \geq 150 \text{ (quantidade de vitaminas por dia)} \qquad (12.14)$$

O modelo completo que representa o problema é:

$$\text{MIN } Z = 2{,}10\,x_1 + 1{,}80\,x_2 + 1{,}50\,x_3$$

$$\text{s.t.} \begin{cases} 90\,x_1 + 20\,x_2 + 40\,x_3 \geq 200 \\ 30\,x_1 + 80\,x_2 + 60\,x_3 \geq 180 \\ 10\,x_1 + 20\,x_2 + 60\,x_3 \geq 150 \end{cases}$$

$$x_1,\ x_2,\ x_3 \geq 0 \text{ (não negatividade)}$$

Criando a planilha, incluindo os parâmetros do Solver (Figura 12.11) e avaliando o relatório de respostas, a solução ótima obtida foi a seguinte:

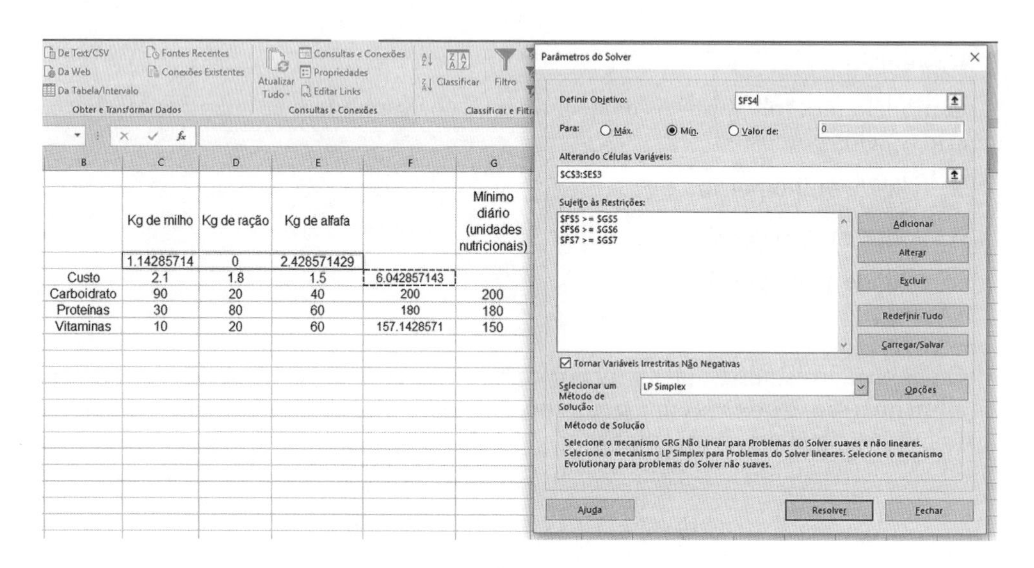

B	C	D	E	F	G
	Kg de milho	Kg de ração	Kg de alfafa		Mínimo diário (unidades nutricionais)
	1.14285714	0	2.428571429		
Custo	2.1	1.8	1.5	6.042857143	
Carboidrato	90	20	40	200	200
Proteínas	30	80	60	180	180
Vitaminas	10	20	60	157.1428571	150

Figura 12.11 – Planilha do Solver para o problema.

Objetivo

Custo ótimo da dieta: $ 6,04 por dia por porco

Variáveis de decisão

- kg de milho por dia por porco: 1,14
- kg de ração por dia por porco: 0
- kg de alfafa por dia por porco: 2,42

Restrições

- Carboidratos por dia: serão ingeridas exatamente 200 unidades
- Proteínas por dia: serão ingeridas exatamente 180 unidades
- Vitaminas por dia: serão ingeridas 157,14 unidades, 7,14 unidades acima do limite mínimo

A Figura 12.12 traz o relatório de respostas do Solver.

13						
14	Célula do Objetivo (Mín.)					
15	Célula	Nome	Valor Original	Valor Final		
16	$F$4	Custo	0	6.042857143		
17						
18						
19	Células Variáveis					
20	Célula	Nome	Valor Original	Valor Final	Número Inteiro	
21	$C$3	Kg de milho	0	1.142857143	Conting.	
22	$D$3	Kg de ração	0	0	Conting.	
23	$E$3	Kg de alfafa	0	2.428571429	Conting.	
24						
25						
26	Restrições					
27	Célula	Nome	Valor da Célula	Fórmula	Status	Margem de Atraso
28	$F$5	Carboidratos	200	$F$5>=$G$5	Associação	0
29	$F$6	Proteínas	180	$F$6>=$G$6	Associação	0
30	$F$7	Vitaminas	157.1428571	$F$7>=$G$7	Não-associação	7.142857143
31						

Figura 12.12 – Relatório do Solver para o problema.

A solução encontrada pelo Solver aponta custo mínimo da dieta de $ 6,04 por quilo. As variáveis de decisão, definidas como as quantidades de milho, ração e alfafa da dieta por dia, demonstradas pelos valores das variáveis x_1, x_2 e x_3, receberam respectivamente os valores de 1,14, 0 e 2,42.

A primeira restrição limita o mínimo de carboidratos em 200 unidades nutricionais. O relatório mostra que o limite será cumprido sem folga, no seu valor exato, porque a coluna “margem de atraso” apresenta valor zero. A mesma situação ocorre com a segunda restrição, que limita a quantidade de proteínas em no mínimo 180 unidades nutricionais.

A terceira restrição limita o mínimo de vitaminas em 150 unidades nutricionais. Nesse caso, cada porco vai ingerir 157,14 unidades nutricionais de vitaminas, com folga de 7,14 unidades em relação ao limite estipulado, valor apresentado na coluna "margem de atraso" da restrição.

Box 12.1 – Melhoria no transporte de soja produzida no estado de Mato Grosso

Um estudo publicado por Toloi et al. (2016) na sexta edição da International Conference on Information Systems, Logistics and Supply Chain (ILS 2016) demonstrou a aplicação clássica da programação linear em problema de redes com o objetivo de minimizar o custo de transporte de soja, partindo de seis macrorregiões do estado de Mato Grosso, *Middle-North* (médio-norte), *West* (oeste), *Southeast* (sudeste), *Northeast* (nordeste), *South-Central* (centro-sul) e *Northwest* (noroeste), considerando como destinos os portos de Manaus, São Luiz, Santarém, Vitória, Santos, Paranaguá, Rio Grande do Sul e São Francisco do Sul. As variáveis de decisão foram definidas como R$/ton/km, e a função – objetivo foi elaborada para minimizar o somatório das variáveis de decisão de todas as rotas possíveis. As restrições limitaram as capacidades de fornecimento de soja de cada macrorregião e de recebimento de cada porto. Os resultados obtidos pela solução ótima reduziram a estimativa inicial de custo de transporte de US$ 64,342 milhões para US$ 57,746 milhões. Outro ponto interessante é que o número de rotas utilizadas caiu de 34 para 13, conforme Figuras 12.13 e 12.14.

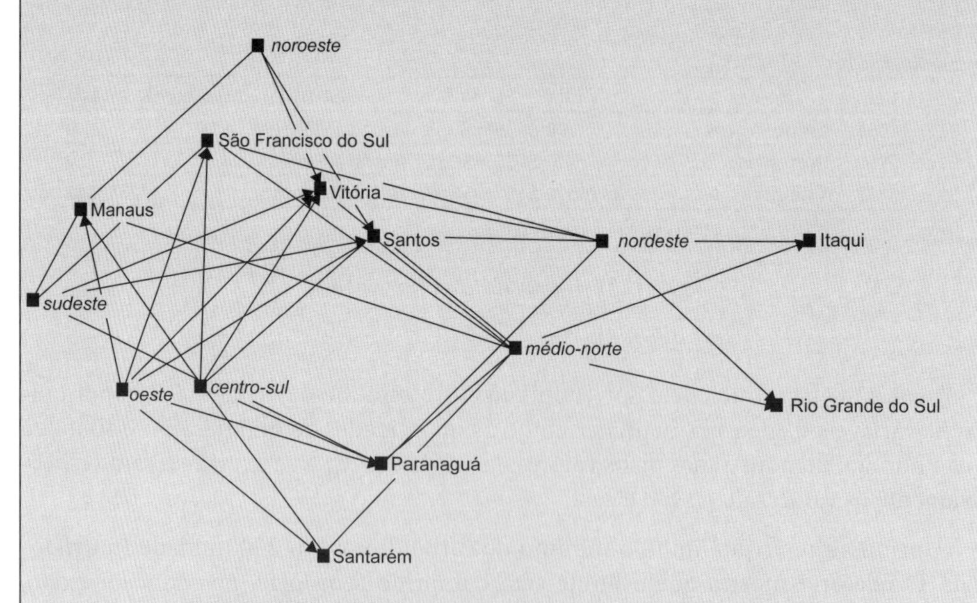

Figura 12.13 – Rede de transportes de soja atual entre macrorregiões e portos.

Fonte: adaptada de Toloi et al. (2016).

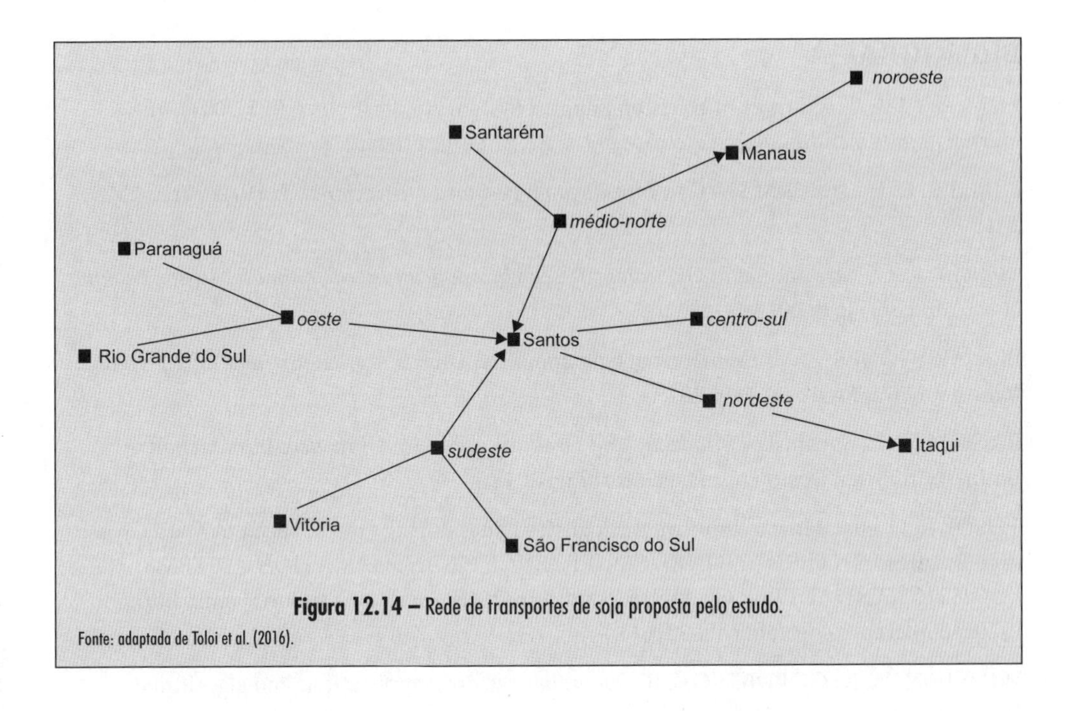

Figura 12.14 – Rede de transportes de soja proposta pelo estudo.

Fonte: adaptada de Toloi et al. (2016).

12.6 CONSIDERAÇÕES FINAIS

O setor de agronegócio é fundamental para a economia brasileira e global. A complexidade de suas cadeias de suprimentos representa oportunidade de implantação de processos decisórios robustos em termos de estruturação e consideração dos fatores produtivos. Este capítulo abordou aplicações da pesquisa operacional no setor de agronegócio com ênfase na modelagem de problemas e resolução por meio de planilhas eletrônicas. Algoritmos e métodos de cálculo das soluções não foram abordados, e o leitor deve buscá-los na literatura específica da pesquisa operacional em caso de interesse.

A conceituação necessária para o desenvolvimento dos estudos foi abordada inicialmente, e em seguida algumas das muitas aplicações possíveis foram apresentadas. Os passos para a resolução dos problemas foram padronizados nas diferentes aplicações, para que o leitor possa reproduzir ou elaborar outros estudos com um roteiro pré-definido, o que pode representar maior facilidade na fase de abstração do problema real e definição de objetivos e variáveis de estudo.

Pela leitura, fica evidente que é ampla a aplicabilidade não apenas da programação linear, mas também das outras técnicas na pesquisa operacional nesse setor. A definição de problemas reais e dos objetivos almejados é o passo fundamental para o uso dessas técnicas e para a obtenção de resultados impactantes e passíveis de ser alcançados.

BIBLIOGRAFIA

EOM, S.; KIM, E. A Survey of Decision Support System Applications (1995-2001). *The Journal of the Operational Research Society*, v. 57, n. 11, p. 1264-1278, 2006.

HILLIER, F. S.; LIEBERMAN, G. J. *Introdução à Pesquisa Operacional*. Porto Alegre: AMGH, 2013.

MURTY, K. G. *Case Studies in Operations Research: Applications of Optimal Decision Making*. Nova York: Springer, 2014.

PLÀ-ARAGONÉS, L. M. *Handbook of Operations Research in Agriculture and the Agri-Food Industry*. Nova York: Springer, 2015.

RAGSDALE, C. *Spreadsheet Modeling and Decision Analysis: A Practical Introduction to Business Analytics*. Boston: Cengage Learning, 2014.

TOLOI, R. C. et al. How to improve the logistics issues during crop soybean in Mato Grosso state Brazil? In: INTERNATIONAL CONFERENCE ON INFORMATION SYSTEMS, LOGISTICS AND SUPPLY CHAIN, 6. Bordeaux, 2016. *Anais...* Disponível em: <http://ils2016conference.com/after-ils-2016/>.

WINSTON, W. L.; GOLDBERG, J. B. *Operations research:* applications and algorithms. Boston: Duxbury press, 2004.

CAPÍTULO 13

O PAPEL DO BEM-ESTAR ANIMAL E AS TENDÊNCIAS DE AMBIÊNCIA ANIMAL

Sivanilza Teixeira Machado
Rodrigo Couto Santos

13.1 INTRODUÇÃO

Este capítulo faz uma abordagem da ambiência e níveis de bem-estar na produção animal de acordo com a exposição ao estresse e sua importância para o contexto produtivo. Para uma melhor compreensão, os conceitos englobados são colocados como ponto central, principalmente no caso de ambientes controlados, como os sistemas intensivos de produção.

Assim, o capítulo procura apresentar a importância de ambiência, bem-estar e estresse para a produção animal e quanto esses conceitos podem ser explorados e convertidos em benefícios para a cadeia produtiva.

13.2 BEM-ESTAR NA PRODUÇÃO ANIMAL

No passado, era comum cada comunidade produzir seu próprio alimento, sem considerar padrões de outras regiões, apenas questões culturais locais. Porém, com o passar do tempo e a globalização da economia, ocorreram avanços nas áreas de manejo, nutrição e genética, e a produção, até então local, passou a ocorrer em larga escala, dando origem à indústria da produção animal.

Em um mundo em que existem concorrência e produtos com valores diferenciados, também passaram a existir modos diferentes de produzir, algumas com tempos mais curtos ou com produtos de melhores qualidades. Assim, questões como bem-estar, estresse e comportamento começaram a fazer parte dos protocolos produtivos das indústrias que lidam com animais, principalmente daquelas que trabalham com sistemas intensivos de produção, pois são nestas que os animais estão sujeitos a maiores níveis de sofrimento.

O livro *Animal Machine*, de Ruth Harrison (1964), deu início a uma grande discussão sobre o sistema de produção intensivo de animais, a qual ultrapassou as barreiras da produção em grandes granjas e chegou à crueldade a que os animais são submetidos, como seu uso em brigas e apostas, em eventos culturais, como as touradas, e nos laboratórios para fins científicos. A crueldade passou de uma questão produtiva para uma questão social e legal.

O Comitê Brambell, estabelecido no Reino Unido em 1965, reportou as cinco liberdades dos animais: direito de levantar-se, deitar-se, limpar-se, virar-se e esticar seus membros. Em 1979, com a criação do Farm Animal Welfare Council (FAWC), cinco categorias foram dispostas e estabelecidas para a produção nas granjas, conhecidas como as cinco liberdades (FAWC, 2009), conforme o Quadro 13.1.

Quadro 13.1 – As cinco liberdades dos animais

Liberdade	Descrição
De fome e sede	Acesso a água e alimentação para manter a saúde e o vigor
De desconforto	Propor ambiente adequado
De dor, lesões e doenças	Prevenção, diagnóstico e tratamento rápido
Para expressar comportamento natural	Propor espaço suficiente, instalações adequadas e relações sociais com membros de sua espécie
De medo e angústia	Assegurar condições e tratamento que evitem o sofrimento psicológico e emocional

Fonte: adaptado de FAWC (2009).

Apesar da discussão sobre as questões de crueldade com os animais se apresentarem com mais relevância nessa época da história, cabe ressaltar que o trato, o respeito e o atendimento às suas necessidades já eram da consciência de sociedades mais antigas. Fischer e Oliveira (2012) fazem uma reflexão em seu artigo "Ética no uso de animais: a experiência do Comitê de Ética no Uso de Animais da Pontifícia Universidade Católica do Paraná" sobre o poder do homem sobre os animais, citando fases da história, vindo desde a antiguidade até a atualidade.

Desde as mais antigas civilizações, os animais serviram os homens como força no trabalho pesado (produção agrícola), no transporte, nas tarefas domésticas, nas guerras, no fornecimento de alimentos como leite, ovos, lã e derivados, além da própria carne. Assim, a evolução das espécies animais e da sociedade humana segue na mesma direção.

A questão do bem-estar animal depende, principalmente, se o produtor conhece o comportamento natural de seu animal: bovinos, aves, suínos ou equinos. Assim, quais são as necessidades dos animais? As necessidades básicas correspondem às questões de sobrevivência. Mas os animais têm outras além das relacionadas à sobrevivência? Logo, é preciso entender o que é o bem-estar. Como a ambiência pode ajudar a atender às necessidades de um rebanho? Como aplicar as cinco liberdades? Quanto será necessário investir? Necessito de um ambiente natural para ter a melhor relação custo-benefício?

Essas são algumas das questões que permeiam e perturbam os produtores de animais em sistemas intensivos. Os consumidores têm exigido produtos com mais qualidade; e esse "mais" tem alterado o modo de produção e trato com os animais. Não basta produzir e oferecer esses produtos ao mercado consumidor: este agora deseja também incorporar ao produto o conhecimento de quais métodos de produção foram empregados durante todo o processo.

13.3 BEM-ESTAR OU QUALIDADE DE VIDA ANIMAL

O bem-estar pode ser entendido como o "estado de conforto" em que um indivíduo se encontra em relação ao ambiente no qual está inserido e suas respostas de adaptação a esse ambiente. O "estado de conforto" do animal refere-se à sua interação harmônica com o ambiente. Considera-se que há desarmonia ou desequilíbrio quando o animal é exposto a condições adversas, gerando estresse que não consegue culminar em respostas adaptativas positivas.

A adaptação é uma característica individual do animal e se refere à capacidade de cada um de enfrentar uma condição adversa, por meio dos seus mecanismos fisiológicos. Como exemplo, citam-se os suínos que, na falta de bem-estar, podem alterar sua movimentação e capacidade de orientação, buscando a adaptação (BAÊTA; SOUZA, 2010).

Para Broom (2008), o conceito útil de bem-estar refere-se às características individuais de cada animal. Assim, ele define o bem-animal como um conjunto de conceitos relacionados a necessidades, liberdade, felicidade, dor, medo, ansiedade, estresse e saúde.

A partir dos conceitos apresentados, pode-se relacionar o bem-estar à produtividade. Em outras palavras, entende-se que a exploração do potencial total do animal somente ocorrerá quando este encontrar-se em estado harmônico com o ambiente. Assim, o que representa o ambiente para o animal?

O ambiente é tudo o que está ao redor do animal; é o seu exterior. Baêta e Souza (2010) definem o ambiente como um conjunto de fatores que afetam direta ou indiretamente os animais. Assim, se o bem-estar se refere a um estado harmônico entre o animal e o ambiente e este interfere positiva ou negativamente em seu estado, se o seu comportamento e suas necessidades fisiológicas e psicológicas forem compreendidos será possível oferecer um ambiente controlado e adequado, obtendo a produtividade animal desejada. A qualidade de vida que se oferece durante a produção deve igualar-se ao bem-estar, e esta deve ser mantida em todas as fases da cadeia produtiva, ou seja, desde a reprodução até o abate.

Sabendo-se que o ambiente oferecido ao animal é o que altera seu desempenho produtivo e compromete o bem-estar, é importante que este seja controlado. Mas apesar de isso parecer algo simples e fácil, no dia a dia de uma granja de produção intensiva o produtor se depara com diversos desafios que vão desde a mão de obra empregada, passando por necessidades de adaptações em instalações, novas técnicas para manejo, até os investimentos em recursos para manutenção da atividade. Planejar a produção animal não é tão simples assim. O manejo empregado, seja alimentar, ambiental, sanitário, de biossegurança, ou de simples movimentação entre unidades de produção, requer cuidados especiais que garantam a saúde e o conforto do animal e reflete diretamente nos custos de produção e sucesso do agronegócio.

Entendendo que o animal interage com o ambiente e que é possível oferecer condições adequadas para que ele se desenvolva naturalmente em ambientes confinados, pressupõe-se que o seu bem-estar não precise de um ambiente natural, ou seja, da aplicação de sistemas extensivos para oferecer a ele qualidade de vida. Para isto, contudo, são necessários investimentos em instalações, onerando a atividade com custos que podem ser elevados, seja para adaptação das instalações já existentes ou construção de novas instalações, preparadas para alojamento adequado do ponto de vista da ambiência.

O estresse como resultado de um ambiente adverso ao animal, sobrecarregando seus sistemas de controle fisiológicos e psicológicos, pode ser reduzido potencialmente quando se entende quais as necessidades ambientais que o afetam e o desequilibram. Por exemplo, os suínos são homeotérmicos, ou seja, mantêm sua temperatura corporal constante, e, se submetidos a ambientes com baixa ou alta temperaturas, podem não conseguir se adaptar, sofrendo estresse térmico e alcançando até situações de hipo ou hipertermia. Isso afeta seu desempenho produtivo e, em casos críticos, leva-os à morte. No caso das aves, qualquer reação de medo pode levá-las ao pânico, afetando seu bem-estar, gerando danos na carcaça e consequentemente perdas econômicas, em razão de um estímulo que ocasiona medo, luta, fuga e susto (paralisação) (LUDTKE et al., 2010a).

Mas como saber se o animal está ou não em "bem-estar"? Existem diversas maneiras de avaliar o bem-estar, contudo, como já dito anteriormente, é preciso conhecer pelo menos um pouco sobre o comportamento natural do animal que se deseja produzir. Conhecer o comportamento do animal talvez seja a maneira mais simples de avaliar seu bem-estar, pois basta observá-lo por um período de tempo e verificar suas ações e reações no local onde se encontra. A simples observação permite notar se está se alimentando normalmente, se está ingerindo água, se está se socializando com outros animais (no caso de animais sociais), se está se movimentando adequadamente. Em alguns casos, é possível verificar a existência de dor ao andar ou sinais de doenças, se mantém alguma dificuldade com o ambiente (animais muito juntos ou separados), se apresentam algum caso de estereotipia, entre outros.

Além desses indicadores de comportamento, existem também os fisiológicos, que estão relacionados às respostas dos organismos para manter a homeostase e podem refletir na taxa de reprodução, taxa de ganho diário de peso, entre outros.

O desenvolvimento de certas doenças, reflexo da capacidade imunológica diminuída, também é um indicador de que os animais não estão em bem-estar e estão com dificuldade em se adaptar ao ambiente ao qual estão submetidos.

Assim, é possível resumir os indicadores de avaliação de bem-estar animal em: indicadores comportamentais, fisiológicos e de sanidade.

13.4 AMBIÊNCIA E CONFORTO TÉRMICO ANIMAL

O conforto térmico dos animais produzidos em sistemas intensivos depende das condições das instalações, que devem proporcionar um ambiente adequado para alojamento. Uma das principais recomendações quanto à posição da instalação para animais adultos é a de seguir a orientação leste-oeste, reduzindo, assim, a intensidade da radiação solar direta nas faces laterais, bem como garantindo que a radiação solar ocorra basicamente no telhado durante o dia. Já no caso específico de instalações industriais que possuam um espaço reservado para filhotes, como creche de suínos, por exemplo, a preocupação maior deve ser manter o interior aquecido, de modo que se recomenda que essa edificação seja orientada no sentido norte-sul.

O ambiente pode ser classificado em confortável ou desconfortável (hostil), dependendo de suas condições e adequação. É composto por diversos fatores que interagem com o animal, como variações meteorológicas, características da instalação, vegetação circundante, outros animais, equipamentos e o próprio homem, entre outros.

A ambiência é a ciência que estuda a interação existente entre os animais e o ambiente, com o objetivo de identificar os agentes causadores de estresse e proporcionar um maior bem-estar e, consequentemente, melhoria no desempenho genético produtivo. Por isso, é real a importância do controle de alguns fatores, como tipologia das instalações, manejo adequado, temperatura, umidade relativa do ar, ventilação, luminosidade e qualidade do ar, entre outros.

A aplicação da ambiência na produção animal é fundamental para garantir a produtividade. Como exemplo, pode ser citado o controle da luminosidade em aviários por meio do fotoperíodo, para estimular o ganho de peso, controlar a idade para maturidade sexual e aumentar a produção de ovos em poedeiras e matrizes, alterando o ciclo de produção (ARAÚJO et al., 2011). Ou, ainda, a utilização da quantidade diária de luz ideal para acelerar a puberdade das leitoas. Já as vacas em lactação ou matrizes suínas precisam de ambientes com temperaturas mais amenas, que favoreçam o conforto térmico, pois a produção de leite gera um maior estresse térmico por calor.

A ambiência aplicada na produção animal em regiões tropicais ou subtropicais pode fazer a diferença entre uma atividade lucrativa ou não. A todo momento o animal está realizando trocas de calor com o ambiente, seja para dissipar ou absorver calor, buscando o equilíbrio com o ambiente. A termorregulação é o processo pelo qual os mecanismos fisiológicos dos animais homeotérmicos mantêm seu equilíbrio térmico constante, ou seja, a temperatura corporal relativamente não se altera apesar das variações no ambiente externo. Sob calor extremo, por exemplo, os animais reduzem a produção e armazenamento de calor metabólico, melhorando as trocas de energia por vias latente e sensível (RENAUDEAU et al., 2012). Para ajudar os animais nesse processo, é preciso conhecer suas zonas de conforto térmico e, assim, buscar o controle de temperatura do ambiente externo.

A zona termoneutra (ZT) é o intervalo do ambiente térmico, geralmente caracterizado pela temperatura do ar, no qual a produção de calor é relativamente constante para uma determinada ingestão de energia (RENAUDEAU et al., 2012) (Figura 13.1). Em outras palavras, quando o animal encontra-se submetido a uma temperatura dentro da faixa termoneutra, este encontra-se em conforto térmico e basicamente não tem a necessidade de metabolizar (absorver) ou não metabolizar (dissipar) calor corporal. Mantendo o animal nessa faixa de temperatura, o produtor pode alcançar altos índices de produtividade, pois a energia do animal será convertida para a produção, e não para sua mantença.

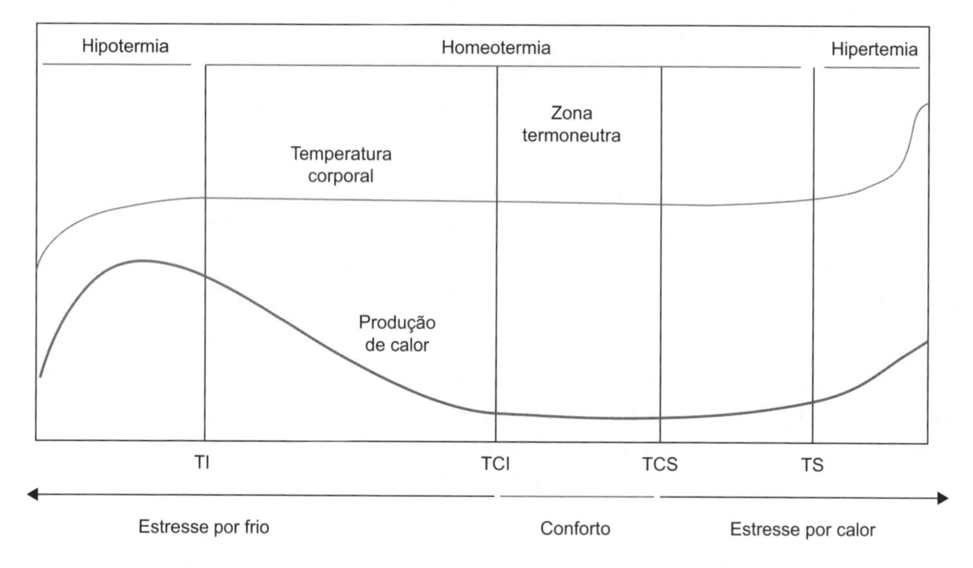

Figura 13.1 – Flutuações de temperaturas entre as zonas termoneutra e críticas inferior e superior.
Fonte: adaptada de Baêta e Souza (2010); Renaudeau, Gourdine e St-Pierre (2011).

Além disso, existem também os limites inferiores e superiores da zona termoneutra, que são conhecidos como temperatura crítica inferior (TCI) e temperatura crítica superior (TCS), respectivamente. Ao ultrapassar esses limites, os animais encontram-se em estresse moderado, situação na qual se inicia a sensação de desconforto e o uso de parte da energia produzida para manutenção do calor corporal. Se a variação térmica ambiental continuar se ampliando, os animais caminham inevitavelmente para os limites superiores ou inferiores desse estresse moderado, nas temperaturas superiores (TS) ou temperaturas inferiores (TI). Ultrapassando esses limites, quando submetidos a ambientes quentes, acima de temperaturas TS, entram em hipertermia, não conseguem mais manter a temperatura de seu núcleo corporal constante e podem ser levados à morte por calor. Da mesma maneira, animais com dificuldade para segurar calor em ambientes com baixas temperaturas entram em hipotermia a partir de TI, podendo chegar à morte por frio.

Cada animal tem uma zona termoneutra específica correspondente às suas características fisiológicas. A temperatura corporal de bovinos é constante, em torno de 38,5 °C, a de suínos é em torno de 39 °C, a de aves, em torno de 41,7 °C, a de ovinos, 39 °C, a de caprinos, 40 °C, e a de equinos, 38 °C (BAÊTA; SOUZA, 2010). As Tabelas 13.1, 13.2 e 13.3 apresentam as temperaturas ótimas referentes às ZT e às TCS/TCI para bovinos, suínos e aves.

Tabela 13.1 – Zona de conforto para bovinos

Animal	Temperatura crítica inferior (°C)	Zona de conforto térmico (°C)	Temperatura crítica superior (°C)	Umidade relativa do ar (%)
Bovino europeu	–10	–1 a 16	27	50 a 80
Bovino indiano	0	10 a 27	35	50 a 80

Fonte: adaptada de Hansen (2004); Curtis (1983).

Tabela 13.2 – Temperaturas e umidades relativas ótimas e críticas para suínos em fase de crescimento e terminação

Suínos (peso em kg)	Temperaturas ótimas		Temperaturas críticas		Umidades relativas	
	Máx.	Mín.	Máx.	Mín.	Ótimas (%)	Críticas (%)
20-35	20	18	27	8		
35-60	18	16	27	5	70	< 40 e > 90
60-100	18	12	27	4		

Fonte: Leal e Nããs (1992).

Tabela 13.3 – Zona de conforto para aves

Idade (dias)	Temperatura (°C)		Umidade relativa (%)	
	Máx.	Mín.	Máx.	Mín.
0	33	32	50	30
7	30	29	60	40
14	28	27	60	50
21	26	24	60	50
28	23	21	65	50
35	21	19	70	50
42	18	-	70	50
49	17	-	70	50
56	16	-	70	50

Obs.: umidade abaixo da faixa indicada – aumentar a faixa de temperatura em 0,5 °C a 1 °C; umidade maior que a da faixa indicada – diminuir a faixa de temperatura em 0,5 °C a 1 °C. Sempre monitorar a atividade das aves e a temperatura efetiva. As aves são os indicativos mais importantes da temperatura ideal.

Fonte: adaptada de Cobb-Vantress (2009).

Sobre as formas de trocas térmicas realizadas pelos animais com o meio em que estão alojados, estas ocorrem basicamente de formas sensíveis e latentes. As trocas de calor sensíveis são verificadas com o auxílio de instrumentos como termômetros; já as latentes são facilmente notadas de forma visual. As trocas sensíveis ocorrem na forma de condução, convecção e radiação, já as latentes mais comuns são a evaporação e a condensação.

13.5 INDICADORES DE CONFORTO TÉRMICO NAS INSTALAÇÕES RURAIS

O ambiente influencia direta e indiretamente o bem-estar dos animais, consequentemente, afeta sua produção. A maneira mais rápida para se evitar os efeitos do ambiente nos animais é por meio do seu controle, contudo, nem sempre esta é uma escolha barata ou tecnicamente viável. O que se sugere para os produtores de animais em sistemas intensivos é a instalação de equipamentos de precisão que possam monitorar as variações do ambiente, principalmente a temperatura e a umidade relativa do ar, de modo a se obter o mínimo de informações para verificar a necessidade de melhorias no ambiente térmico. Assim, a instalação de termo-higrômetros em locais estratégicos seria a opção mais viável para monitorar o ambiente e possibilitar a tomada de decisão mais correta sobre a melhoria do ambiente térmico de exposição de uma produção animal.

Geralmente, os produtores acompanham as previsões do tempo para terem uma noção das condições climáticas e planejarem suas atividades. Mas o que o produtor precisa entender é que esse acompanhamento é importante para o planejamento de suas atividades externas aos galpões, como a programação para o transporte dos animais até o frigorífico, entre outras. No que diz respeito ao ambiente interno das instalações, o clima é outro, com características particulares cuja mensuração demanda equipamentos próprios instalados dentro de cada galpão.

O monitoramento diário das condições do ambiente interno dos galpões fornece dados que, ao serem interpretados, transformam-se em informações valiosas para o melhoramento da produção e bem-estar dos animais. A importância do controle das flutuações de temperatura está relacionada à taxa de conversão alimentar e melhor produtividade animal. Mas como avaliar o conforto térmico dos animais com os dados do ambiente? Para responder a essa questão, é preciso conhecer a fisiologia dos animais, seu comportamento quando exposto a ambientes desconfortáveis e também os indicadores de conforto térmico.

Os principais indicadores de conforto térmico são índices obtidos a partir de estudos que relacionaram combinações de dados ambientais com as diferentes respostas fisiológicas e comportamentais dos animais para cada situação abordada. Assim, os índices são considerados medidas não invasivas para avaliar o conforto dos animais, sendo que os mais comuns encontrados em estudos de ambiência são: índice de temperatura e umidade (ITU), índice de temperatura, umidade e velocidade (ITUV), índice de temperatura de globo negro e umidade (ITGU), carga térmica de radiação (CTR), entalpia, entre outros.

Antes de aplicar os índices para classificar o nível de conforto de um animal, é preciso compreender como funcionam e para quais animais podem ser utilizados. Existem diversos ITU, ITGU, entalpias etc. aplicados a diversas espécies ou situações. Os índices fornecem uma estimativa das condições térmicas de exposição dos animais em relação ao seu ambiente.

Após o cálculo de um índice de conforto térmico para determinada situação, dependendo do índice é possível usar o resultado para determinar que os animais estão em conforto, estão sofrendo de estresse moderado – devendo o produtor ficar alerta –, ou que o estresse pode ser até mesmo de emergência – e caso o produtor não adote medidas urgentes para amenizar os efeitos do ambiente sobre os animais, poderá ter perdas econômicas significativas, incluindo a morte dos animais.

Mais detalhes sobre determinação, interpretação e aplicação dos índices de conforto térmico no bem-estar animal podem ser encontrados em materiais específicos relacionados à área de construções rurais e ambiência, como o livro *Ambiência em edificações rurais: conforto animal*, de Baêta e Souza (2010).

13.6 COMO AVALIAR O BEM-ESTAR NA AVICULTURA

Os principais problemas enfrentados pela avicultura de corte por causa da falta de bem-estar são decorrentes da alta densidade de alojamento das aves, falhas no programa de luz adotado, utilização de material para cama com baixa qualidade, falta de cuidados com o ambiente (controle do sistema de aquecimento ou ventilação), manejo incorreto de bebedouros e comedouros, tratadores desqualificados, uso de agressividade no processo de apanha, entre outros.

Os principais problemas da avicultura de corte podem ser resolvidos quando as pessoas envolvidas no processo de produção e manejo pré-abate são qualificadas e entendem a importância da boa gestão da produção e operação para assegurar a qualidade do produto final. O emprego de profissionais capacitados que compreendam o comportamento das aves é de extrema importância para o sucesso do bem-estar. Diversas pesquisas científicas têm mostrado os resultados positivos da observação das práticas de bem-estar aplicadas na avicultura. Portanto, entende-se que as observações das recomendações são fundamentais para a cadeia produtiva do frango, tanto no aspecto do bem-estar como no da rentabilidade para o produtor.

O Quadro 13.2 apresenta o resumo das principais recomendações para a avicultura de corte. Sua observação não substitui o detalhamento do texto original, por isso, recomenda-se a leitura do manual por completo para conhecer todos os detalhes envolvidos na produção e no período pré-abate. Contudo, o Quadro 13.2 possibilita um direcionamento ao produtor quanto à aplicação das principais recomendações, além de permitir uma autoavaliação de sua atividade: o que está sendo parcial ou totalmente adotado, ou, ainda, o que não está sendo adotado. A reflexão sobre as recomendações é o principal caminho para a alteração no processo produtivo e a busca pelo melhor desempenho.

Assim, caso o produtor queira quantificar a situação de sua atividade com relação às boas práticas de produção e bem-estar animal, pode adotar o seguinte sistema de pontuação: 0 para "não se aplica", quando o produtor não atende de modo algum ao critério de avaliação; 3 para "aplica-se parcialmente", quando o produtor atende a parte do critério de avaliação; e 5 para "aplica-se totalmente", quando o produtor atende completamente ao critério de avaliação.

Para a avicultura, a pontuação máxima que o produtor poderá alcançar será de 315 pontos, considerando o atendimento de todos os critérios de avaliação listados no Quadro 13.2. Assim, consideram-se 315 pontos iguais a 100% e, por meio da regra de três, pode-se classificar a granja da seguinte maneira: resultados de 0 a 50% = baixo bem-estar animal; resultados de 51% a 80% = moderado bem-estar animal; resultados acima de 81% = alto bem-estar animal.

Quadro 13.2 – Principais recomendações adotadas na avicultura de corte

Critérios de avaliação	Não se aplica	Aplica-se parcialmente	Aplica-se totalmente
Produção			
Aplica cobertura refletiva e material isolante térmico no telhado (isolamento mínimo de 20-25 valor-R, dependendo do clima).			
Adota sistemas de aquecimento e ventilação adequados à região de produção.			
Os sistemas de ventilação observam a idade das aves; logo, a velocidade do ar deve ser: idade de 0-14 dias, ar parado; idade de 15-21 dias, 0,5 m/s; idade de 22-28 dias, 0,875 m/s; idade acima de 28 dias, (1,75 – 2,5 m/s).			
Realiza distribuição uniforme da luz.			
Fornece espaço suficiente para permitir a densidade de alojamento adequada de acordo com o peso da ave, tipo de galpão e ventilação: aberto-natural, 30 kg/m^2; aberto-pressão positiva, 35 kg/m^2; fechado-cruzada, 35 kg/m^2; fechado-túnel, 39 kg/m^2 (com nebulizadores); fechado-túnel, 42 kg/m^2 (com resfriamento evaporativo).			
A densidade de alojamento permite espaço que garanta à ave a liberdade de movimento, virar em torno, abrir as asas, ficar em pé e agachar sem interferir no espaço das outras aves.			
Há aplicação de cortinas para manejo do ambiente, controle de temperatura e velocidade do vento, fornecendo um ambiente consistente e uniforme.			

(*continua*)

Quadro 13.2 – Principais recomendações adotadas na avicultura de corte (*continuação*)

Critérios de avaliação	Não se aplica	Aplica-se parcialmente	Aplica-se totalmente
Há fornecimento adequado e de alta qualidade de água limpa e fresca (realizar análise de qualidade da água).			
Há disponibilidade de bebedouros tipo *nipple* de alta vazão, para capacidade de 12 aves, por causa da menor chance de contaminação do que em sistemas abertos.			
Fornece de 14 a 16 bebedouros por 1.000 pintainhos, com os *nipples* posicionados na altura dos olhos das aves.			
Monitora o consumo de água e ração, que varia dependendo da temperatura. O consumo de água é de 1,6 a 2 vezes o consumo de ração.			
Desenvolve programa de saneamento e limpeza do sistema de fornecimento de água para evitar a proliferação de bactérias e vírus.			
Possui plano de acompanhamento veterinário para garantir a sanidade das aves, devendo ser mantido registro de: estratégias para prevenir doenças, tratamentos administrados, protocolo de vacinação recomendada, controle de parasitas, medicação recomendada etc.			
Monitora e controla zoonoses nos galpões, para evitar a contaminação/infecção por patógenos.			
Separa as aves identificadas com algum tipo de doença ou lesões para receber tratamento adequado.			
Fornece ração adequada e certificada para cada fase de produção (qualidade da ração).			
Monitora a armazenagem de alimento para prevenir a deterioração e contaminação.			
Disponibiliza comedouros suficientes para a quantidade de aves: 60 a 70 aves por comedouro.			
Adota o sistema de luzes de atração posicionadas centralmente ao longo do alojamento, instaladas acima da fonte de calor.			
Realiza o manejo correto da cama, para manter a absorção da umidade, diluição da excreção, isolamento em relação à baixa temperatura do piso.			
Usa camas de maravalha de pinus (2,5 cm de profundidade), por causa da excelente absorção, ou casca de arroz (5 cm de profundidade). Os demais materiais utilizados não apresentam boa absorção da umidade, facilitam o desenvolvimento de fungos ou são de difícil manejo.			

(*continua*)

Quadro 13.2 – Principais recomendações adotadas na avicultura de corte (*continuação*)

Critérios de avaliação	Não se aplica	Aplica-se parcialmente	Aplica-se totalmente
Controla a umidade da cama para que não ultrapasse 35%, pois umidade acima desse valor pode causar problemas de saúde e bem-estar nas aves.			
Monitora a temperatura e mantém as variações abaixo de 2 °C.			
Aplica o preaquecimento do ambiente, ou seja, estabiliza a temperatura do piso, do ambiente e da umidade até 24 horas antes do alojamento dos pintainhos, iniciando o preaquecimento no mínimo com 48 horas de antecedência.			
Aplica o sistema *all in all out* (todos dentro, todos fora).			
Mantém especial atenção aos primeiros 14 dias de vida da ave, pois até esse momento ela ainda não tem o sistema termorregulador totalmente desenvolvido e os cuidados aplicados nessa fase determinarão o bom desempenho do animal.			
Realiza duas avaliações do preparo do galpão pós-alojamento: 1ª, entre 4 a 6 horas do alojamento; 2ª, 24 horas do alojamento. A 1ª avaliação consiste em verificar a temperatura dos pés das aves (por amostragem) contra o pescoço ou rosto do examinador. Se a temperatura dos pés das aves for baixa, deve-se reavaliar a temperatura do preaquecimento. Na 2ª, verifica-se a presença de água e ração (repleto flexível) em 95% dos papos das aves. A avaliação pode ser realizada por classificação: somente ração (repleto endurecido); somente água (repleto macio); vazio.			
Na fase de crescimento, avalia a uniformidade das aves, ou seja, o tamanho das aves de um mesmo lote deve ser o mais uniforme possível. Consideram-se lotes uniformes aqueles com até 80% das aves com pesos similares; de média uniformidade os lotes com 70% das aves com peso similares, e de baixa uniformidade os lotes com 60% das aves com pesos similares.			
Testa programas de luz antes de aplicá-los: i) fornecer 24 h de luz no primeiro dia após a chegada das aves; ii) apagar as luzes durante a segunda noite para estabelecer o período escuro; iii) utilizar um único período de escuro a cada 24 horas, por pelo menos um período de seis horas; iv) iniciar o aumento de escuro quando as aves alcançarem 100 a 160 gramas; v) permitir que as aves se alimentem livremente para garantir que entrem no período de escuro; vi) quando possível, o período de escuro deve ocorrer durante a noite para garantir a escuridão total; vii) reduzir o período de escuro antes da pega para diminuir a agitação das aves; viii) durante o inverno, coincidir o período de escuro com o pôr-do-sol; ix) durante o verão, coincidir o período de luz com o nascer do sol.			

(*continua*)

Quadro 13.2 – Principais recomendações adotadas na avicultura de corte (*continuação*)

Critérios de avaliação	Não se aplica	Aplica-se parcialmente	Aplica-se totalmente
Realiza análise da qualidade do ar do aviário, para manter os gases e poeiras suspensas em níveis adequados.			
Aplica tratamento e manejo adequados para proteger as aves de dor, lesões e doenças.			
Fornece treinamento para tratadores sobre o bem-estar das aves e, quando necessário, abate humanitário.			
Os tratadores demonstram competência para lidar com as aves, administram vacinas e medicamentos, têm conhecimento para garantir a saúde e bem-estar das aves, sabem resolver problemas diários e sabem quem procurar para obter ajuda.			
Gerencia as ações dos tratadores, pois estes são os responsáveis pela observação e aplicação das normas de sanidade e bem-estar das aves.			
Aplica o vazio sanitário para garantir a sanidade das aves.			
Desinfeta equipamento ou utensílios de origem de outras granjas.			
Instala rodolúvios ou sistema de borrifamento de rodas para veículos com acesso à granja.			
Tem plano de controle de pragas, pestes, roedores e insetos.			
Existem barreiras sanitárias, com vestuário, banho e lavatório para a higienização e troca de roupas.			
Faz a limpeza completa do galpão após a retirada do lote, com aplicação de inseticida, remoção da cama e de toda matéria orgânica, higienização dos bebedouros e comedouros, equipamento e utensílios utilizados, drenagem completa do sistema de água para limpeza.			
Administra vacinas conforme recomendações do fabricante.			
Administra medicamentos quando necessário.			
Controla e registra o uso de vacinas e medicamentos.			
Registra a atividade diariamente: mortalidade e refugagem por galpão e por sexo; consumo diário de ração; consumo diário de água; proporção entre água e ração; tratamento da água; temperatura mínima e máxima diária; umidade mínima e máxima diária; número de aves encaminhadas para abate; alterações no manejo.			
Possui plano para redução dos desperdícios e poluição na granja (conservação do ambiente).			

(*continua*)

Quadro 13.2 – Principais recomendações adotadas na avicultura de corte (*continuação*)

Critérios de avaliação	Não se aplica	Aplica-se parcialmente	Aplica-se totalmente
Possui plano para tratamento dos resíduos gerados pela atividade (destinação e/ou descarte correto).			
Período pré-abate			
Fornece treinamento e capacitação para todos os envolvidos na apanha e transporte das aves.			
Aplica jejum de 8 a 12 horas antes do abate.			
Mantém o fornecimento de água durante o jejum.			
Atenua as luzes, podendo usar de luzes azuis ou verdes para acalmar as aves.			
Remove e eleva todo equipamento que possa interferir na apanha.			
Prefere realizar a apanha no período noturno, quando as aves estão menos ativas, ou nas horas mais frescas do dia.			
Para facilitar o processo de apanha, subdivide os lotes em pequenos grupos para reduzir o espaço de fuga.			
Quando da apanha manual, realiza esta pelo dorso das aves, utilizando as duas mãos, pois assim a ave é imobilizada e sofre menos estresse. Esse método também reduz a quantidade de lesões, desde que a ave seja levantada e carregada até as caixas de transporte.			
As caixas são fechadas após o carregamento das aves, para evitar lesões graves.			
As caixas carregadas com as aves são manejadas cuidadosamente (sem serem arremessadas, balançadas ou invertidas) e empilhadas de modo estável, seguro e que permita a passagem de ar, principalmente durante o verão.			
Aplica a densidade correta de aves por gaiola de transporte, a qual deve observar o peso da ave, não ultrapassando 25 kg por gaiola.			
Supervisiona o processo de apanha e embarque das aves.			
Monitora e registra os problemas de lesões causadas durante o processo de apanha e transporte para adotar estratégias de bem-estar e redução das lesões.			
Observa e separa aves inaptas para o transporte.			
Minimiza os níveis de ruídos durante a apanha e o embarque das aves (mantém o veículo desligado).			
Observa o seguinte indicador de qualidade: penugem bem seca, longa e fofa; olhos brilhantes, redondos e ativos; comportamento ativo e alerta; umbigos completamente cicatrizados; ausência de deformidades.			

Fonte: adaptado de Cobb-Vantress (2009), Globalgap (2013a), Ludtke et al. (2010a).

13.7 COMO AVALIAR O BEM-ESTAR NA BOVINOCULTURA

É possível observar que, quando se trabalha com animais, apesar das normas de bem-estar disporem de determinações que atendam às necessidades de cada espécie, há um conjunto de observações que são comuns a elas, como a aplicação de biosseguranças nas granjas e fazendas, instalação de rodolúvios nas entradas das propriedades rurais, plano de saúde veterinária para cada espécie, plano de controle de pestes, pragas e roedores, entre outros. Para a bovinocultura não é diferente. Apesar de se apresentar em sistemas intensivos, extensivos e mistos, os cuidados com as boas práticas de produção e bem-estar devem ser observados. Os animais a pasto devem ser acompanhados e monitorados, e a qualidade do pasto deve ser bem analisada. Além disso, a manutenção das instalações utilizadas para manejo, como currais, piquetes, corredores, embarcadouros e veículos, deve atender aos parâmetros para um bom desempenho da produção.

O Quadro 13.3 apresenta um resumo das principais recomendações estabelecidas pelos manuais de boas práticas desenvolvidos pelos grupos Etco e Globalgap sobre a produção de bovinos e manejo durante o período pré-abate. O resumo das recomendações não substitui o detalhamento oferecido pelo conteúdo dos manuais, porém fornece indicadores para o produtor avaliar sua atividade.

Assim, como sugerido para a avicultura, caso o produtor de bovinos queira mensurar a situação de sua atividade com relação às boas práticas de produção e bem-estar pode adotar a pontuação: 0 para "não se aplica", quando o produtor não atende de modo algum ao critério de avaliação; 3 para "aplica-se parcialmente", quando o produtor atende a parte do critério de avaliação; e 5 para "aplica-se totalmente", quando o produtor atende completamente ao critério de avaliação.

Para a bovinocultura, a pontuação máxima que o produtor poderá alcançar será de 330 pontos, considerando o atendimento de todos os critérios de avaliação listados no Quadro 13.3. Assim, consideram-se 330 pontos iguais a 100% e, aplicando a regra de três, pode-se classificar a granja da seguinte maneira: resultados de 0 a 50% = baixo padrão de bem-estar animal; resultados de 51% a 80% = moderado padrão de bem-estar animal; resultados acima de 81% = alto padrão de bem-estar animal.

Quadro 13.3 – Principais recomendações adotadas na bovinocultura de corte

Critérios de avaliação	Não se aplica	Aplica-se parcialmente	Aplica-se totalmente
Produção			
Possui gerenciamento e manutenção adequados da instalação para atender às necessidades dos animais.			
Possui sistemas elétricos adequados e que não apresentam riscos aos trabalhadores e aos animais.			
Higieniza máquinas e equipamentos utilizados na atividade.			
Constrói currais em terrenos com boa drenagem e declividade que permita o escoamento da água.			

(*continua*)

Quadro 13.3 – Principais recomendações adotadas na bovinocultura de corte (*continuação*)

Critérios de avaliação	Não se aplica	Aplica-se parcialmente	Aplica-se totalmente
Planeja, projeta e administra o curral considerando a quantidade e o tamanho dos animais, densidade de alojamento, direcionamento do manejo.			
Usa piquetes ao redor do curral para evitar currais muito grandes, que podem dificultar o manejo.			
Adota remangas de entrada e saída com 400 m², disponibilizando 4 m² por animal, para lotes com até 100 animais, bem como dispõe de bebedouros para atender às necessidades hídricas dos bovinos.			
Adota mangas de entradas para apartar bovinos em grupos menores antes de serem manejados, garantindo o fluxo constante, e mangas de saída para acomodar os animais após o manejo.			
Adota corredores largos, com aproximadamente 3,2 m de largura e curvas suaves para facilitar a movimentação dos bovinos.			
Adota embute com área duas vezes maior do que a área da seringa.			
Adota seringa com formato triangular ou circular, possibilitando a passagem estreita onde os bovinos entram enfileirados: um a um.			
Disponibiliza plano para controles de peste, inspeção e registro; pragas e roedores para evitar contaminação.			
Fornece alimentação e água adequada e de alta qualidade para o bom desempenho da produção.			
Fornece água limpa e suficiente, mesmo durante a pastagem dos animais.			
Oferece somente ração certificada e mantém o rastreamento do fornecedor.			
Desenvolve plano de saúde veterinária para os animais cobrindo todas as fases de produção, determinando: estratégias de prevenção de doenças; tratamentos; protocolo de vacinação; controle de parasitas etc.			
Programa as visitas periódicas do veterinário para monitoramento da saúde animal.			
Identifica bovinos com doenças ou lesões para separação e tratamento rápido, evitando dor e a infecção dos demais.			
Administra medicamentos somente com recomendação veterinária.			
Determina profissional responsável pela programação, armazenamento correto e administração de vacinas no rebanho.			

(*continua*)

Quadro 13.3 – Principais recomendações adotadas na bovinocultura de corte (*continuação*)

Critérios de avaliação	Não se aplica	Aplica-se parcialmente	Aplica-se totalmente
Aplica seleção de bovinos para produção de novilhas, considerando raça, tamanho, idade e registro para evitar problemas pós-parto.			
Garante que o bezerro tenha acesso ao colostro dentro das primeiras 6 horas após o nascimento.			
Proíbe o uso de amordaças em bezerros.			
Mantém a área de parto limpa e cama adequada para vacas e bezerros.			
Fornece duas vezes por dia dieta nutricional para o desenvolvimento do bezerro.			
Proíbe o confinamento de bovinos por longos períodos (acima de 7 dias).			
Aplica limpeza das áreas de confinamento e desinfecção dos equipamentos e acessórios pelo menos uma vez por ano.			
Fornece abrigo (sombra) nas condições extremas de temperatura, principalmente no verão.			
Descorna os bezerros por cauterização química sem anestesia nas duas primeiras semanas, ou por método físico sem anestesia nas cinco semanas após o nascimento.			
Descorna bovinos acima de 90 dias somente quando estritamente necessário. Nesse caso, o procedimento é feito por um veterinário.			
Mantém tratadores capacitados e treinados, para realizar as inspeções de rotina dos rebanhos e áreas das instalações.			
Avalia se os grupos de bovinos estão se desenvolvendo adequadamente quanto ao sexo, o tamanho e os requisitos nutricionais.			
Verifica se a maturidade sexual de machos e fêmeas está ocorrendo apropriadamente em grupos separados, para evitar gestações indesejáveis.			
Realiza exames ginecológicos e laboratoriais nas matrizes para identificar a prevalência de doenças que possam afetar o feto.			
Disponibiliza pasto exclusivo para vacas no final da gestação para facilitar o acompanhamento e manejo tanto das vacas como dos bezerros ao nascimento.			
Observa o comportamento das vacas antes do parto em busca de alterações, percebendo se elas andam em círculos, deitam e levantam, arqueiam as costas. Esse processo pode durar de 4 a 24 horas.			

(*continua*)

Quadro 13.3 – Principais recomendações adotadas na bovinocultura de corte (*continuação*)

Critérios de avaliação	Não se aplica	Aplica-se parcialmente	Aplica-se totalmente
Realiza visitas ao pasto-maternidade pelo menos duas vezes ao dia (manhã e fim de tarde), para acompanhar as vacas em trabalho de parto e solucionar problemas detectados, como: dificuldades de parto, baixa habilidade materna, baixo vigor do bezerro, falhas na primeira mamada, trocas de bezerro, condições climáticas desfavoráveis (alta temperatura e umidade), local desfavorável (buracos, presença de lama etc.).			
Busca manter as vacas deitadas durante o parto, pois isso reduz a taxa de mortalidade dos bezerros, em comparação a partos realizados com as vacas em pé.			
Cuida para que o parto dure entre 30 minutos e 4 horas, com expulsão da placenta até 5 horas após o parto, não devendo esse período ultrapassar 24 horas.			
Cuida para que o bezerro realize a primeira mamada até 3 horas após o parto, sendo esse tempo maior para novilhas por causa do estresse do parto e da inexperiência no cuidado com o filhote. Bezerros que nascem em tempo mais frio têm atenção especial do tratador.			
O tratador (materneiro) registra todas as ocorrências identificadas e as soluções adotadas.			
Procede à identificação do bezerro no segundo dia ao nascimento, fazendo a assepsia do umbigo, a aplicação de vermífugo e a pesagem.			
Período pré-abate			
Adota embarcadouros funcionais com largura entre 0,9 a 1,0 m, dependendo do tamanho médio dos animais.			
Adota passarelas laterais para movimentação dos tratadores (vaqueiros) e para facilitação do embarque e desembarque dos animais.			
Aplica embarcadouro com altura mínima de 1,8 m e declividade de até 25°, bem como laterais fechadas para evitar a distração dos animais durante o embarque ou desembarque.			
O embarcadouro é posicionado mantendo a mesma direção de condução dos animais.			
Dispõe de pátio de manobra adequado para os veículos transportadores dos animais, permitindo a realização de manobras seguras sem comprometer a segurança dos animais.			
Evita embarque de bovinos inaptos ao transporte (desnutridos, doentes, lesionados).			
Define quais animais serão embarcados e o responsável pela operação.			

(*continua*)

Quadro 13.3 – Principais recomendações adotadas na bovinocultura de corte (*continuação*)

Critérios de avaliação	Não se aplica	Aplica-se parcialmente	Aplica-se totalmente
Determina a densidade do transporte para evitar superlotação.			
Separa os animais que serão embarcados e realiza o deslocamento dos pastos distantes para pastos mais próximos, mantendo os animais descansados e hidratados.			
Conduz os bovinos ao passo sem correrias e gritos.			
Um tratador (vaqueiro) segue à frente dos animais e um ou dois vaqueiros atrás, para manter o controle e evitar o retorno dos animais.			
Acomoda os animais no curral calmamente, sem gritos ou agitações, que podem provocar tumultos e fazer os animais se machucarem na porteira.			
Realiza apartação dos animais em grupos pequenos para movimentação do curral para a rampa de embarque.			
Utiliza bandeiras para realizar o processo de apartação dos animais e não para bater ou cutucar os animais.			
Confere a identificação dos animais que estão embarcando para evitar erros na emissão dos documentos de transporte.			
Pesa os animais antes do embarque para distribuir os lotes.			
Evita mistura de lotes, pois isso aumenta a ocorrência de brigas, bem como a mistura de animais de diferentes categorias (machos castrados com machos inteiros ou vacas com garrotes).			
O veículo está limpo e em boas condições para realizar o transporte.			
O veículo é bem estacionado, sem vãos entre a gaiola e o embarcadouro.			
Mantém os corredores limpos para evitar distração dos animais durante o embarque.			
Conduz os animais com calma, de preferência em fila, pois assim é mais fácil manejá-los.			
Animais reativos que se recusam a entrar no veículo são retornados à seringa e unidos aos demais animais. Espera-se que ele se acalme para conduzi-lo novamente com o grupo.			
Evita o máximo possível o uso de bastão elétrico. Seu uso se dá somente em situações de emergências e é administrado de modo a evitar a agressão ao animal, ou seja, com toques rápidos e jamais em partes sensíveis do animal.			
Os vaqueiros são capacitados para entender o comportamento do bovino e como agir com os animais, já que o sucesso do embarque depende de como estes são manejados.			

Fonte: adaptado de Globalgap (2013b); Paranhos da Costa, Schmidek e Toledo (2014a; 2014b); Paranhos da Costa, Spironelli e Quintiliano (2014); Quintiliano, Pascoa e Paranhos da Costa (2014).

13.8 COMO AVALIAR O BEM-ESTAR NA SUINOCULTURA

O bem-estar ou a qualidade de vida do animal podem ser avaliados pelo próprio produtor. Existem diversos regulamentos e manuais que fornecem dados para aplicação nas diversas atividades, como os manuais de boas práticas desenvolvidos pela Empresa Brasileira de Pesquisa Agropecuária (Embrapa), ou os manuais internacionais, como as normas do Globalgap. As normas e regulamentos existentes não só fornecem dados para o bem-estar, mas, principalmente, para o aumento da produção e melhores ganhos na fazenda. De posse dessas informações, o produtor poderá adequar suas instalações e procedimentos para melhorar sua produção.

Neste capítulo, optou-se por apresentar de modo resumido as principais recomendações da Embrapa, do Globalgap e de outros autores especialistas em suinocultura. Assim, da mesma maneira como sugerido para a avicultura e a bovinocultura, caso o produtor de suínos queira mensurar a situação de sua atividade com relação às boas práticas de produção e bem-estar, pode adotar a pontuação: 0 para "não se aplica", quando o produtor não atende de modo algum ao critério de avaliação; 3 para "aplica-se parcialmente", quando o produtor atende a parte do critério de avaliação; e 5 para "aplica-se totalmente", quando o produtor atende completamente ao critério de avaliação.

Para a suinocultura, a pontuação máxima que o produtor poderá alcançar será de 375 pontos, considerando o atendimento de todos os critérios de avaliação listados no Quadro 13.4. Assim, consideram-se 375 pontos iguais a 100%, e, por meio da regra de três, pode-se classificar a granja da seguinte maneira: resultados de 0 a 50% = baixo padrão de bem-estar animal; resultados de 51% a 80% = moderado padrão de bem-estar animal; resultados acima de 81% = alto padrão de bem-estar animal.

Quadro 13.4 – Principais recomendações adotadas na suinocultura

Critérios de avaliação	Não se aplica	Aplica-se parcialmente	Aplica-se totalmente
Produção			
Fornece ração adequada em quantidade preestabelecida (dieta saudável e balanceada) para cada fase de criação e espécie, bem como monitoramento do ganho de peso e conversão alimentar.			
Há disponibilidade de água fresca por período em cada fase, bem como realiza controle da qualidade da água.			
Há acessibilidade e espaço suficientes à agua e à alimentação (dimensionar a quantidade adequada de suínos por comedouro e bebedouro, de modo a evitar conflitos entre os animais).			
Dá atenção especial ao nascimento de suíno com peso inferior ao esperado, bem como garante que não sejam desmamados antes de 3 semanas de idade, além de incentivá-los a consumir ração.			

(*continua*)

Quadro 13.4 – Principais recomendações adotadas na suinocultura (*continuação*)

Critérios de avaliação	Não se aplica	Aplica-se parcialmente	Aplica-se totalmente
Garante fluxo de 0,75 litro/minuto de água para porcas em lactação.			
Faz a limpeza dos bebedouros e comedouros.			
Dimensiona bebedouros e comedouros dependendo do sistema de arraçoamento adotado.			
Obtém insumos de origem conhecida e certificada.			
Armazena adequadamente os insumos.			
Faz a manutenção e o controle dos equipamentos do sistema de alimentação.			
Possui metodologia de integração de novos animais aos ambientes.			
Monitora o nível da qualidade do ar (a poeira inalável não deve exceder 10 mg/m^3 e a amônia não deve exceder 25 ppm – média período de 8 horas).			
Proporciona condições térmicas adequadas a cada fase do desenvolvimento dos suínos.			
Distribui adequadamente os suínos (metodologia de manejo) e garante espaço disponível adequado de piso (1,5 vez a área mínima quando deitados).			
Faz a adaptação das leitoas ao manejo necessário à reprodução, como horários e condições adequadas para cobrição, manejo adequado no início do período gestacional e na maternidade.			
Monitora e mantém registro de número de parição, quantidade de leitões, estado dos leitões, peso dos leitões e tipos de vacinas utilizadas.			
Monitora raças e linhagens, devendo o macho ser de linhagem diferente da fêmea, bem como a disposição de macho por fêmeas (mínimo 1/20).			
Respeita o limite de uso de substâncias tóxicas nas edificações.			
Instalações são planejadas e projetadas para atender às necessidades do animal, com área de repouso, bem como de fácil limpeza.			
Toma precauções contra ferimentos nas instalações, como instalações elétricas adequadas e que não ofereçam perigo aos animais.			
Monitora a iluminação do local, pois ela não deve ultrapassar 80 lux por um período de até 8 horas. Controla também os sons e os ruídos nas instalações.			
Acondiciona o ambiente para o animal (utiliza ventilação artificial e sistema de aspersão quando necessário; a arborização ao redor das instalações proporciona melhoria no ambiente interno).			

(*continua*)

Quadro 13.4 – Principais recomendações adotadas na suinocultura (*continuação*)

Critérios de avaliação	Não se aplica	Aplica-se parcialmente	Aplica-se totalmente
Capacita os profissionais (tratadores, gerentes, encarregados) para o bem-estar animal.			
Existe padronização das operações de manejo, como gerenciamento das fases de criação: aplicação de sistema *all in all out*; identificação e rastreamento do lote.			
Castra sem anestesia antes dos 7 dias de idade (recomendam-se 5 dias). Depois desse período, a castração é realizada com o uso de anestésico.			
Desenvolve plano de saúde e de emergência para atendimento dos animais, bem como plano de eutanásia para suínos feridos em acidentes, observando os princípios humanitários.			
Presta assistência aos partos (porca e leitões); faz o manejo e a limpeza das salas de maternidade.			
Possui plano de manejo dos resíduos – monitoramento ambiental e gerenciamento dos resíduos de cada fase, além da destinação dos resíduos provenientes do parto.			
Possui veterinários à disposição para realização de inspeções periódicas nas baias.			
Há plano de contingência (incêndio, inundação etc.).			
A distância entre granjas ou estradas é superior a 1 km e há monitoramento do fluxo de pessoas na granja, respeitando o período de vazio sanitário.			
Possui gerenciamento e controle adequado de moscas, pestes, pragas, roedores, bem como atenção à periodicidade da limpeza e desinfecção.			
Forma grupos para socialização dos animais, como modo de estimular o convívio em grupos.			
Monitora animais com estereotipias (comportamentos anormais).			
Na reprodução, realiza manejo adequado e respeita o período de monta, peso mínimo para primeira monta, monitora comportamento durante a cobrição; e realiza treinamento de machos entre 7 e 8 meses, usando fêmea dócil.			
Observa o número de montas por semana – no máximo 2 entre 7 e 11 meses de nascidos; 4 montas acima de 11 meses.			
Há espaço adequado para movimentação e estímulo à interação do animal com o ambiente e com o grupo.			
A densidade e a distribuição dos suínos nas baias de acordo com cada período de criação é adequada.			

(*continua*)

Quadro 13.4 – Principais recomendações adotadas na suinocultura (*continuação*)

Critérios de avaliação	Não se aplica	Aplica-se parcialmente	Aplica-se totalmente
Mantém o ambiente enriquecido para estimular a emoção de busca no suíno (com quantidade suficiente de materiais para investigação e manipulação dos suínos, como palha, feno, madeira, serradura, turfa etc.).			
No abrigo para parição, a distância entre porcas é de no mínimo 3 m², permitindo espaço entre os animais.			
Desenvolve técnicas que estimulam o "brincar" entre os leitões.			
Faz alojamento solto para as porcas, ou seja, eliminação de baias de gestação que podem aumentar o estresse fisiológico da porca.			
O piso das instalações (baias, corredores, embarcadouros etc.) é padronizado, evitando que os animais parem para verificar o "novo piso", gerando medo e dificultando a movimentação.			
Período pré-abate			
Desenvolve plano de transporte (embarque), considerando as necessidades dos animais, bem como questões de segurança alimentar, ambiental, qualidade etc.			
Aplicação do tempo de jejum adequado para cada tipo de animal (recomendam-se entre 10 a 24 horas antes do abate).			
Durante o período de jejum, mantém o fornecimento de água e redobra a atenção, pois os suínos são mais suscetíveis ao estresse nessa fase.			
Em transporte realizado para longas distâncias, não alimenta os animais antes do embarque, pois o estresse do transporte combinado com o estômago cheio promove a proliferação de espécies de salmonelas no intestino e sua excreção no ambiente compromete a segurança alimentar.			
Monitora tempo de jejum para não comprometer a qualidade da carne (evitando carnes *pale, soft, exudative* – PSE e/ou *dark, firm, dry* – DFD) por causa da combinação de diversos fatores de estresse.			
O caminhão é equipado com reservatório de dejetos, para evitar a contaminação do ambiente durante o transporte e dos animais, além de ser de fácil limpeza.			
Toma cuidado com a velocidade do ar, ruídos e estresse térmico (calor ou frio) durante o transporte.			
Quando do uso de rampas de embarque, adequa a inclinação à necessidade do animal (recomenda-se uma largura de 1,80 m, altura da parede de 0,80 m e inclinação de no máximo 20°) ou utiliza elevadores de embarque.			

(*continua*)

Quadro 13.4 – Principais recomendações adotadas na suinocultura (*continuação*)

Critérios de avaliação	Não se aplica	Aplica-se parcialmente	Aplica-se totalmente
A parte superior do caminhão é coberta por sombrite e o veículo possui sistema de nebulização.			
Realiza o transporte dos animais em horários mais amenos (manhã e/ou noite).			
Animais incapacitados, debilitados não são embarcados e transportados.			
Evita o uso de bastão elétrico para movimentar e acomodar os animais no veículo de transporte.			
Possui funcionário capacitado para conduzir veículos com carga viva, que não realiza frenagens bruscas ou dirige em alta velocidade.			
Utiliza veículos adequados aos animais, que não proporcionem ferimentos na carcaça dos animais transportados.			
Respeita a densidade de animal por espaço no veículo, durante o transporte, para não gerar tumulto e conflito de animais 0,40 m^2/100 kg.			
Respeita os grupos de suínos, não misturando as tribos durante o transporte para evitar brigas entre os animais; respeita a identificação e a rastreabilidade por lote durante o carregamento, não misturando animais diferentes.			
Respeita as condições de movimento do animal (não puxa o animal pelas orelhas, cauda, membros etc.).			
Inicia o embarque pelos grupos de suínos localizados em baias mais próximas do embarcadouro, evitando o estresse dos animais pela movimentação e ruídos nos corredores.			
Quando do embarque à noite, reduz a iluminação no interior das instalações e aumenta a iluminação junto ao embarcadouro; facilitando a movimentação dos animais.			
Quando possível, realiza o transporte dos animais apenas em curtas distâncias, pois acima de 4 horas de trajeto os animais entram em nível elevado de estresse.			
Aplicação da técnica de ponto de fuga no manejo, respeitando o perímetro de perigo do animal.			
Limita a interação homem-animal.			
Faz a gestão do sistema de criação e manejo para os animais não sentirem medo nem aflições.			
Organiza o fluxo de suínos na movimentação, tomando cuidado para não gerar tumultos entre os animais (pânico).			

(*continua*)

Quadro 13.4 – Principais recomendações adotadas na suinocultura (*continuação*)

Critérios de avaliação	Não se aplica	Aplica-se parcialmente	Aplica-se totalmente
Dispõe adequadamente os grupos diversos para evitar conflitos, bem como observa a atuação dos líderes dos grupos.			
Faz o cercamento adequado (paredes sem frestas, cor e material uniforme etc.) nos corredores de movimentação e nas rampas de acesso.			
Elimina os objetos que podem interferir na movimentação dos animais, como os objetos dispersores de atenção (poças de água, correntes penduradas, mangueiras no chão, sombras etc.).			
Possui embarcadouros funcionais que respeitam o comportamento do animal (no caso de suíno, não podem ter curvas acentuadas, apenas suaves).			
Estimula a movimentação dos suínos. Para tanto, os embarques devem ser realizados sempre em grupos (entre 2 a 3 suínos por vez).			
Durante a movimentação, evita movimentos bruscos que assustem os animais.			
Mantém todos os portões abertos do corredor que leva ao embarcadouro. Portões fechados fazem com que o animal retorne.			
O caminhão está corretamente estacionado e desligado, evitando a antecipação do estresse dos animais, por causa dos novos ruídos, sendo os animais embarcados/desembarcados tranquilamente.			
Realiza aspersão antes da saída do caminhão, em dias com temperatura elevada (acima de 15 °C) e umidade relativa baixa, para redução do estresse dos animais.			

Fonte: adaptado de Amaral et al. (2006); Certificate Humane Brasil (HFAC, 2013); Dalla Costa et al. (2012); Dias (2011); FAWC (2009); Globalgap (2013c); Grandin e Johnson (2010); Ludtke et al. (2010b); Mainau e Manteca (2011); Silveira et al. (2009); Silveira (2010); Welfare Quality® ([S.d.]), WSPA (2010).

13.9 CONSIDERAÇÕES FINAIS

Os quadros elaborados, tanto para avicultura, bovinocultura e suinocultura, são abertos a alterações, sendo flexíveis a supressão ou inclusão de critérios de avaliação conforme a importância da ação para atividade. Assim, o produtor pode incluir e excluir critérios de avaliação desde que com base em normas, regulamentos, dados e pesquisas científicas que comprovem a importância do critério para as boas práticas de produção e bem-estar animal. Com a supressão ou inclusão de critérios, o produtor deverá adequar a pontuação total para baixo ou para cima, respectivamente, para manter o sistema de classificação.

O aquecimento global já tem afetado bastante a produção agropecuária e, certamente, o setor do agronegócio sofrerá consequências ainda maiores a partir de um futuro próximo, pois a tendência é o aumento gradual da temperatura global. Esses novos desafios abrirão amplo caminho de oportunidades para profissionais com conhecimento em construções rurais e ambiência, com foco na produção intensiva, principalmente, em zonas tropicais e subtropicais.

Obviamente, investimentos na produção pecuária requerem estudos de viabilidade que possam garantir retornos financeiros ao produtor em médio prazo. Por exemplo, os benefícios das instalações climatizadas para produção avícola têm servido de modelo. Contudo, quando se pensa em animais maiores, como suínos e bovinos, a realidade é um pouco diferente. A climatização das instalações exige um maior gasto energético, o que pode ser inviável para o produtor, que busca a redução de custos diante da grande concorrência e baixo valor agregado ao produto final atualmente observados no mercado.

Como opção, tem-se adotado modelos e sistemas alternativos na produção, como o uso de biogás para a geração de energia, produzido a partir dos dejetos dos animais e empregado na climatização das instalações. Objetiva-se, com isso, que o produtor, ao longo dos anos, reduza seu custo operacional, bem como aumente a rentabilidade em razão da melhor taxa de produtividade obtida pelo fornecimento de um ambiente mais confortável aos animais.

A diminuição ou até mesmo falta de bem-estar está diretamente ligada ao aumento dos riscos de doenças, aumento da mortalidade, baixa taxa de reprodução, diminuição no ganho de peso, entre outros. Ou seja, investir em bem-estar é investir em uma boa gestão do agronegócio, com retorno garantido, seja ele de modo direto ou indireto. Assim, o cuidado com o controle do ambiente nas instalações rurais e a efetiva observação das normas de bem-estar durante a produção, incluindo o manejo pré-abate, transporte adequado e o procedimento de abate, serão os diferenciais para o sucesso da qualidade no processo produtivo.

BIBLIOGRAFIA

AMARAL, A. L. et al. Boas práticas de produção de suínos. *Circular Técnica Embrapa*, n. 50, 2006.

ARAÚJO, W.A.G. et al. Programa de luz na avicultura de postura. *Revista CFMV*, Brasília, ano XVII, n. 52, 2011.

BAÊTA, F. C.; SOUZA, C. F. *Ambiência em edificações rurais: conforto animal*. 2. ed. Viçosa: Ed. UFV, 2010.

BROOM, D. M. Welfare concepts. In: FAUCITANO, L.; SCHAEFER, A. L. *Welfare of pigs from birth to slaughter*. Wageningen: Wageningen Academic Publishers Book, 2008. p. 15-29.

COBB-VANTRESS. *Suplemento de manejo de machos Cobb*. 2009. Disponível em: <http://cobb-vantress.com/languages/guidefiles/b5043b0f-792a-448e-b4a1-4aff9a30e9eb_pt.pdf>. Acesso em: 16 set. 2015.

CURTIS, S. E. *Environmental management in animal agriculture*. Ames: The Iowa State University, 1983.

DALLA COSTA, O. A. et al. Boas práticas no embarque de suínos para abate. Concórdia: Embrapa Suínos e Aves, 2012.

DIAS, A. C. (Coord.). *Manual brasileiro de boas práticas agropecuária na produção de suínos.* Brasília: ABCS/Mapa/Embrapa, 2011.

FAWC – FARM ANIMAL WELFARE COUNCIL. *Five Freedoms.* 2009. Disponível em: <http://webarchive.nationalarchives.gov.uk/20121007104210/http:/www.fawc.org.uk/freedoms.htm>. Acesso em: 10 set. 2015.

FISCHER, M. L.; OLIVEIRA, G. M. A. Ética no uso de animais: a experiência do Comitê de Ética no Uso de Animais da Pontifícia Universidade Católica do Paraná. *Estudos de biologia*: ambiente e diversidade, v. 34, n. 83, p. 247-260, 2012.

GLOBALGAP. *Livestock:* poultry. 2013a. Disponível em: <http://www.globalgap.org/uk_en/documents>. Acesso em: 16 set. 2015.

______. *Livestock:* cattle & sheep. 2013b. Disponível em: <http://www.globalgap.org/uk_en/documents>. Acesso em: 16 set. 2015.

______. *Livestock:* pigs. 2013c. Disponível em: <http://www.globalgap.org/uk_en/documents>. Acesso em: 16 set. 2015.

GRANDIN, T.; JOHNSON, C. *Animals make us human:* creating the best life for animals. Rio de Janeiro: Rocco, 2010.

HANSEN, J. P. Physiological and cellular adaptations of zebu cattle to thermal stress. *Animal Reproduction Science*, v. 82-83, p. 349-360, 2004.

HARRISON, R. *Animal machines*: the new factory farming industry. London: Vincent Stuart, 1964.

HFAC – HUMANE FARM ANIMAL CARE. *Animal care standards*: pigs. 2013. Disponível em: <http://certifiedhumane.org/wp-content/uploads/Std13.Pigs_.2A.pdf>. Acesso em: 16 set. 2015.

LEAL, P. M.; NÄÄS, I. A. Ambiência animal. In: CORTEZ, L. A. B.; MAGALHÃES, P. S. G. (Org.). *Introdução à engenharia agrícola.* Campinas: Unicamp, 1992, p. 121-135.

LUDTKE, C. B et al. *Abate humanitário de aves.* Rio de Janeiro: WSPA, 2010a.

LUDTKE, C. B. et al. Bem-estar e qualidade de carne de suínos submetidos a diferentes técnicas de manejo pré-abate. *Revista Brasileira de Saúde e Produção Animal*, v. 11, n. 1, p. 231-241, 2010b.

MAINAU, E.; MANTECA, X. Pain and discomfort caused by parturition in cows and sows. *Applied Animal Behaviour Science*, n. 135, p. 241-251, 2011.

MORMÈDE, P. Assessment of pig welfare. In: FAUCITANO, L.; SCHAEFER, A. L. *Welfare of pigs from birth to slaughter.* Versailles: France, p. 33-55, 2008.

PARANHOS DA COSTA, M. J. R.; SCHMIDEK, A.; TOLEDO, L. M. *Boas práticas de manejo:* bezerros ao nascimento. 2. rev. Jaboticabal: Funep, 2014a.

______. *Boas práticas de manejo:* vacinação. 2. rev. Jaboticabal: Funep, 2014b.

PARANHOS DA COSTA, M. J. R.; SPIRONELLI, A. L. G.; QUINTILIANO, M. H. *Boas práticas de manejo:* embarque. 2. rev. Jaboticabal: Funep, 2014.

QUINTILIANO, M. H.; PASCOA, A. G.; PARANHOS DA COSTA, M. J. R. *Boas práticas de manejo:* curral – projeto e construção. Jaboticabal: Funep, 2014.

RENAUDEAU, D. et al. Adaptation to hot climate and strategies to alleviate heat stress in livestock production. *Animal*, v. 6, n. 5, p. 707-728, 2012.

RENAUDEAU, D.; GOURDINE, J. L.; ST-PIERRE, N. R. A meta-analysis of the effects of high ambient temperature on growth performance of growing-finishing pigs. *Journal of Animal Science*, v. 89, p. 2220-2230, 2011.

SILVEIRA, E. T. F. Manejo pré-abate de suínos e seus efeitos na qualidade da carcaça e carne. *Suínos & Cia*, Ano VI, n. 34, 2010.

SILVEIRA, N. A. et al. Ambiência aérea em maternidade e creche de suínos. *Engenharia Agrícola*, v. 29, n. 3, p. 348-357, 2009.

WELFARE QUALITY®. *Science and society improving animal welfare in the food quality chain.* [S.d.]. Disponível em: <http://www.welfarequality.net/everyone/26536/5/0/22>. Acesso em: 20 out. 2012.

WSPA – WORLD SOCIETY FOR THE PROTECTION OF ANIMALS. *Abate humanitário de suínos*. Rio de Janeiro, 2010. Acesso em: 8 set. 2015, DVD's curso.

CAPÍTULO 14
AGRICULTURA FAMILIAR E A PRODUÇÃO ORGÂNICA

Wagner Kazuyoshi Shimada
João Gilberto Mendes dos Reis
Euclides Reuter de Oliveira

14.1 INTRODUÇÃO

Diante de sua representatividade econômica e seu papel na melhoria da qualidade de vida dos produtores, a agricultura familiar é cada vez mais reconhecida pela sociedade e pelos governos. Além de gerar renda aos produtores, contribui para a segurança alimentar,[1] disponibilizando muitos dos produtos que compõem a cesta básica da população (FAO, 2014a).

Considerando que 9 de cada 10 das 570 milhões de propriedades agrícolas no mundo são geridas por famílias, estima-se que a atividade é guardiã de cerca de 75% de todos os recursos agrícolas do mundo, o que justifica a sua importância para a segurança alimentar e a sustentabilidade ecológica. No Brasil, as agroindústrias e as grandes propriedades rurais dominam a produção agrícola voltada para a exportação, enquanto a agricultura familiar torna-se responsável por 70% dos alimentos consumidos internamente no país (MDA, 2012).

Mesmo com a atenção crescente dos governos e da própria sociedade, a atividade agrícola familiar ainda tem carências como falta de conhecimento de técnicas de manejo adequadas, apoio, incentivos financeiros e tecnológicos, entre outros.

---

[1] Garantia de que não haverá falta de alimento para a população.

Desse modo, os produtores têm um triplo desafio a enfrentar: aumentar o rendimento agrícola para a segurança alimentar, alcançar a sustentabilidade ambiental, e melhorar a produtividade de modo que isso lhes permita sair da pobreza e da fome. Para alcançar esses desafios, as políticas públicas devem promover o acesso a fatores de produção, como sementes e fertilizantes, bem como aos mercados e ao crédito, e incentivar os produtores a investirem em práticas agrícolas sustentáveis.

Nessa perspectiva, uma tendência que influencia diretamente a atividade agrícola familiar é a crescente preocupação com a sustentabilidade ambiental. O crescimento populacional descontrolado e a falta de planejamento para lidar com a situação acarretaram a exploração inadequada dos recursos naturais. Com isso, a questão ambiental tornou-se alvo de várias pesquisas e eventos na busca de novas metodologias de produção sustentável (KOHLRAUSCH; CAMPOS; SELIG, 2009).

Além disso, a demanda por alimentos saudáveis, provenientes de sistemas de produção sustentáveis como os métodos orgânicos de produção, é uma tendência que se fortalece e se consolida em nível mundial (SOUZA, 2003; RODRIGUES et al., 2010).

No Brasil, sinais que evidenciam essa mudança de hábito alimentar entre os consumidores se refletem no aumento da procura por produtos orgânicos. Nesse contexto, este capítulo tem o objetivo de evidenciar o papel da atividade agrícola familiar e o método orgânico de produção no desenvolvimento rural, caracterizando-os como potencial e crucial agente de mudança para o alcance da segurança alimentar sustentável e da erradicação da fome.

14.2 AGRICULTURA FAMILIAR

O conceito de agricultura familiar abrange diversas realidades distintas, mas, seguramente, considera questões sobre alimentação, sustentabilidade, gestão dos recursos naturais, e também sobre a situação econômica e social das famílias que trabalham e vivem no espaço rural (OSÓRIO, 2014).

Uma outra definição de agricultura familiar que pode ser usada é a de Bittencourt e Bianchini (1996), que explicam que agricultura familiar é toda aquela unidade que tem sua principal fonte de renda no meio rural, em que sua base de força de trabalho são os próprios membros da família, permitindo-se o emprego de terceiros temporariamente, quando assim for necessário. No caso de contratação de mão de obra permanente externa à família, esta não pode ser superior a 25% do total utilizado no estabelecimento rural.

No Brasil, o conceito de agricultura familiar é abordado pela Lei Federal n. 11.326, de 24 de julho de 2006 (BRASIL, 2006a), que estabelece as diretrizes para a formulação da Política Nacional da Agricultura Familiar e Empreendimentos Familiares Rurais. Segundo ela, agricultor familiar é aquele que pratica atividade no meio rural e que atende a quatro requisitos simultaneamente:

1. Não detém área maior do que quatro módulos fiscais.
2. Utiliza predominantemente mão de obra da própria família.

3. Tem percentual mínimo da renda familiar originada de atividades econômicas do seu estabelecimento.
4. Dirige seu estabelecimento com sua família.

Verifica-se que os diversos conceitos de agricultura familiar se baseiam no tamanho da propriedade, na renda gerada pela atividade e, principalmente, na mão de obra utilizada, tendo como ponto em comum o trabalho e a gestão do estabelecimento exercidos pela família.

A maioria das propriedades agrícolas familiares é pequena. Cerca de 84% das culturas de todo o mundo tem menos de 2 hectares. No entanto, o tamanho das propriedades agrícolas varia amplamente. No Brasil, a Lei Federal n. 11.326/2006 limita as propriedades de atividade agrícola familiar a quatro módulos fiscais (BRASIL, 2006a).

Módulo fiscal é um conceito introduzido pela Lei n. 6.746/1979, sendo uma unidade de medida de área (expressa em hectares) fixada diferentemente para cada município, variando de 5 a 110 hectares, considerando: o tipo de exploração predominante no município; a renda obtida com a exploração predominante; outras explorações existentes no município que sejam expressivas em função da renda ou da área utilizada; e o conceito de propriedade familiar (art. 4º, II, Lei 4.504/1964) (BRASIL, 1979).

De acordo com dados do Instituto Brasileiro de Geografia e Estatística - IBGE (2014), o Brasil possui extensão territorial de 8.515.767,049 km^2, com 202.033.670 habitantes. Destes, 85,43% residem em área urbana e 14,57% em área rural. O Plano Safra 2012/2013, apresentado pelo Ministério do Desenvolvimento Agrário - MDA (2012), aponta que a agricultura familiar emprega 75% da mão de obra do setor agropecuário e produz 70% dos alimentos consumidos diariamente no país. Economicamente, isso corresponde aproximadamente a 10% do Produto Interno Bruto (PIB).

Os agentes econômicos da agricultura familiar diferem do grande empresário rural não somente pelo tamanho das propriedades, mas pelos valores sociais e emocionais que os norteiam. Eles valorizaram a terra pelo seu vínculo diário, diversamente do grande empresário que se relaciona com a terra somente pela renda fundiária, ou seja, apenas pela relação econômica e racional de interesse, puramente instrumental (BUAINAIN et al., 2014).

Assim, a agricultura familiar também se destaca na questão ambiental. As preocupações dos produtores da atividade agrícola familiar são norteadas por questões de sustentabilidade, e isso é perceptível pela intensificação dos movimentos em defesa do meio ambiente e utilização de metodologias alternativas de produção que minimizam os danos à terra, à água e ao ar, como o sistema orgânico de produção (KOHLRAUSCH; CAMPOS; SELIG, 2009).

A declaração unânime da Assembleia Geral das Nações Unidas do ano de 2014 como "Ano Internacional da Agricultura Familiar - AIAF" objetivou o posicionamento do tema como centro de políticas agrícolas, ambientais e sociais nas agendas internacionais, identificando oportunidades e lacunas para promover um desenvolvimento mais equitativo e equilibrado.

No Brasil, três programas governamentais se destacam dentro das políticas públicas voltadas à agricultura familiar. O primeiro é o Programa Nacional de Fortalecimento da Agricultura Familiar (Pronaf), que tem o objetivo de estimular a geração de renda e melhorar o uso da mão de obra familiar, por meio do financiamento de atividades e serviços rurais agropecuários desenvolvidos em estabelecimento rural, fornecendo capital de giro e empréstimos de investimento. O crédito agrícola é o principal instrumento de suporte ao produtor familiar.

Outra iniciativa é o Programa de Aquisição de Alimentos (PAA), que visa promover o acesso à alimentação e o incentivo à agricultura familiar. O programa compra alimentos advindos da agricultura familiar, com dispensa de licitação, e os destina a pessoas em situação de insegurança alimentar e nutricional e àquelas atendidas pela rede socioassistencial, pelos equipamentos públicos de segurança alimentar e nutricional e pelas redes pública e filantrópica de ensino. O PAA também contribui para a constituição de estoques públicos de alimentos produzidos por agricultores familiares e para a formação de estoques pelas organizações da agricultura familiar. Constitui uma das ações da Secretaria Nacional de Segurança Alimentar e Nutricional, do Ministério do Desenvolvimento Social e Combate à Fome, e da Secretaria de Agricultura Familiar, do Ministério do Desenvolvimento Agrário.

O terceiro é o Programa Nacional de Alimentação Escolar (PNAE), que tem por objetivo contribuir para o crescimento, o desenvolvimento, a aprendizagem, o rendimento escolar dos estudantes e a formação de hábitos alimentares saudáveis por meio da oferta da alimentação escolar e de ações de educação alimentar e nutricional. O PNAE compra alimentos da agricultura familiar para a formação de estoques, contribuindo para a segurança alimentar e o fortalecimento da agricultura familiar. Todos os alunos da educação básica (educação infantil, ensino fundamental, ensino médio e educação de jovens e adultos) matriculados em escolas públicas, filantrópicas e em entidades comunitárias (conveniadas com o poder público) são atendidos pelo programa por meio da transferência de recursos financeiros.

Segundo dados publicados no suplemento "Inclusão produtiva" do IBGE, com informações municipais (Munic) e estaduais (Estadic) de 2014, 98,7% das prefeituras desenvolveram algum tipo de ação ou programa para fortalecer a produção dos agricultores familiares. Além das prefeituras, todos os governos estaduais também informaram iniciativas de inclusão produtiva (IBGE, 2015).

Na área rural, 96,9% das prefeituras realizaram algum tipo de ação para aumentar a capacidade produtiva das famílias agricultoras e melhorar o acesso desses produtos ao mercado. A atividade de maior destaque foi a compra de alimentos para a merenda escolar (PNAE) e por meio do PAA, sendo desenvolvida por 84,3% das gestões municipais. Outros 17,5% fizeram a aquisição de produtos para atender a demandas regulares de restaurantes universitários, presídios, hospitais, entre outros.

Outras iniciativas relevantes foram as atividades de assistência técnica e extensão rural (Ater), desenvolvidas em 78,8% dos municípios e por todos os governos estaduais; o fomento a atividades produtivas, realizado por 75,2% das prefeituras e também em todos os estados; e a aquisição ou empréstimo de tratores e implementos agrícolas, desenvolvida por 66,8% das cidades e em 24 estados.

A priorização da agricultura familiar também foi refletida por medidas para transferir adequadamente tecnologias adaptadas pela Empresa Brasileira de Pesquisa Agropecuária (Embrapa) e organizações estaduais de pesquisa, bem como a implementação de projetos para promover o desenvolvimento em diversos setores, como pecuária, frutas e vegetais e colheitas de alimentos essenciais.

De acordo com o relatório "Perspectivas Agrícolas 2015-2024", uma publicação conjunta da Organização das Nações Unidas para a Alimentação e a Agricultura (FAO) e da Diretoria de Comércio e Agricultura da Organização para a Cooperação e Desenvolvimento Econômico (OCDE), o Brasil será o principal exportador de alimentos do mundo na próxima década e a agricultura familiar será imprescindível para garantir a segurança alimentar e nutricional do país. Os bons resultados já expressados pelo Brasil estão ligados aos investimentos governamentais no setor, como crédito, assistência técnica e desenvolvimento de pesquisas para o meio rural, que aumentaram a produtividade nos últimos anos (FAO/OCDE, 2015).

No final de 2014, a principal questão do Diálogo Global sobre a Agricultura Familiar, realizado na sede da FAO, foi: como os governos, as organizações de agricultores e o setor privado podem usar o impulso global atual e adotar medidas concretas para apoiar os agricultores familiares depois de 2014? (FAO, 2014b). A proposta é que o tema perdure como foco de políticas públicas e avance para além do AIAF, para aquilo que o mundo quer e de que o mundo precisa: um futuro sustentável, com segurança alimentar.

Além de seu papel social na mitigação do êxodo rural e da desigualdade social no campo e nas cidades, a agricultura familiar deve ser considerada como um importante elemento de geração de riqueza, não apenas para o setor agropecuário, mas para a economia do país.

14.3 PRODUÇÃO ORGÂNICA

A terminologia "orgânico" é uma rotulagem que indica itens produzidos conforme normas da produção orgânica e que estão certificados por uma estrutura ou autoridade de certificação devidamente constituída e normatizada por legislação específica.

A produção orgânica consiste na utilização de técnicas que respeitam o meio ambiente e que visam à qualidade do alimento por meio da não utilização de agrotóxicos ou de qualquer outro tipo de insumo que possa causar dano ao meio ambiente ou à saúde dos consumidores (RODRIGUES et al., 2010).

Borguini e Torres (2006) esclarecem o conceito de agricultura orgânica como uma produção baseada no emprego mínimo de insumos externos (agrotóxicos, fertilizantes e outros produtos químicos). Segundo esses autores, a agricultura orgânica não garante a ausência total de resíduos por causa da contaminação ambiental generalizada. Contudo, é possível reduzir a contaminação ao mínimo, do ar, do solo e da água.

Diante da ampla literatura sobre o tema, este capítulo adota o conceito abordado na legislação brasileira, constante na Lei Federal n. 10.831, de 23 de dezembro de 2003, e regulamentado pelo Decreto n. 6.323, de 27 de dezembro de 2007. De acordo com seu art. 1º:

> Considera-se sistema orgânico de produção agropecuária todo aquele em que se adotam técnicas específicas, mediante a otimização do uso dos recursos naturais e socioeconômicos disponíveis e o respeito à integridade cultural das comunidades rurais, tendo por objetivo a sustentabilidade econômica e ecológica, a maximização dos benefícios sociais, a minimização da dependência de energia não renovável, empregando, sempre que possível, métodos culturais, biológicos e mecânicos, em contraposição ao uso de materiais sintéticos, a eliminação do uso de organismos geneticamente modificados e radiações ionizantes, em qualquer fase do processo de produção, processamento, armazenamento, distribuição e comercialização, e a proteção do meio ambiente (BRASIL, 2003).

Ainda conforme a Lei 10.831/2003, são objetivos de um sistema de produção orgânico, dentre outros: a oferta de produtos saudáveis e isentos de contaminantes adicionados pelo homem; a promoção do uso saudável do solo, da água e do ar, reduzindo as formas de contaminação desses elementos pelas práticas agrícolas; o incentivo à integração entre segmentos da cadeia produtiva e de consumo de produtos orgânicos; e o uso de métodos cuidadosos, com o propósito de manter a integridade orgânica e as qualidades vitais do produto em todas as etapas.

Atualmente no mundo, mais de 35 milhões de hectares são manejados organicamente num total de 1,4 milhão de propriedades, o que representa cerca de 1% do total das terras agrícolas do mundo. A maior parte destas áreas está localizada na Austrália (17,2 milhões de hectares), na Europa (8,2 milhões de hectares) e na América Latina (8,1 milhões de hectares). Os países com a maior área em produção orgânica são, respectivamente, Austrália, Argentina e Estados Unidos (IFOAM, 2015).

O *Forschungsinstitut für biologischen Landbau* (FiBL) – Instituto de Pesquisa de Agricultura Orgânica, em português – é um instituto de pesquisa alemão independente, sem fins lucrativos, cujo objetivo é desenvolver a ciência no campo da agricultura orgânica. Junto à International Federation of Organic Agriculture Movements (Ifoam), disponibiliza dados estatísticos e indicadores atualizados que servem como uma importante ferramenta para autoridades e gestores políticos, indústrias, pesquisadores e profissionais de extensão.

Na Tabela 14.1, observam-se alguns indicadores da agricultura orgânica mundial, considerando os 179 países com dados de certificação orgânica cadastrados no FiBL e no Ifoam até 2015. Os países com maior área orgânica cultivada são a Austrália (22,7 milhões de hectares), a Argentina (3,1 milhões) e os Estados Unidos (2,0 milhões). Os 120 países cadastrados no Ifoam somam 824 propriedades orgânicas afiliadas até 2015.

Tabela 14.1 – Indicadores da agricultura orgânica e países líderes 2015

Indicador	Mundo	Países líderes
Países com dados sobre a agricultura orgânica com certificação	2015: 179 países	-
Área de agricultura orgânica	2015: 50,9 milhões de hectares (1999: 11 milhões de hectares)	Austrália (22,7 milhões de hectares) Argentina (3,1 milhões de hectares) Estados Unidos (2,0 milhões de hectares, 2015)
Produtores	2015: 2,4 milhões de produtores (2012: 1,9 milhão de produtores; 2011: 1,8 milhão de produtores)	Índia (585.000) Etiópia (203.602) México (200.039)
Mercado de produtos orgânicos	2015: €75 bilhões (1999: €15,2 bilhões)	Estados Unidos (€35,8 bilhões) Alemanha (€8,6 bilhões) França (€5,5 bilhões)
Consumo *per capita*	2015: US$ 10,05	Suíça (€262) Dinamarca (€163) Luxemburgo (€157)
Número de países com regulamentação de produção orgânica	2015: 82 países	-
Número de afiliados à IFOAM	2015: 824 afiliados de 120 países	Alemanha: 89 afiliados China: 55 afiliados Estados Unidos: 51 afiliados Índia: 47 afiliados

Fonte: adaptada de Ifoam (2015).

Segundo dados da Ifoam (2015), mundialmente, o Brasil ocupa a 11ª posição em relação aos países com maior área destinada à produção orgânica. Com 0,7 milhão de hectares, tem a terceira maior área orgânica cultivada dos países da América Latina. A Argentina está em primeiro, com 3,2 milhão de hectares, e o Uruguai, em segundo, com 0,9 milhão de hectares.

Outro indicador é o tamanho do mercado consumidor de produtos orgânicos, estipulado em 72 bilhões de dólares. Na Figura 14.1, é possível observar o desenvolvimento do mercado mundial de 1999 a 2013, com crescimento de quase cinco vezes no período. Os principais países consumidores são: os Estados Unidos (35,8 bilhões de euros), a Alemanha (8,6 bilhões de euros) e a França (5,5 bilhões de euros). Na América Latina, o Brasil é o maior mercado consumidor (SAHOTA, 2015).

A Figura 14.2 apresenta a distribuição dos principais tipos de uso da terra e as categorias de cultura da agricultura orgânica no mundo. Conforme os dados da Ifoam (2015), a agricultura orgânica está dividida em pastagens permanentes (63%), culturas em terras aráveis (18%) e culturas permanentes (7%).

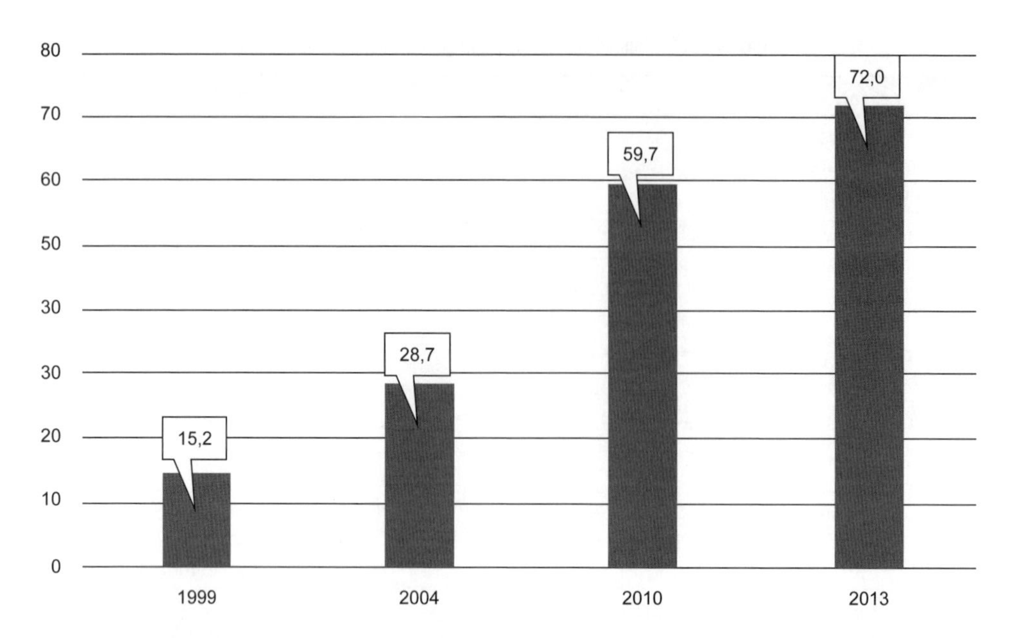

Figura 14.1 – Crescimento do mercado mundial de produtos orgânicos de 1999 a 2013 (valores arredondados).
Fonte: adaptada de Sahota (2015).

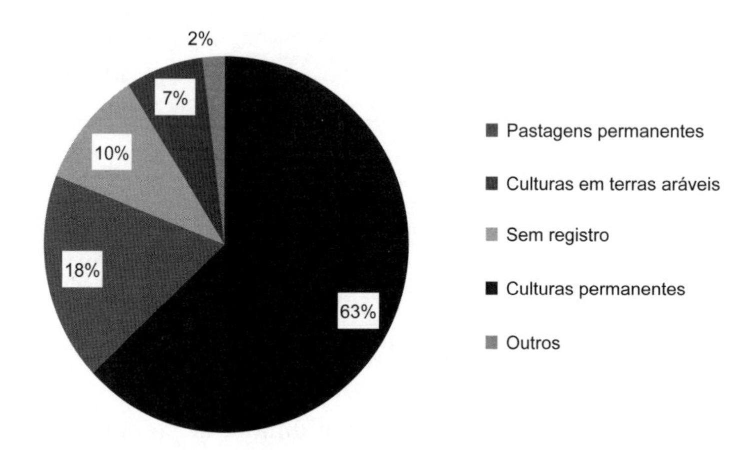

Figura 14.2 – Distribuição da superfície agrícola utilizada (2013) – agricultura orgânica.
Fonte: adaptada de Ifoam (2015).

As principais culturas em terras aráveis até 2013, de acordo com a mesma fonte de dados, são: cereais (3,31 milhões de hectares), alimentação animal derivada de pastagem verde (2,38 milhões de hectares), oleaginosas (0,78 milhão de hectares) e legumes (0,31 milhão de hectares). Das culturas permanentes, destacam-se: café (0,73 milhão de hectares), azeitona (0,61 milhão de hectares), nozes (0,32 milhão de hectares) e uva (0,31 milhão de hectares).

No Brasil, Souza e Alcântara (2006) apontam que a produção de orgânicos teve grande impulso nos últimos anos, quando os produtores foram atraídos pelo preço de venda no mercado, em média 30% mais elevado do que o produto convencional, pela redução nos custos de produção, pela conservação dos recursos da propriedade rural, e pela crescente demanda pelos produtos.

O crescimento do mercado de produtos orgânicos ocorreu em razão da preocupação de consumidores com uma alimentação mais saudável e das pressões do mercado pela utilização de meios de produção mais sustentáveis e pela proteção do meio ambiente. Não só no Brasil, os produtos orgânicos também se configuram como uma tendência. Além disso, há um interesse pelo consumo de alimentos com maior valor nutritivo e isentos de contaminantes.

A conscientização ambiental e o interesse por alimentos mais saudáveis conduziram à busca por práticas agrícolas alternativas. O uso de pesticidas e agrotóxicos, e seus resíduos no alimento e meio ambiente, trazem em longo prazo perigos potenciais desconhecidos para a saúde.

Rodrigues et al. (2010) afirmam que a escolha de se consumir determinado alimento é uma função complexa de uma multiplicidade de influências, e uma delas é o consumo consciente, que passou a existir na nossa sociedade nos últimos tempos e teve reflexo no padrão de consumo. Observa-se a busca de dietas cada vez mais saudáveis e a preocupação como impacto das atividades produtivas sobre meio ambiente.

Segundo Kohlrausch, Campos e Selig (2009), várias iniciativas estimulam o consumo consciente de produtos e serviços produzidos de acordo com a ética do ambientalmente correto. Isso porque a sociedade capitalista tem como vertente a cultura de massas, os meios publicitários e a mídia, que disseminam o consumismo.

Os produtores da agricultura familiar também estão atentos às mudanças alimentares dos consumidores, e o que antes era apenas uma ideia hoje é a realidade de muitos deles, que optaram pelo método orgânico de produção e têm ofertado alimentos mais saudáveis, a partir do manejo sustentável dos recursos naturais, sem agrotóxicos ou insumos químicos.

O custo de produção mais baixo também atrai novos produtores e garante uma margem de lucro maior. No caso da venda direta, quando o produto é vendido diretamente ao consumidor, a eliminação de atravessadores possibilita a prática de preços mais baixos, muitas vezes menores do que em mercados.

O último censo agropecuário, realizado em 2006 pelo IBGE, identificou 90.497 estabelecimentos com produção orgânica, divididos em grupos de atividades identificados na Tabela 14.2. Segundo a pesquisa, a porcentagem da produção exportada corresponde à conjuntura favorável do mercado externo quanto aos produtos orgânicos, sendo que 60% da produção total do país é enviada principalmente para Japão, Estados Unidos e União Europeia (IBGE, 2009).

Tabela 14.2 – Distribuição dos estabelecimentos produtores de orgânicos segundo os grupos de atividade econômica – Brasil, 2009

Grupos de atividade econômica	Distribuição dos estabelecimentos de produtores orgânicos	
	Absoluta	Percentual (%)
Total	90.497	100,00
Produção de lavouras temporárias	30.168	33,34
Horticultura e floricultura	8.900	9,83
Produção de lavouras permanentes	9.557	10,56
Produção de sementes, mudas e outras formas de propagação vegetal	52	0,06
Pecuária e criação de outros animais	38.914	42,01
Produção florestal – florestas plantadas	1.638	1,81
Produção florestal – florestas nativas	1.644	1,82
Pesca	153	0,17
Aquicultura	371	0,41

Fonte: adaptada de IBGE (2009).

Destas 90.497 propriedades, apenas 5.106 possuíam algum tipo de certificação. A baixa adoção de certificação por parte dos produtores orgânicos é reflexo de deficiências do setor, como: baixo nível de escolaridade, acesso limitado à assistência técnica e reduzida participação em organizações sociais.

Dados do Ministério da Agricultura, Pecuária e Abastecimento (Mapa) apontam que, entre janeiro de 2014 e janeiro de 2015, a quantidade de agricultores que optaram pela produção orgânica com certificação passou de 6.719 para 10.194, um aumento de cerca de 51,7%. As regiões com maior número de produtores orgânicos são o Nordeste, com pouco mais de 4 mil, seguido do Sul (2.865) e Sudeste (2.333) (MAPA, 2015).

A adesão de mais produtores brasileiros ao mercado de orgânicos disponibiliza alimentos mais saudáveis à população e promove a conservação e a recomposição dos ecossistemas. A área total de produção orgânica no Brasil já chega a aproximadamente 750 mil hectares. O Sudeste é a região com maior área produtiva, com 333 mil hectares. Em seguida, as regiões Norte (158 mil hectares), Nordeste (118,4 mil hectares), Centro-Oeste (101,8 mil hectares) e Sul, com 37,6 mil hectares (MAPA, 2015).

14.4 CONSIDERAÇÕES FINAIS

As perspectivas para a agricultura brasileira nos próximos anos são favoráveis, apesar da possibilidade de crescimento mais lento tanto da demanda interna como da internacional. Como resultado desse crescimento, a agricultura familiar continuará desempenhando um papel importante em termos de emprego e geração de renda, contribuindo para melhorias na segurança alimentar e nutricional.

Apesar das carências e entraves da atividade, o reconhecimento da sua importância, pelos governos e pela sociedade, possibilita uma constante discussão acerca de políticas econômicas, sociais e ambientais que visam à melhoria do setor.

Os atuais programas em prol da agricultura familiar, como Pronaf, PNAE e PAA, constituem ferramentas de apoio fundamentais ao desenvolvimento da atividade. Apesar dos resultados terem sido eficazes na erradicação da fome, conforme indicador de subalimentação da FAO (2014a), o governo considera que ainda resta muito a ser feito.

O crescimento sustentável na agricultura brasileira é uma estratégia que trará vários benefícios, como a melhoraria na disponibilidade de alimentos e mais oportunidades para diversos agricultores. Esses ganhos são plenamente compatíveis com a ênfase do governo na redução da pobreza e na desigualdade de renda, além da melhoria da sustentabilidade ambiental do setor agrícola.

No que tange à produção orgânica de alimentos, sua expansão é perceptível e tende a se fortalecer ainda mais. O que surgiu como alternativa é hoje considerado uma necessidade, já que os consumidores dão maior atenção à saúde e estão cada vez mais exigentes com o consumo de alimentos saudáveis.

Diante desse mercado, o produtor da agricultura orgânica familiar tem a oportunidade de se desenvolver, gerando renda e produzindo. Enquanto cuida do seu maior patrimônio, os recursos naturais, une a conveniência à necessidade e atende à exigente demanda por alimentos saudáveis e isentos de contaminantes.

Por fim, conclui-se que existe um segmento enorme a ser explorado de maneira consciente pelas organizações. O apoio às políticas de incentivos econômicos se faz necessário para a melhoria das unidades de produção alternativa, e ressalta a importância da integração de esforços, tanto dos produtores quanto das instituições governamentais e entidades de assistência técnica, para o desenvolvimento sustentável e a segurança alimentar.

BIBLIOGRAFIA

ANDRADE, L.; BERTOLDI, M. Atitudes e motivações em relação ao consumo de alimentos orgânicos em Belo Horizonte-MG. *Food Technology*, v. IV, p. 31-40. 2012.

BARBOSA, G. S.O desafio do desenvolvimento sustentável. *Revista Visões*, v. 4, n. 1, p. 1-11,2008.

BITTENCOURT, G. A.; BIANCHINI, V. A agricultura familiar na região sul do Brasil Quilombo – Santa Catarina: um estudo de caso. Consultoria UTF/036-FAO/Incra, 1996.

BOAS, L. H. de B. V.; SETTE, R. de S.; DE BRITO, M. J. Comportamento do consumidor de produtos orgânicos: uma aplicação da teoria da cadeia de meios e fins. *Organizações Rurais & Agroindustriais*, v. 8, n. 1, 2011.

BORGUINI, R. G.; TORRES, E. A. F. S. Alimentos orgânicos: qualidade nutritiva e segurança do alimento. *Segurança Alimentar e Nutricional*, v. 13, n. 2, p. 64-75, 2006.

BRASIL. Presidência da República. *Lei n. 6.746, de 10 de dezembro de 1979*. 1979. Disponível em: <http://www.planalto.gov.br/ccivil_03/leis/1970-1979/L6746.htm>. Acesso em: 9 dez. 2014.

______. Presidência da República. *Lei n. 10.831, de 23 de dezembro de 2003*. 2003. <http://www.planalto.gov.br/ccivil_03/leis/2003/l10.831.htm>. Acesso em: 4 fev. 2015.

______. Presidência da República. *Lei n. 11.326, de 24 de julho de 2006*. 2006a. Disponível em: <http://www.planalto.gov.br/ccivil_03/_ato20042006/2006/lei/ l11326.htm>. Acesso em: 9 dez. 2014.

______. Presidência da República. *Lei n. 11.346, de 15 de setembro de 2006*. 2006b. Disponível em: <http://www.planalto.gov.br/ccivil_03/_ato2004-2006/2006/lei/l11346.htm>. Acesso em: 9 dez. 2014.

BUAINAIN, A. M.et al. *O mundo rural no Brasil do século XXI:* a formação de um novo padrão agrário e agrícola.Brasília/Campinas: Embrapa/Instituto de Economia da Unicamp, 2014.

FAO – ORGANIZAÇÃO DAS NAÇÕES UNIDAS PARA A ALIMENTAÇÃO E A AGRICULTURA. *O estado da segurança alimentar e nutricional no Brasil – SOFI*. Um retrato multidimensional. Relatório 2014. Brasília, 2014a.

______. Ano internacional da agricultura familiar. 2014b. Disponível em: <http://www.fao.org/family-farming-2014/home/what-is-family-farming/pt/>. Acesso em: 10 dez. 2014.

FAO/OCDE – ORGANIZAÇÃO DAS NAÇÕES UNIDAS PARA A ALIMENTAÇÃO E A AGRICULTURA/ ORGANIZAÇÃO PARA A COOPERAÇÃO E DESENVOLVIMENTO ECONÔMICO. Agricultura brasileira: perspectivas agrícolas 2015-2024. Capítulo 2. In: *Agricultural Outlook 2015*. Paris: OECD Publishing, 2015.

FiBL – FORSCHUNGSINSTITUT FÜR BIOLOGISCHEN LANDBAU. *Organic Farming Statistics*. Disponível em: <http://www.fibl.org/en/themes/organic-farming-statistics.html>. Acesso em: 4 jun. 2017.

IBGE – INSTITUTO BRASILEIRO DE GEOGRAFIA E ESTATÍSTICA. *Censo agropeguário2006:* Brasil, grandes regiões e unidades da Federação. Rio de Janeiro: MPOG, 2009.

______. *Países*. 2016. Disponível em: <http://www.ibge.gov.br/paisesat/main_frameset.php>. Acesso em: 9 dez. 2014.

______. *Perfil dos estados e dos municípios brasileiros:* inclusão produtiva: 2014/IBGE, Coordenação de População e Indicadores Sociais. Rio de Janeiro: IBGE, 2015.

IFOAM – INTERNATIONAL FEDERATION OF ORGANIC AGRICULTURE MOVEMENTS. *History*. 2015. Disponível em: <http://www.ifoam.org/en/about-us/history>. Acesso em: 23 maio 2017.

KOHLRAUSCH, A. K.; CAMPOS, L. M. de S.; SELIG, P. M. O comportamento do consumidor de produtos orgânicos em Florianópolis: uma abordagem estratégica. *Revista Alcance*, v. 11, n. 1, p. 157-177, 2009.

MAPA – MINISTÉRIO DA AGRICULTURA, PECUÁRIA E ABASTECIMENTO. Número de produtores orgânicos cresce 51,7% em um ano. 2015. Disponível em: <http://www.agricultura.gov.br/comunicacao/noticias/2015/03/numero-de-produtores-organicos-cresce-51porcento-em-um-ano>. Acesso em: 26 set. 2015.

MDA – MINISTÉRIO DO DESENVOLVIMENTO AGRÁRIO. *Plano safra da agricultura familiar 2012/2013*. 2012. Disponível em: <http://portal.mda.gov.br/plano-safra/arquivos/view/Cartilha_Plano_Safra.pdf>. Acesso em: 17 jun. 2015.

ORMOND, J. G. P. et al. Agricultura orgânica: quando o passado é futuro. *BNDES Setorial*, Rio de Janeiro, v. 15, p. 3-34. 2002.

OSÓRIO. F. H. Agricultura familiar e desenvolvimento rural. In: SEMINÁRIO AGRICULTURA FAMILIAR EM PORTUGAL. Campo Pequeno, 2014.

RODRIGUES, R. R. et al. Atitudes e fatores que influenciam o consumo de produtos orgânicos no varejo. *Revista Brasileira de Marketing*, v. 8, n. 1, p. 164-186, 2010.

SAHOTA, A.The Global Market for Organic Food & Drink. In: WILLER, H.; LERNOUD, J. (Eds.). *The world of organic agriculture 2015*. FiBL/Frick/IFOAM, 2015.

SOUZA, A. P. D. O.; ALCÂNTARA, R. L. C. Produtos orgânicos:um estudo exploratório sobre as possibilidades do Brasil no mercado internacional. *Planeta Orgânico*, v. 20,2006.

SOUZA, M. C. M. de. *Aspectos institucionais do Sistema agroindustrial de produtos orgânicos*. São Paulo: Instituto de Economia Agrícola, 2003.

WILLER, H.; LERNOUD, J. *The world of organic agriculture 2015*. FiBL/Frick/IFOAM, 2015.

SOBRE OS AUTORES

CAIO SEITI TAKIYA

Mestre em Ciências pela Universidade de São Paulo, no Departamento de Nutrição e Produção Animal, em Pirassununga (SP). Graduado em Medicina Veterinária e Zootecnia pela Faculdade de Medicina Veterinária e Zootecnia da Universidade de São Paulo, em São Paulo (SP).

CLEONICE CRISTINA HILBIG

Graduada em Engenharia de Pesca pela Universidade Estadual do Oeste do Paraná, mestre em Zootecnia pela Universidade Estadual do Oeste do Paraná, *campus* Marechal Candido Rondon, e doutora em Aquicultura pelo Centro de Aquicultura da Unesp em Jaboticabal. Atualmente, é professora adjunta da Universidade Federal da Grande Dourados (UFGD).

DACLEY HERTES NEU

Graduado em Engenharia de Pesca pela Universidade Estadual do Oeste do Paraná, mestre em Recursos Pesqueiros e Engenharia de Pesca pela Universidade Estadual do Oeste do Paraná (Unioeste), doutor em Zootecnia pela Universidade Estadual de Maringá (UEM) e pós-doutor pela Unioeste. Atualmente, é professor adjunto da Universidade Federal da Grande Dourados (UFGD).

EDISON SOTOLANI CLAUDINO

Graduado em Administração pela Universidade Federal de Mato Grosso do Sul (UFMS), especializado em Engenharia de Produção pela Universidade para o Desenvolvimento do Estado e da Região do Pantanal (Uniderp), e mestre em Agronegócio pela Universidade Federal da Grande Dourados (UFGD).

EUCLIDES REUTER DE OLIVEIRA

Graduado em Medicina Veterinária pela Universidade Federal de Goiás, mestre em Zootecnia pela Universidade Federal de Lavras e doutor em Zootecnia pela Universidade Federal de Lavras. Atualmente, é professor-associado II na Universidade Federal da Grande Dourados (UFGD), em que leciona Bovinocultura, Comportamento Animal e Profilaxia e Higiene Zootécnica e desenvolve atividades na área de extensão rural.

FÁBIO PAPALARDO

Graduado em Engenharia Mecânica pelo Centro Universitário da FEI. Mestre e doutor em Engenharia de Produção pela Universidade Paulista (Unip). Fez extensão universitária em Sistemas Flexíveis de Manufatura no Kitakyushu Polytechnical College do Japão. É professor universitário na Unip, na FEI e no Senai, lecionando Automação da Manufatura.

IRENILZA DE ALENCAR NÄÄS

Engenheira pela Unicamp e mestre em Agricultura pela California Polytechnic State University. Concluiu PhD em Agricultural Engineering na Michigan State University em 1980. Professora titular na Universidade Paulista (Unip), desenvolve pesquisas em redes de produção de alimentos. É também professora colaboradora na Universidade Estadual de Campinas e na Universidade Federal da Grande Dourados, além de na Florida University (Estados Unidos).

JEFFERSON RODRIGUES GANDRA

Graduado em Medicina Veterinária pela Universidade Federal de Viçosa, mestre em Medicina Veterinária (Nutrição e Produção Animal) pela Universidade de São Paulo (USP) e doutor em Nutrição e Produção Animal pela mesma instituição. Atualmente, é professor adjunto A da Faculdade de Ciências Agrárias da Universidade Federal da Grande Dourados (UFGD).

JOÃO GILBERTO MENDES DOS REIS

Graduado em Tecnologia em Logística, com ênfase em transportes, pela Faculdade de Tecnologia da Zona Leste – Centro Estadual de Educação Tecnológica

Paula Souza, mestre e doutor em Engenharia de Produção pela Universidade Paulista (Unip). Professor titular no Programa de Pós-Graduação em Engenharia de Produção da Universidade Paulista, professor do mestrado em Agronegócios da Universidade Federal da Grande Dourados (UFGD) e professor do curso superior em Logística na Faculdade de Tecnologia da Zona Leste – Centro Estadual de Educação Tecnológica Paula Souza.

JOÃO ROBERTO MAIELLARO

Doutorando em Engenharia de Produção pela Universidade Paulista (Unip), mestre em Engenharia de Produção pela Universidade Metodista de Piracicaba, com especialização em Engenharia de Produção pela Escola Politécnica da Universidade de São Paulo (EPUSP), e em Gestão da Produção pela Universidade São Judas Tadeu. Professor titular das Faculdades de Tecnologia (Fatec) da Zona Leste e de Guarulhos, do Centro Paula Souza.

JOSÉ BENEDITO SACOMANO

Graduado em Engenharia Civil, mestre e doutor em Engenharia Mecânica pela Universidade de São Paulo (USP). Atualmente, é professor titular da Universidade Paulista (Unip) no Programa de Pós-Graduação em Engenharia de Produção.

LUIZ HENRIQUE XAVIER DA SILVA

Graduado em Zootecnia pela Universidade Federal da Grande Dourados (UFGD), mestre em Zootecnia, com ênfase em nutrição de ruminantes, pela Universidade Federal da Grande Dourados (UFGD, 2014), e doutorando em Produção Animal/Zootecnia pela Universidade Federal de Goiás.

MARCELO BERNARDINO ARAÚJO

Graduado em Ciências Contábeis pela Fundação Escola de Comércio Álvares Penteado, com especialização (*lato sensu*) em Controladoria e Finanças Empresariais pela Universidade Federal de Lavras, mestre em Ciências Contábeis e Atuariais pela Pontifícia Universidade Católica de São Paulo (PUC-SP), e doutorando em Engenharia de Produção pela Universidade Paulista (Unip).

NATYARO DUAN ORBACH

Graduando do curso de Zootecnia da Universidade Federal da Grande Dourados (UFGD). Atua na área de produção, nutrição e manejo animal em bovinocultura de leite. Aluno do Programa Voluntário em Iniciação Científica (PIVIC/CNPq-UFGD), em que exerce atividades de ensino, pesquisa, extensão e organização de eventos.

ODUVALDO VENDRAMETTO

Doutor em Engenharia de Produção pela Universidade de São Paulo (USP). Professor titular da Universidade Paulista (Unip) e coordenador do Programa de Pós-Graduação em Engenharia de Produção da mesma instituição.

PEDRO LUIZ DE OLIVEIRA COSTA NETO

Graduado em Engenharia de Aeronáutica pelo Instituto Tecnológico de Aeronáutica (ITA), Master of Science pela Leland Stanford Junior University, Califórnia (Estados Unidos). Mestre e doutor em Engenharia de Produção pela Escola Politécnica da Universidade de São Paulo (Epusp). Professor titular da Universidade Paulista (Unip), no Programa de Pós-Graduação em Engenharia de Produção (Mestrado e Doutorado). Membro da Academia Brasileira da Qualidade (ABQ).

RODRIGO CARLO TOLOI

Graduado em Administração pelas Faculdades Integradas de Jales, mestre em Agronegócios pela Universidade Federal de Mato Grosso do Sul, e doutor em Engenharia da Produção pela Universidade Paulista, *campus* Indianópolis. Atualmente, é professor efetivo de Administração do Instituto Federal de Educação, Ciências e Tecnologia de Mato Grosso.

RODRIGO COUTO SANTOS

Graduado em Engenharia Agrícola pela Universidade Federal de Viçosa, mestre em Engenharia Agrícola pela mesma instituição e doutor em Engenharia Agrícola pela Universidade Estadual de Campinas. Atualmente, é professor adjunto da Universidade Federal da Grande Dourados (UFGD), na área de construções rurais e ambiência, atuando nos seus programas de graduação e pós-graduação.

RODRIGO FRANCO GONÇALVES

Graduado em Física pela Universidade de São Paulo (USP), mestre em Engenharia de Produção pela Universidade Paulista (Unip), e doutor em Engenharia de Produção pela USP. Professor titular do Programa de Pós-Graduação em Engenharia de Produção da Unip.

RODRIGO GARÓFALLO GARCIA

Graduado em Zootecnia pela Universidade Estadual Paulista Júlio de Mesquita Filho, *campus* de Jaboticabal, mestre e doutor em Zootecnia pela Universidade Estadual Paulista Júlio de Mesquita Filho, *campus* de Botucatu, e pós-doutorado em Engenharia Agrícola pela Feagri-Unicamp. É professor-associado I da Universidade Federal da Grande Dourados (UFGD).

SIVANILZA TEIXEIRA MACHADO

Graduada em Logística em Transportes (Fatec-ZL) e em Administração em Comércio Exterior (FATI). Cursou especialização em Marketing em Agronegócio na Universidade Federal do Paraná (UFPR), é mestra em Engenharia Agrícola na Universidade Federal da Grande Dourados (UFGD) e doutora em Engenharia de Produção pela Universidade Paulista (Unip). Professora do Instituto Federal de Educação, Ciência e Tecnologia de São Paulo, *campus* Suzano.

WAGNER KAZUYOSHI SHIMADA

Graduado em Administração pela Universidade para o Desenvolvimento do Estado e da Região do Pantanal, com especialização MBA em Administração Pública e Gestão de Cidades pela Instituição Anhanguera Educacional, e mestre em Agronegócios pela Universidade Federal da Grande Dourados (UFGD).

GRÁFICA PAYM
Tel. [11] 4392-3344
paym@graficapaym.com.br